高等学校土木工程专业规划教材

JIAOTONGBAN GAODENG XUEXIAO TUMU GONGCHENG ZHUANYE GUIHUA JIAOCAI

建筑结构试验与检测

JIANZHU JIEGOU SHIYAN YU JIANCE

宋 彧 廖 欢 徐培蓁 主 编

内 容 提 要

本书共分7章,第1章绪论,介绍了建筑结构试验与检测的概况,引入了PPIS的概念;第2章建筑结构试验方案设计,对试验方案设计的基础知识作了介绍;第3章建筑结构试验荷载,介绍了荷载的种类和方法;第4章建筑结构试验测试技术,对测试技术的基础知识作了介绍;第5章建筑结构试验组织,介绍了单调加载的静力试验、伪静力试验、拟动力试验、动力荷载试验、结构动力特性检测以及疲劳试验等内容的基本概念和基本技术;第6章建筑结构试验数据处理,对数据处理的基础知识作了介绍;第7章结构检测技术,对混凝土结构、钢结构和砌体结构的检测技术作了介绍;书末附录列举了结构研究试验常用的3种试验的实施步骤和内容。

本书按照教材格式进行编写,适合于土木工程专业本科教学使用,也可供土木工程类的技术人员使用。

图书在版编目(CIP)数据

建筑结构试验与检测/宋彧,廖欢,徐培蓁主编.
—2版.—北京:人民交通出版社,2014.1
交通版高等学校土木工程专业规划教材
ISBN 978-7-114-11161-7

Ⅰ.①建… Ⅱ.①宋… ②廖… ③徐… Ⅲ.①建筑结构—结构试验—高等学校—教材②建筑结构—检测—高等学校—教材 Ⅳ.①TU3

中国版本图书馆CIP数据核字(2014)第019325号

交通版高等学校土木工程专业规划教材

书　　名:建筑结构试验与检测(第二版)
著 作 者:宋　彧　廖　欢　徐培蓁
责任编辑:张征宇　赵瑞琴
出版发行:人民交通出版社
地　　址:(100011)北京市朝阳区安定门外外馆斜街3号
网　　址:http://www.ccpress.com.cn
销售电话:(010)59757973
总 经 销:人民交通出版社发行部
经　　销:各地新华书店
印　　刷:北京盈盛恒通印刷有限公司
开　　本:787×1092　1/16
印　　张:11.25
字　　数:270千
版　　次:2005年8月　第1版　2014年1月　第2版
印　　次:2014年1月　第1次印刷　累计第2次印刷
书　　号:ISBN 978-7-114-11161-7
印　　数:3001-6000册
定　　价:23.00元

交 通 版

高等学校土木工程专业规划教材

编 委 会

（第二版）

（第一版）

序

XU

随着科学技术的迅猛发展、全球经济一体化趋势的进一步加强以及国力竞争的日趋激烈，作为实施“科教兴国”战略重要战线的高等学校，面临着新的机遇与挑战。高等教育战线按照“巩固、深化、提高、发展”的方针，着力提高高等教育的水平和质量，取得了举世瞩目的成就，实现了改革和发展的历史性跨越。

在这个前所未有的发展时期，高等学校的土木类教材建设也取得了很大成绩，出版了许多优秀教材，但在满足不同层次的院校和不同层次的学生需求方面，还存在较大的差距，部分教材尚未能反映最新颁布的规范内容。为了配合高等学校的教学改革和教材建设，体现高等学校在教材建设上的特色和优势，满足高校及社会对土木类专业教材的多层次要求，适应我国国民经济建设的最新形势，人民交通出版社组织了全国二十余所高等学校编写“交通版高等学校土木工程专业规划教材”，并于2004年9月在重庆召开了第一次编写工作会议，确定了教材编写的总体思路。于2004年11月在北京召开了第二次编写工作会议，全面审定了各门教材的编写大纲。在编者和出版社的共同努力下，这套规划教材已陆续出版。

在教材的使用过程中，我们也发现有些教材存在诸如知识体系不够完善，适用性、准确性存在问题，相关教材在内容衔接上不够合理以及随着规范的修订及本学科领域技术的发展而出现的教材内容陈旧、亟待修订的问题。为此，新改组的编委会决定于2010年底启动了该套教材的修订工作。

这套教材包括“土木工程概论”、“建筑工程施工”等31门课程，涵盖了土木工程专业的专业基础课和专业课的主要系列课程。这套教材的编写原则是“厚基础、重能力、求创新，以培养应用型人才为主”，强调结合新规范、增大例题、图解等内容的比例并适当反映本学科领域的新发展，力求通俗易懂、图文并茂；其中对专业基础课要求理论体系完整、严密、适度，兼顾各专业方向，应达到教育部和专业教学指导委员会的规定要求；对专业课要体现出“重应用”及“加强创新能力和工程素质培养”的特色，保证知识体系的完整性、准确性、正确性和适应性，专业课教材原则上按课群组划分不同专业方向分别考虑，不在一本教材中体现多专业内容。

反映土木工程领域的最新技术发展、符合我国国情、与现有教材相比具有明显特色是这套教材所力求达到的，在各相关院校及所有编审人员的共同努力下，交通版高等学校土木工程专业规划教材必将对我国高等学校土木工程专业建设起到重要的促进作用。

交通版高等学校土木工程专业规划教材编审委员会

人民交通出版社

2011 年 5 月

前言

本书是本着保留经典、删除陈旧、吸收新鲜、写薄写精的原则，由人民交通出版社组织兰州理工大学、石河子大学、青岛理工大学等高校对《建筑结构试验与检测》第一版的内容进行修订的基础上形成的。本次修订的特点如下：

1. 本书继承了原版绝大多数的内容，在风格上与原版保持一致；

2. 删节了部分内容，比如删去了原有的第七章；

3. 调整了部分章节顺序，比如把原来第八章的内容以附录的形式表现；

本书由宋彧担任主编，其中：第一章、第二章、第六章和附录内容由宋彧编写；第三章和第四章由廖欢和宋彧合作编写；第五章和第七章由涂培蓁和宋彧合作编写。

由于水平有限，书中难免有漏误之处，敬请专家同行和读者批评指导。

编 者

2013 年 12 月

目录 MULU

第一章 绪论

DIYIZHANG

第一节　建筑结构试验与检测的任务

《建筑结构试验与检测》是土木工程专业的一门专业技术基础课。其研究对象是建设工程的结构物。这门课程的任务是在试验与检测对象上应用科学的组织程序，以仪器设备为工具，各种试验为手段，在荷载或其他因素作用下，通过量测与结构工作性能有关的各种参数，从强度、刚度和抗裂性以及结构实际破坏形态来判明结构的实际工作性能，估计结构的承载能力，确定结构对使用要求的符合程度或根据现行设计规范来判断结构的施工质量，并用以检验和发展结构的计算理论。例如：

(1)钢筋混凝土简支梁在静力集中荷载作用下，可以通过测得梁在不同受力阶段的挠度、角变位、截面应变和裂缝宽度等参数，来分析梁的整个受力过程以及结构的强度、挠度和抗裂性能。

(2)当一个框架承受水平的动力荷载作用时，同样可以测得结构的自振频率、阻尼系数、振幅和动应变等参量，来研究结构的动力特性和结构承受动力荷载的动力反应。

(3)在结构抗震研究中，经常是通过结构在承受低周反复荷载作用下，由试验所得的应力与变形关系的滞回曲线，为分析抗震结构的强度、刚度、延性、刚度退化、变形能力等提供数据资料。

所以，结构试验是以试验的方式测定有关数据，由此反映结构或构件的工作性能、承载能力和相应的安全度，为结构的安全使用和设计理论的建立提供重要根据的学科。

结构试验与检测的作用主要体现在如下几个方面：

1. 发展结构理论的重要途径

17 世纪初期，伽利略(1564～1642 年)首先研究材料的强度问题，提出许多正确理论，但在 1638 年出版的著作中，也错误地认为受弯梁的断面应力分布是均匀受拉。过了 46 年，法国物理学家马里奥脱和德国数学家兼哲学家莱布尼兹对这个假定提出了修正，认为其应力分布不是均匀的，而是按三角形分布的。后来虎克和伯努利又建立了平面假定。1713 年法国人巴朗进一步提出中和层的理论，认为受弯梁断面上的应力分布以中和层为界，一边受拉，另一边受压。由于当时无法验证,巴朗的理论不过只是一个假设而已,受弯梁断面上存在压应力的理论仍未被人们接受。

1767年法国科学家容格密里,首先用简单的试验方法,令人信服地证明了断面上压应力的存在。他在一根简支梁的跨中沿上缘受压区开槽,槽的方向与梁轴垂直,槽内塞上硬木垫块。试验证明,这种梁的承载能力丝毫不低于整体的未开槽的木梁。这说明只有上缘受压力,才可能有这样的结果。当时,科学家们对容格密里的这个试验给予极高的评价,誉为"路标试验",因为它总结了人们100多年来的探索,像十字路口的路标一样,为人们指出了进一步发展结构强度计算理论的正确方向和方法。

1821年法国科学院院士拿维叶从理论上推导了材料力学中受弯构件断面应力分布的计算公式;然后经过20多年后,才由法国科学院另一位院士阿莫列恩用试验的方法验证这个公式。

人类对这个问题经历了200多年的不断探索才告一段落。从那段漫长的历程中可以看到,试验技术不仅在验证理论上,而且在选择正确的研究方法上,都起到了重要作用。

2. 发现结构设计问题的主要手段

人们对于框架矩形截面柱和圆形截面柱的受力特性认识较早,并广泛应用于工程设计中。建筑设计技术发展到20世纪80年代,为了满足人们对建筑空间的使用需要,出现了异形截面柱,如"T"形、"L"形和"+"形截面柱。以往人们认为,矩形截面柱和异形截面柱在受力特性方面没有区别,其区别就在于截面形状不同,因而误认为柱子的受力特性与柱截面形式无关。试验证明,柱子的受力特性与柱子截面的形状有很大关系,矩形截面柱的破坏特征属拉压型破坏,异形截面柱破坏特征属剪切型破坏;所以,异形截面柱和矩形截面柱在受力性能方面有本质的区别。

钢筋混凝土剪力撑结构的设计技术,已经被广泛应用,这种新结构的设计思想源于三角形的稳定性,这种结构是由框架和桁架相互结合形成的。设计者试想把框架的矩形结构通过加斜撑的方式分隔成若干个三角形。最初,人们把这种结构形式叫做框桁结构,其试验研究的结构简图如图1-1所示。

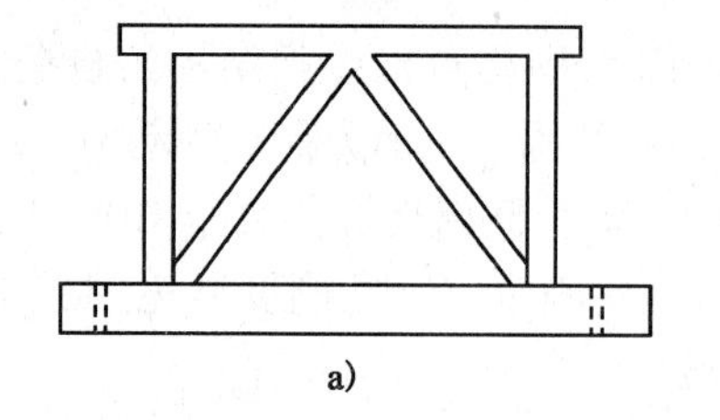

a)

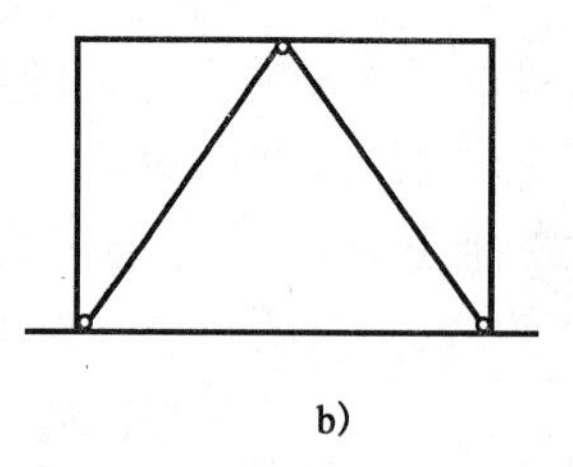

b)

图1-1 钢筋混凝土剪力撑结构雏形示意图

a)形状示意简图;b)结构计算简图

从计算理论上来讲,这种结构是合理的、可行的,然而经过试验研究,才发现图1-1所示的结构形式中的问题:该结构中的斜撑拉杆几乎不起作用,不能抵消压杆的竖向分力,整个结构由于两斜撑交点处的框架梁会首先出现塑性角而被破坏。在试验研究的基础上,经过多次改进,才形成了如图1-2所示的结构形式。

笼式结构是20世纪90年代末出现的一种能够减小地震作用的结构形式,由于地震作用的大小与结构平面刚度的大小相关,即结构的平面刚度越大,地震对建筑物的影响也越大,反之则越小。所以,设计者根据住宅建筑属小开间建筑,从这一特点入手,将普通框架结构的大截面梁柱，改变成数量较多的小截面梁柱，并将小梁小柱沿墙的长度方向和高度方向密布，使房间就像笼子一样。将该结构做成1:3的模型，经试验发现，模型的底层有数量不多的斜裂缝，5～8层几乎没有破坏，顶层墙面有几条斜裂缝，第2层下部混凝土局部被压碎，钢筋屈曲，破坏程度最严重，第3层下部破坏程度次之。所以，就结构破坏特征而言，笼式结构与普通结构有差异。

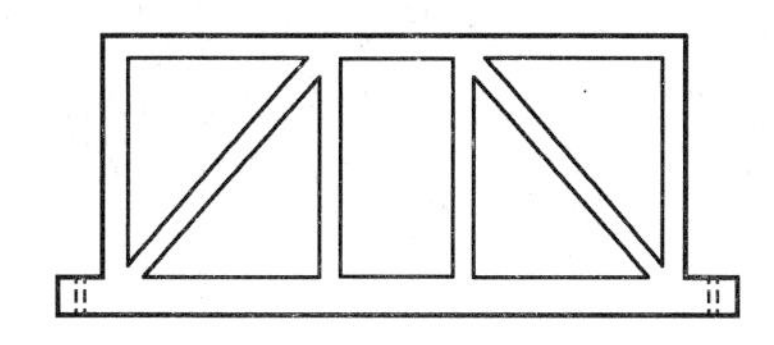
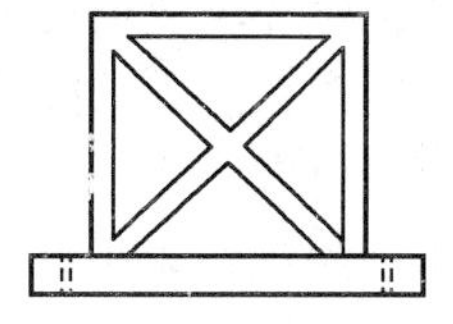

图1-2　钢筋混凝土剪力撑结构设计示意图

钢管混凝土结构的梁柱连接方式有焊接连接和螺栓连接两大类数十余种具体形式，究竟哪一种最优也必须通过试验研究才能确定。

3.验证结构理论的唯一方法

从最简单的结构受弯杆件截面应力分布的平截面假定理论、弹性力学平面应力问题中应力集中现象的计算理论，到比较复杂的结构平面分析理论和结构空间分析理论，都可以通过试验方法来加以证实。

隔振结构、消能结构的发展也离不开结构试验。

4.结构施工质量鉴定的直接方式

对于已建的结构工程，不论是某一具体的结构构件还是结构整体，也不论进行质量鉴定的目的如何，所采用的直接方式仍是结构试验。比如，灾害后的建筑工程、事故后的建筑工程等。

5.制订各类技术规范和技术标准的基础

为了土木建筑技术能够得到健康的发展，需要制订一系列技术规范和技术标准，土木工程界所用的各类技术规范和技术标准都离不开结构试验成果。

我国现行的各种结构设计规范，除了总结已有的大量科学试验的成果和经验以外，为了理论和设计方法的发展，进行了大量钢筋混凝土结构、砖石结构和钢结构的梁、柱、框架、节点、墙板、砌体等实物和缩尺模型的试验，以及实体建筑物的试验研究，形成了一套完整的基本资料与试验数据。事实上现行规范采用的钢筋混凝土结构构件和砖石结构的计算理论，几乎全部是以试验研究的直接结果为基础的，这也进一步体现了结构试验在发展和改进设计方法上的作用。

第二节　建筑结构试验的分类

结构试验按检测目的、荷载性质、检测对象、检测周期、检测场合、检测技术等因素进行分类。

一、生产性试验和科研性试验

1.生产性试验

这类试验又叫检测，如施工质量检测、桥梁检测等，经常是具有直接的生产目的，它是以实际建筑物或结构构件为试验对象，通过试验对具体结构作出正确的技术结论。这类试验经常用来解决以下有关问题。

1)鉴定结构设计和施工的质量的可靠程度

对于一些比较重要的结构与工程,除了在设计阶段进行必要而大量的试验研究外,在实际结构建成以后,还要通过试验综合性地鉴定其质量的可靠程度。

2)为工程改建或加固判断结构的实际承载能力

对于旧有建筑的扩建加层或进行加固,在单凭理论计算不能得到分析结论时,经常需通过试验来确定这些结构的潜在能力,这对于缺乏旧有结构的设计计算与图纸资料时,在要求改变结构工作条件的情况下更有必要。

3)为处理工程事故提供技术根据

对于遭受地震、火灾、爆炸等而受损的结构,或者在建造和使用过程中发现有严重缺陷的危险性建筑,也往往有必要进行详细的检验。唐山地震后,为了对北京农业展览馆主体结构进行加固,就曾通过环境随机振动试验,采用传递函数谱进行了结构模态分析,并通过振动分析获得该结构模态参数。

4)检验结构可靠性、估算结构剩余寿命

已建结构随着建造年份和使用时间的增长,结构物会逐渐出现不同程度的老化现象。为了保证已建建筑的安全使用,尽可能地延长它的使用寿命和防止建筑物破坏、倒塌等重大事故的发生,国内外都对建筑物的使用寿命,特别是对使用寿命中的剩余期限,即剩余寿命特别关注。通过对已建建筑进行观察、检测和分析,就可以按照可靠性鉴定规程评定结构所属的安全等级,由此推断其可靠性和估计其剩余寿命。可靠性鉴定大多数采用非破损检测的试验方法。

5)鉴定预制构件的质量

对于在构件厂或现场成批生产的钢筋混凝土预制构件,在构件出厂或现场安装之前,必须根据科学抽样试验的原则,按照预制构件质量检验评定标准和试验规程的要求,通过少量试件的试验,推断成批产品的质量。

2. 科研性试验

科学研究性试验的目的在于:

(1)验证结构设计计算的各种假定;

(2)制订各种设计规范;

(3)发展新的设计理论;

(4)改进设计计算方法;

(5)为发展和推广新结构、新材料及新工艺提供理论与实践的经验。

1)验证结构设计计算的各种假定

结构设计中,人们经常为了计算上的方便,往往都对结构计算图式和本构关系作某些简化。构件静力和动力分析中的本构关系模型化,就完全是通过试验加以确定的。

2)为发展和推广新结构新材料与新工艺提供实践经验

随着建筑科学和基本建设发展的需要,新结构、新材料和新工艺不断涌现。例如,在钢筋混凝土结构中各种新钢种的应用,薄壁弯曲轻型钢结构的设计,升板、滑模施工工艺的发展,以及大跨度结构、高层建筑与特种结构的设计施工等。但是,一种新生材料的应用,一个新结构的设计和新工艺的施工,往往需要经过多次的工程实践与科学试验,即由实践到认识,由认识到实践的多次反复,从而积累资料,使设计计算理论不断改进和完善。

二、静力试验和动力试验

1. 静力试验

静力试验是结构试验中最大量、最常见的基本试验，因为大部分土木工程的结构在工作时所承受的是静力荷载，一般可以通过重力或各种类型的加载设备来实现和满足加载要求。静力试验分为结构静力单调加载试验和结构低周反复静力加载试验两种；结构静力单调加载试验的加载过程是从零开始逐步递增一直到结构破坏为止，也就是在一个不长的时间段内完成试验加载的全过程，因此被称为结构静力单调加载试验。

静力试验的最大优点是加载设备相对来讲比较简单，荷载可以逐步施加，还可以停下来仔细观测结构变形的发展，给人们以最明确、最清晰的破坏概念。在实际工作中，对于承受动力荷载的结构，人们为了了解结构在试验过程中静力荷载下的工作特性，在动力试验之前往往也先进行静力试验。结构抗震试验中，虽然有计算机与加载器联机试验系统，可以弥补后一种缺点，但设备耗资较大，而且加载周期还是远大于实际结构的基本周期。

2. 动力试验

对于那些在实际工作中主要承受动力作用的结构或构件，为了研究结构在施加动力荷载作用下的工作性能，一般要进行结构动力试验。如研究厂房承受吊车及动力设备作用下的动力特性，吊车梁的疲劳强度与疲劳寿命问题，多层厂房由于机器设备上楼后所产生的振动影响，高层建筑和高耸构筑物在风载作用下的动力问题，结构抗爆炸、抗冲击问题等，特别是结构抗震性能的研究中除了用上述静力加载模拟以外，更为理想的是直接施加动力荷载进行试验。目前，抗震动力试验，一般用电液伺服加载设备或地震模拟振动台等设备来进行。对于现场或野外的动力试验，利用环境随机振动试验测定结构动力特性模态参数也日益增多。另外还可以利用人工爆炸产生人工地震的方法，甚至直接利用天然地震对结构进行试验。

由于荷载特性的不同，动力试验的加载设备和测试手段也与静力试验有很大的差别，并且要比静力试验复杂得多。

结构动力试验包括结构动力特性测试试验、结构动力反应测试试验和结构疲劳试验。

三、伪静力试验和拟动力试验

1. 伪静力试验

为了探索结构的抗震性能，在试验室常采用一对使结构能够来回产生变形的水平集中力 P 和 P' 来代替结构地震所产生的力（这个水平集中力 P 和 P' 叫做结构试验抗震静力），用图 1-3所示的方式来模拟地震作用的动力试验。它是一种采用一定的荷载控制或变形控制的周期性反复静力荷载试验，加之试验频率也比较低，为区别于一般单调加载静力试验，被称为低周反复静力加载试验；又因为低周反复静力加载试验是采用静力试验的加载手段来验证结构部分动力性能的试验装置，所以也称为伪静力试验。目前伪静力试验在国内外结构抗震研究中仍然占有一席之地。

2. 拟动力试验

拟动力试验是模拟某地震力作用于试验对象上的过程。有缩小能量的模拟，比如地震模拟振动台试验；有放慢频率的模拟，比如反力墙拟动力试验。在拟动力试验中，首先是通过计算机将实际基底地震加速度转换成作用在结构上的位移以及与次位移相应的加振力 $F(t)$。

随着地震波加速度时程曲线的变化,作用在结构上的位移和加振力也跟着变化,这样就可以得出在失真情况下某一实际地震波作用后结构连续反应的全过程。

图 1-4 是模拟地震作用的动力试验的示意图。

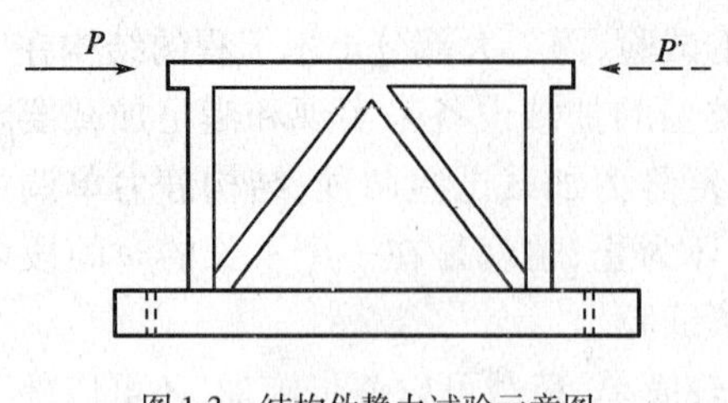

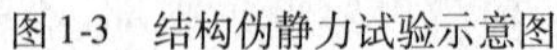
图 1-3 结构伪静力试验示意图

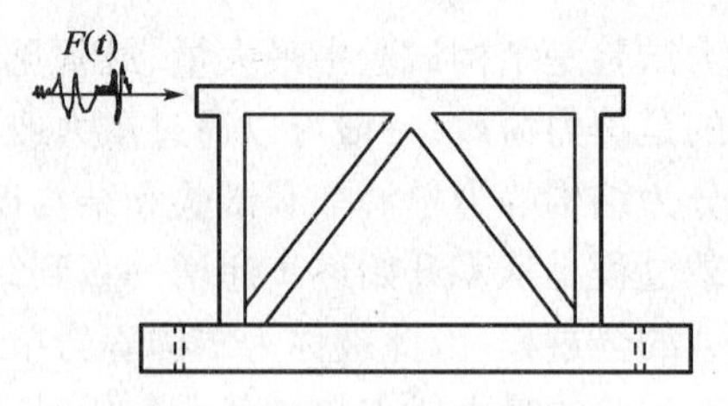

图 1-4 结构拟动力试验示意图

3. 伪静力试验与拟动力试验的区别

伪静力试验与拟动力试验在荷载确定方法、荷载与时程的关系、测试结果表达方式、荷载性质等方面都存在一定的区别,详细对比见表 1-1。

伪静力试验与拟动力试验的比较 表 1-1

序 号	伪 静 力 试 验	拟 动 力 试 验
1	每一步加载目标是已知的	下一步的加载目标是由上一步的测量结果和计算结果通过递推公式得到的,递推公式是建立在被测结构的离散动力方程基础之上的
2	每一步的加载都是单调静力加载,加载与时程没有关系	每一步的加载都是单调静力加载,但加载的全过程是某地震力的慢动作过程,与时程有关系
3	测试结果用滞回曲线表示	测试结果用时程波线和滞回曲线共同表示
4	荷载在本质是静力	荷载在本质是失真的动力
5	试验与分析是两个阶段	试验的过程就是非线性分析的过程

四、真型试验与模型试验

1. 真型试验

真型是实际结构(即原系统)或者是按实物结构足尺复制的结构或构件(即复制品)。

真型试验一般均用于生产性试验,例如秦山核电站安全壳加压整体性的试验就是一种非破坏性的现场试验。对于工业厂房结构的刚度试验、楼盖承载能力试验等均在实际结构上加载量测。另外,在高层建筑上直接进行风振测试和通过环境随机振动测定结构动力特性等均属此类试验。

在真型试验中另一类试验就是足尺结构或构件的试验,以往一般对构件的足尺试验做得较多,事实上试验对象就是一根梁、一块板或一榀屋架之类的实物构件,它可以在试验室内试验,也可以在现场进行。

由于结构抗震研究的发展,国内外开始重视对结构整体性能的试验研究,因为通过对这类足尺结构物进行试验,可以对结构构造、各构件之间的相互作用、结构的整体刚度以及结构破坏阶段的实际工作等进行全面观测了解。从 1973 年起,我国各地先后进行的装配整体式框架结构、钢筋混凝土大板结构、砖石结构、中型砌块结构、框架轻板结构等不同开间不同层高的足尺结构试验有 10 多例。其中 1979 年夏季,在上海进行的五层硅酸盐砌块房屋的抗震破坏试验中,通过液压同步加载器加载,在国内足尺结构现场试验中第一次比较理想地测得结构物在低周重复力作用下的特性曲线。在甘肃进行的足尺砌体结构现场爆破震动试验，取得了良好的试验成果。

2. 模型试验

真型结构试验由于投资大、周期长、测量精度受环境因素影响，在结构设计的方案阶段进行初步探索或对设计理论计算方法进行探讨研究时，可以采用比真型结构缩小的模型进行试验。

为了达到能够试验目的，应按照一定的设计条件来模仿原系统，得到原系统的仿制品或复制品，代替原系统进行试验研究。这种把具有原系统全部或部分性能的原系统的仿制品或复制品就叫做模型。所以，模型就是模拟真型全部性能或部分性能的装置。

3. 模型的分类

模型按照设计理论的不同分为相似模型和缩尺模型两类。两类模型具有以下特点。

1）设计比例存在个性

相似模型既可以将大体积甚至特大体积缩小，也可以将小体积甚至微观体积放大。相似模型也可以将变化过程极为缓慢的现象加快，或将稍纵即逝的现象放慢。

缩尺模型专指将大尺寸或特大尺寸真型缩小的试验模型。

2）设计理论存在差异

相似模型与缩尺模型的根本区别在于它们的设计理论不同。

相似模型的设计理论是相似理论，一为相似概念，一为相似原理。

相似是用决定现象的各个单值所对应的相似常数来表示的，现象的各个单值之间是相互约束的，所以单值所对应的相似常数就不是孤立的，它们之间存在着必然的联系。

相似原理由现象相似的性质定理、相似现象中无量纲组合的数量定理与现象相似的判定定理组成，俗称相似三定理。相似理论是一门新学科，20 世纪中期才成熟起来。

缩尺模型没有自己专用的设计理论，其模型与真型的设计理论相同。比如，简支梁的设计内容有支座处的斜截面抗剪强度、跨中的正截面抗弯强度以及跨中最大挠度等。一根简支木梁的缩尺模型就是一根小的简支木梁，其设计内容与计算方法与真型的设计内容与计算方法完全相同。

3）试验结果分析方法存在区别

相似模型的设计过程主要有：根据任务明确试验的具体目的和要求，选择适当的模型材料。针对任务所研究的对象，用相似理论为依据，确定相似准数。根据试验条件，确定相似常数。绘制模型施工图，设计试验方案，试验方案不受试验设计理论影响。最后根据试验结果建立经验公式。

因为相似模型具有很强的针对性，所以模型试验的结果能够直接推广到真型上去。

缩尺模型的设计过程主要是：根据任务明确试验的具体目的和要求，选择适当的模型材料；根据试验能力，确定几何尺寸；绘制模型施工图，设计试验方案，试验方案直接受试验设计理论影响；比较理论值与试验值，验证理论的正确性，用已经被验证的理论指导实践，或揭示某种现象。

因为缩尺模型在实践中没有一一对应的针对性，所以其试验结果不能直接推广到真型上去，只能作为指导实践的一般理论的验证根据或揭示某种现象的依据。

所以，模型试验按照模型特性的不同，可分为相似模型试验和缩尺模型试验两类。

缩尺模型试验是结构试验常用的研究形式之一。它有别于相似模型试验,采用缩尺模型进行试验,不依靠相似理论,无需考虑相似比例对试验结果的影响,即试验不要求满足严格的相似条件,试验对象就是一个完整的结构或构件,试验结果无需还原,也无法还原,只需用试验的结果与结构原理论的计算值进行对比来研究结构的部分性能,验证设计假定与计算方法的正确性,并认为这些结果所证实的一般规律与计算理论可以推广到实际结构中去。

五、短期荷载试验和长期荷载试验

1. 短期荷载试验

对于主要承受静力荷载的结构构件,荷载实际上经常是长期作用的。但是在进行结构试验时限于试验条件、时间和基于解决问题的步骤,而不得不大量采用短期荷载试验,即荷载从零开始施加到最后结构破坏或到某阶段进行卸荷的时间总和只有几十分钟、几小时或者几天。对于承受动荷载的结构,即使是结构的疲劳试验,整个加载过程也仅在几天内完成,与实际工作状况有一定差别。当爆炸、地震等特殊荷载作用时,整个试验加载过程只有几秒甚至是微秒或毫秒级,这种试验实际上是一种瞬态的冲击试验。所以严格地讲这种短期荷载试验不能代替长期荷载试验。这种由于具体客观因素或技术的限制所产生的影响,在分析试验结果时就必须加以考虑。

2. 长期荷载试验

对于研究结构在长期荷载作用下的性能,如混凝土结构的徐变、预应力结构中钢筋的松弛等就必须要进行静力荷载的长期试验。这种长期荷载试验也可以称为持久试验,即将连续进行几个月或几年时间,通过试验以获得结构变形随时间变化的规律。

六、试验室试验和现场试验

1. 试验室试验

结构和构件的试验可以在有专门设备的试验室内进行,也可以在现场进行。

试验室试验由于具备良好的工作条件,可以应用精密和灵敏的仪器设备,具有较高的准确度,甚至可以人为地创造一个适宜的工作环境,以减少或消除各种不利因素对试验的影响,所以适宜于进行研究性试验。这样有可能突出研究的主要方向,而消除一些对试验结构实际工作有影响的次要因素。

2. 现场试验

现场试验与室内试验相比,由于客观环境条件的影响,不宜使用高精度的仪器设备来进行观测,相对来看,进行试验的方法也可能比较简单粗率,所以试验精度较差。现场试验多数用以解决生产性的问题,所以大量的试验是在生产和施工现场进行,有时研究的对象是已经使用或将要使用的结构物,现场试验也可获得实际工作状态下的数据资料。

第三节　建筑结构检测的分类

按分部工程来分,有地基工程检测、基础工程检测、主体工程检测、维护结构检测、粉刷工程检测、装修工程检测、防水工程检测、保温工程检测等。

按分项工程来分,依次有地基、基础、梁、板、柱、墙等内容的检测。

按结构材料不同来分，有砌体结构检测、混凝土结构检测、钢结构检测、木结构检测等。

按结构用途不同来分，有民用结构、工业结构、桥梁结构检测。

按检测内容不同可以分为几何量检测、物理力学性能检测、化学性能检测等。

按检测技术不同可以分为，无损检测、破损检测、半破损检测、综合法检测等。

无损检测技术在我国迅速发展，这种技术以不破坏结构见长，是工程质量检测的理想手段和首选技术，比如材料强度回弹检测、内部缺陷以及材料强度超声检测、红外线红外成像无损检测、雷达检测等。

破损检测是最直接的检测方式，目前在检测领域仍然具有主导地位。比如用混凝土试块来检测混凝土强度，推出法检测砌体强度，以及单调加载的静力试验、伪静力试验和拟动力试验等。

半破损检测又叫微破损检测，检测时对原结构的局部有一定的破坏。比如钻芯法检测混凝土强度、拔出法检测混凝土强度以及在钢结构或木结构上截样的检测方法等。

第四节　建筑结构试验与检测的发展

1949 年前，我国为半封建半殖民地社会，根本没有这门学科。1949 年后，结构试验和其他科学一样，获得了迅速的发展。现在，我国已建立了一批各种规模的结构试验室，拥有一支实力雄厚的专业技术队伍，并积累了丰富的试验技术经验。

例如在 1953 年，对长春市 25.3m 高的酒杯形输电铁塔的原型试验，是我国第一次规模较大的结构试验。试验时，垂直荷载用吊盘施放铁块，水平荷载用人工绞车施加。当时国内尚无电测仪器，用手持式引伸仪及杠杆引伸仪测量应变，用经纬仪观测水平变形。

1956 年，各有关大学开始设置结构试验课程，各建筑科学研究机构和高等学校也开始建立结构试验室，同时也开始生产一些测试仪器和设备。

1957 年，对武汉长江大桥进行了静力和动力试验，这是我国桥梁建筑史上第一次正规化验收工作。

1959 年，北京车站建造时，对中央大厅的 35m × 35m 双曲薄壳进行了静力试验。

1973 年，对上海体育馆和南京五台山体育馆进行了网架模型试验。在此之后，在北京、昆明、南宁、兰州等地先后进行了十余次规模较大的足尺结构抗震试验。

1977 年，我国制定了“结构测试技术的研究”的八年规划，为使测试技术达到现代化水平奠定了良好的基础。

1996 年在基本建设领域引入监理制度，监理公司随之而产生，对基本建设原材料的复试和结构质量的检验工作开始制度化，2000 年执行工程质量终身负责制以后，对结构施工质量的检测逐渐步入正轨。

21 世纪开始，高科技技术在工程质量检测领域的应用迅速增长。比如自动检测技术、摄像检测技术、数字化探伤技术、红外线成像探测技术、雷达检测技术（探地雷达、混凝土雷达）等，以及各种类型的结构试验工作，在全国各地日益增多，不胜枚举。

此外，大型结构试验机、模拟地震台、大型起振机、高精度传感器、电液伺服控制加荷系统、信号自动采集与处理系统等各种仪器设备和测试技术的研制，以及大型试验台座的建立，标志着我国结构试验达到一个新的水平。

目前，随着智能仪器的出现，计算机和终端设备的广泛使用，各种试验设备自动化水平的提高，将为结构试验开辟新的广阔前景。

第五节　建筑结构试验与检测的组织

一、概　　述

1. 组织的意义

1）是结构试验特点的要求

结构试验没有固定的模式，不像建筑材料试验，有规范化的仪器仪表，有规范化的试验程序和要求，试验工作从头到尾都是标准化的，结构试验的个别性很强，一个试验和另一个试验的组织内容不可能完全一样。

（1）结构试验耗资较大。结构试验试件的设计要求比较特殊，施工成本较高，试验设备数量多、品种多，试验人员数量多，易耗品数量大、费用高，测点数量多、品种也多，使试验组织工作的难度较大、成本高。试验一旦失败，其损失难以挽回，即结构试验的重复性差。

（2）结构试验周期长。结构试验的耗时量大是其另一特点。

2）关系到试验的成败

俗语讲得好，“良好的开头是成功的一半。”结构试验也是如此，不完整的试验方案只能导致试验的失败。下面举例说明：

某钢管空心混凝土受弯构件抗弯试验的两个方案对比如图 1-5 所示。

图 1-5 中“1”表示压梁及其垫块，“2”表示支墩及其垫块，“θ”表示倾角传感器，“Φ”表示位移传感器，“↓”表示荷载。

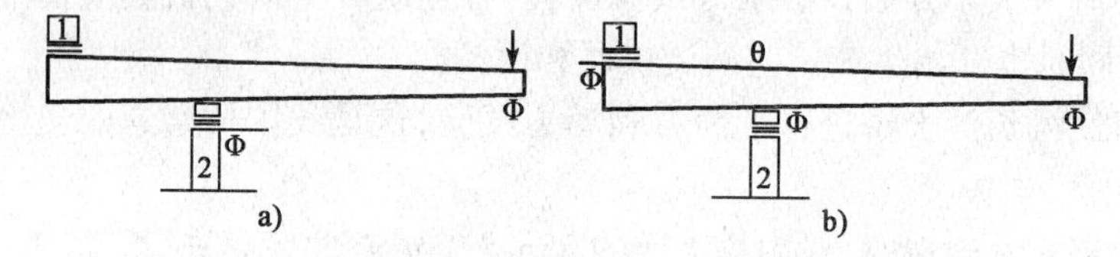

图 1-5　某钢管空心混凝土受弯构件抗弯实验组织方案对比图

a）错误方案；b）正确方案

图 1-5a）所示方案的错误有：

“1”处试件的上表面没有位移传感器，使试件悬臂端实际位移因产生一个增加量 Δ_1 而失真，如图 1-6a）所示。

“2”处左上方试件的上表面没有倾角传感器，使试件悬臂端实际位移因产生一个增加量 Δ_2 而失真，如图 1-6b）所示。

“2”处右上方的位移传感器没有布置在其上方试件的下表面，使试件悬臂端实际位移因产生一个增加量 Δ_3 而失真，如图 1-6c）所示。

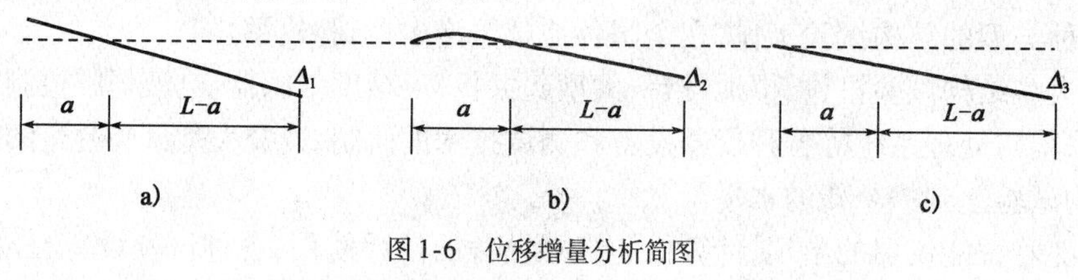

图 1-6　位移增量分析简图

3)是体现技术水平和管理水平的窗口

组织者优秀的组织才华和组织艺术均体现在细致周全的组织方案中,像如图1-5所示的两方案中,哪个方案优秀则一目了然。

以上几个方面充分证明了结构试验组织程序工作的重要性。

2.组织的基本理论

1)PPIS循环的概念

工作任务或劳动任务总是分阶段来完成的。比如教育就有小学、中学、大学三个大的阶段;又如基本建设就有项目建议、可行性论证、立项、设计、施工、试车投产以及项目总结等几个明显的阶段;再如竞技节目就有艺术设计、排练或训练、表演或比赛、总结与提高等阶段;等等。类似的例子不胜枚举。

一般的,一个具体的工作可以划分为设计(Plan)、准备(Prepare)、实施(Implement)和总结(Summarize)等四个阶段,前一个阶段是后一个阶段的基础,后一个阶段是前一个阶段的结果。

计划阶段(P)主要解决干什么?在哪儿干?何时干?由谁干?怎么干等问题,是一项劳动任务的承担者在纸面上或在脑子里进行组织劳动的过程,是PPIS循环中非常关键的一个阶段。计划阶段包括下面四个具体步骤:

第一步,分析工作现状,认准工作对象,明确工作目标。

第二步,把握工作性质,分析其原因或影响因素,在各原因或影响因素中找出主要的原因和影响。

第三步,分析目前影响工作的有利条件与不利条件。

第四步,制订完成工作的具体方案。

准备阶段(P)为实施阶段奠定基础,实现从计划阶段到实施阶段的过渡,是PPIS循环中很重要的一个阶段。“不打无准备之仗”正是准备阶段重要性的体现。

实施阶段(I)是一次大检验,检验计划的周密性,检验准备的充分性。实施阶段更是产生结果的过程,是PPIS循环中很突出的一个阶段。

总结阶段(S)首先是将实施结果与计划目标进行对比,找出差距,肯定成绩,然后是总结经验,巩固措施;同时也是把提出的尚未解决的问题,转入下一个循环,再来研究措施,制订计划,予以解决的过程。总结阶段是PPIS循环中很必要的一个阶段。

2)PPIS循环的应用范围

PPIS循环体系是质量管理专家提出来的,但其思想内涵很深,可以应用的范围非常广泛,遍布各行各业。可以这样理解,PPIS循环是处理矛盾的具体过程,所以只要有矛盾存在,PPIS循环就存在。

3)PPIS循环的特点

(1)连续性。PPIS循环的四个阶段缺一不可,必须连续存在,缺少任意一个环节,则循环无法继续进行,如图1-7所示。

(2)有序性。PPIS循环各阶段的先后次序不能颠倒。就好像一只转动的车轮,在解决问题中依次滚动前进,逐步使工作质量得到提高。

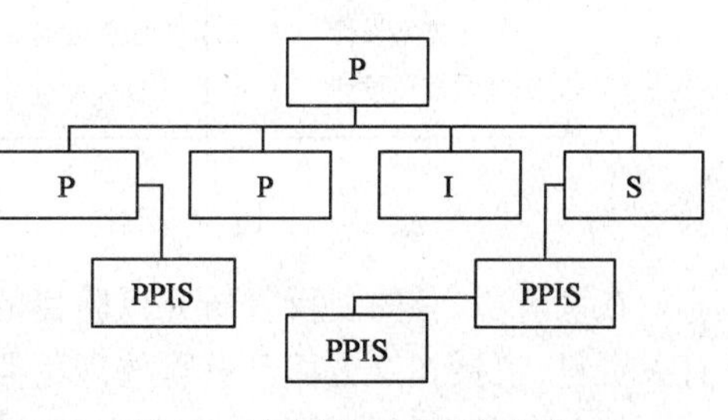

图1-7　PPIS循环内容及其关系

(3)层次性。PPIS循环在处理问题的不同层次都存在，比如在企业内部，整个企业的运转是一个大循环，企业各部门有中层循环，每个人还有自己要完成的小循环。上循环是下循环的依据，下循环又是上循环的内容。

(4)嵌套性。PPIS循环在循环的每一个环节中又存在独立的小循环，比如P中有自己的PPIS，P中又有自己的PPIS，并且S中的P还有更小的PPIS，直至劳动者个体是最后一级PPIS循环的组织者。

(5)广泛性。因为矛盾处处存在且时时存在，所以PPIS循环也是无处不在处处在，无时不存时时存。

(6)关键性。PPIS循环的关键是在P阶段，它是标准化的基础，是获得良好劳动成果可能性的基础，是指导同级其他循环环节的关键。

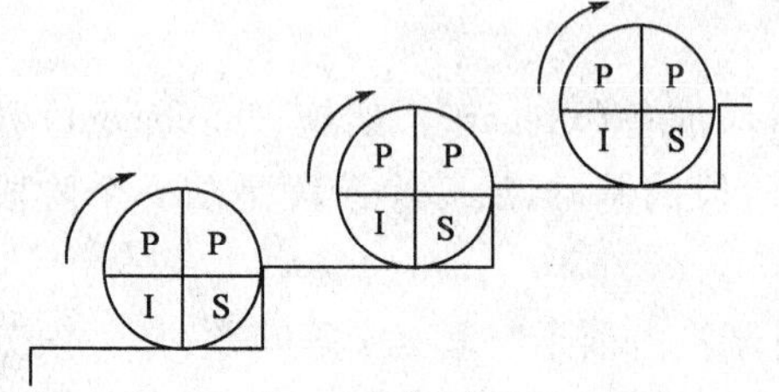

图1-8　PPIS循环特点示意图

(7)重复性。PPIS循环不是在原地转动，而是在滚动中前进，周而复始，重复出现。

(8)进步性。每个循环结束，质量提高一步，水平上升一层，组织方法进步一次。

上述四个阶段，周而复始，循环一回，改善一次，提高一步，螺旋上升，如图1-8所示。

二、建筑结构试验的PPIS循环

1. 计划阶段

结构试验是一项细致复杂的工作，必须严格认真地对待，任何疏忽都会影响试验结果或试验的正常进行，甚至导致试验失败或危及人身安全。因此，在试验前需对整个试验工作做出规划。工作内容如图1-9所示。

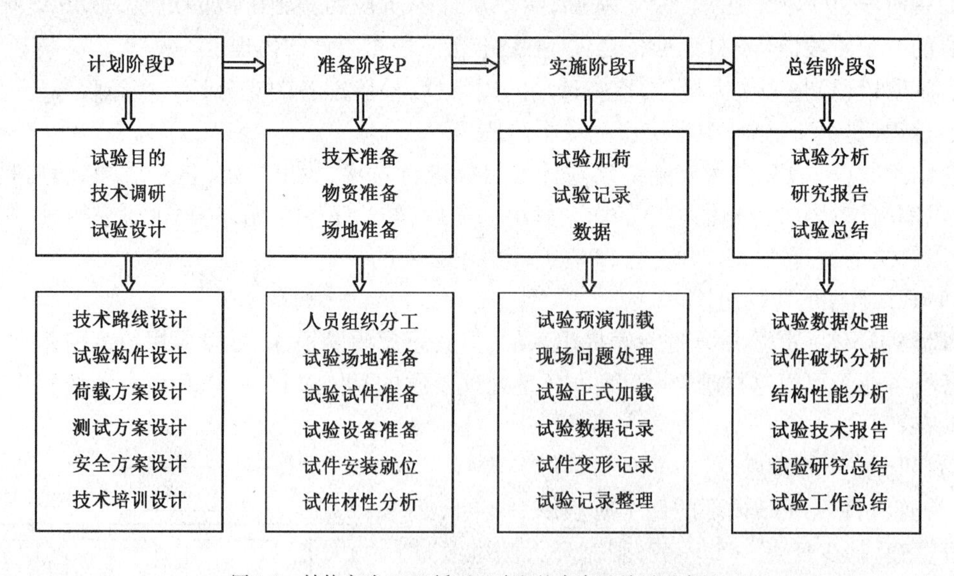

图1-9　结构实验PPIS循环四阶段的内容及关系示意图

在该阶段，首先要反复研究试验目的，充分了解体会试验的具体任务，进行调查研究，搜集有关资料，包括在这方面已有哪些理论假定，做过哪些试验，及其试验方法、试验结果和存在的问题等。在以上工作的基础上确定试验的性质与规模。若为研究性试验，应提出本试验拟研究的主要参量以及这些参量在数值上的变动范围，并根据试验室的设备能力确定试件的尺寸和量测项目及量测要求，最后，提出试验大纲。

2. 准备阶段

对于结构试验，试验准备工作要占全部试验工作的大部分时间，工作量最重。试验准备工作的好坏，直接影响到试验能否顺利进行和能获得试验结果的多少。有时由于准备工作上的疏忽大意，会使试验只获得很少的结果，因此切勿低估准备工作阶段的复杂性和重要性。试验准备阶段的主要工作如下：

(1)试件的制作。试验研究者应亲自参加试件制作，以便掌握有关试件质量的第一手资料。试件尺寸要保证足够的精度。

在制作试件时，还应注意材性试样的留取，试样必须能真正代表试验结构的材性。

材性试件必须按试验大纲上规划的试件编号进行编号，以免不同组别的试件混淆。

在制作试件过程中，应作施工记录日志，注明试件日期、原材料情况，这些原始资料都是最后分析试验结果不可缺少的参考资料。

(2)试件质量检查。包括试件尺寸和缺陷的检查，应作详细记录，纳入原始资料。

(3)试件安装就位。试件的支承条件应力求与计算简图一致。一切支承零件均应进行强度验算并使其安全储备大于试验结构可能有的最大安全储备。

(4)安装加载设备。加载设备的安装，应满足“既稳又准找方便，有强有刚求安全”的要求，即就位要稳固准确方便，固定设备的支撑系统要有一定的强度、刚度和安全度。

(5)仪器仪表的率定。对测力计及一切量测仪表，均应按技术规定要求进行率定，各仪器仪表的率定记录应纳入试验原始记录中，误差超过规定标准的仪表不得使用。

(6)作辅助试验。辅助试验多半在加载试验阶段之前进行，以取得试件材料的实际强度，便于对加载设备和仪器仪表的量程等作进一步的验算。但对一些试验周期较长的大型结构试验或试件组别很多的系统试验，为使材性试件和试验结构的龄期尽可能一致，辅助试验也常常和正式试验同时穿插进行。

(7)仪表安装、连线试调。仪表的安装位置、测点号，在应变仪或记录仪上的通道号等都应严格按照试验大纲中的仪表布置图实施，如有变动，应立即做好记录，以免时间长久后回忆不清而将测点混淆。这会使结果分析十分困难，甚至最后只好放弃这些混淆的测点数据，造成不可挽回的损失。

(8)记录表格的设计准备。在试验前应根据试验要求设计记录表格，其内容及规格应周到详细地反映试件和试验条件的详细情况，以及需要记录和量测的内容。记录表格的设计反映试验组织者的技术水平，切勿养成试验前无准备地在现场临时用白纸记录的习惯。记录表格上应有试验人员的签名并附有试验日期、时间、地点和气候条件。

(9)计算出各加载阶段试验结构各特征部位的内力及变形值，以备在试验时判断及控制。

(10)在准备工作阶段和试验阶段，应每天记工作日志。

3. 实施阶段

1)获取数据

加载试验或捕捉信息都是获取数据的过程，是整个试验或检测过程的中心环节，应按规定的加载顺序和检测顺序进行。重要的量测数据应在试验过程中随时整理分析并与事先估算的数值比较，发现有反常情况时应查明原因或故障，把问题弄清楚后才能继续加载。

在试验过程中，结构所反映的外观变化是分析结构性能的极为宝贵的资料，对节点的松动与异常变形，钢筋混凝土结构裂缝的出现和发展，特别是结构的破坏情况都应作详尽的记录及描述。这些容易被初作试验者忽略，而把主要注意力集中在仪表读数或记录曲线上，因此应分配专人负责观察结构的外观变化。

试件破坏后，要拍照和测绘破坏部位及裂缝简图，必要时，可从试件上切取部分材料测定力学性能。破坏试件在试验结果分析整理完成之前不要过早毁弃，以备进一步核查。

2）资料整理

试验或检测资料的整理是将所有的原始资料整理完善，其中特别要注意的是试验量测数据记录和记录曲线都作为原始数据，经负责记录人员签名后不得随便涂改。经过处理后得到的数据不能和原始数据列在同一表格内。

一个严格认真的科学试验，应有一份详尽的原始数据记录，连同试验过程中的观察记录、试验大纲及试验过程中各阶段的工作日志，作为原始资料，在有关的试验室内存档。

4. 总结阶段

试验总结阶段的工作内容包括以下几个方面的内容：

1）试验数据处理

从各个仪表获得和量测的数据和记录曲线，一般不能直接解答试验任务所提出的问题，它们只是试验的原始数据，需对原始数据进行科学的运算处理才能得出试验结果。

2）试验结果分析

试验结果分析的内容是分析通过试验得出了哪些规律性的东西，揭示了哪些物理现象。最后，应对试验得出的规律和一些重要的现象作出解释，分析它们的影响因素，将试验结果和理论值进行比较，分析产生差异的原因，并作出结论，写出试验总结报告。

3）形成试验报告

报告中应提出试验中发现的新问题及进一步的研究计划。

习　题

1. 建筑结构试验分为哪几类？有什么作用？

2. 静力试验与动力试验、伪静力试验与拟动力试验、原型试验与模型试验有什么联系与区别？

3. 对建筑结构测试技术的发展有哪些了解？

4. PPIS 的特点有哪些？

5. 试述建筑结构试验方案设计的重要性。

第二章 建筑结构试验方案设计
DIERZHANG

第一节　概　　述

1. 建筑结构试验方案设计前提

充分了解试验的目的,了解结构试验的特点以及试验场地的特点。充分了解试验目的对制订试验方案至关重要,是试验方案设计的灵魂。对两个特点的了解是结构试验设计的基础。这些内容在前面已经叙述过了,在这里就不再赘述。

2. 建筑结构试验方案设计内容

结构试验方案设计内容有:

(1)试验前期工作方案设计;

(2)试验构件方案设计;

(3)试验荷载方案设计;

(4)试验观测方案设计。

3. 建筑结构试验方案设计步骤

第一步,进行广泛的调研;

第二步,充分了解荷载与现场特点;

第三步,荷载方案、试件形状、观测方案三者综合考虑,形成方案整体,完成试验装置的平面立面和侧面图。

第二节　试验前期工作方案设计

一、调研方案设计

试验研究的首要任务是对试验项目进行广泛的调查研究,其目的就是知己知彼,有的放矢。调查工作的内容包括相关研究项目已有的研究成果和试验方法。调查的方法有实地调查、信函调查、电话调查和网上调查等。各方法各有侧重，各有长短，应区别应用。

若对实物进行调查，比如灾害调查，应采用实地调查尤其是项目负责人亲自进行实地调查的方法，这种方法的优点是：直观性强、感受深刻、易发现问题、信息量大；缺点是：时间相对较长、耗费人力、成本高。

信函调查用于简单问题调查，只需对方回答是与否或方向性信息等，不宜进行内容量大、劳动量大的调查。

电话调查的优点是时间短速度快。若要进行文字资料查询，网上调查的手段最好。

二、研究路线方案设计

1. 研究路线的含义

研究路线也叫技术路线，是指完成一项试验研究任务要经过的起始点、中转点和结束点等若干个技术环节上所有内容顺序的方式。简言之，就是从哪儿入手，依靠什么原理、采用什么方法、经过哪些技术环节，才能到达怎么样的理想的目的地。

一项任务的技术路线很可能有若干个，究竟哪一条为最优，在不同的条件下，则有不同的方案。技术路线设计就是要寻求这一最优的方案。

2. 研究路线的作用

(1)反映研究项目组织者的技术水平和业务能力；

(2)反映研究方法的可行程度；

(3)是研究小组分工的依据；

(4)研究路线是进行科研项目申请的重要内容，关系到研究项目的成败。在试验研究阶段，一条清晰的技术路线是研究工作能够有条不紊地进行的依据。

3. 研究路线的内容

研究路线的内容，一是指项目研究能够进行的条件，如已经建立的基础，包括理论基础和试验基础；二是指完成本项目研究内容必须经过的技术途径与理论依据，以及针对难点问题的对策等。

4. 研究路线的制订

研究路线制订的过程可理解为：认真调查研究，掌握基础资料；扩大消息来源，查清已有技术；规划技术路线，寻找研究方法；预计困难障碍，探讨攻克对策。

三、其他工作方案设计

其他工作方案主要有：人员分工方案、技术准备方案、时间进度方案、经费预算方案和试验安全方案。

第三节　试验构件方案设计

建筑结构试验试件的设计内容主要有：

(1)试件形状；

(2)试件尺寸；

(3)试件数目；

(4)结构试验对试件设计的构造。

试件的形状设计没有严格的规范,它受到试验目的、试验场地、试验设备等条件的综合制约。所以,对试件形状的设计没有严格的要求。

试件尺寸就是试件的大小,试验本身对尺寸的要求是1:1。但更多的试验由于种种制约而达不到1:1,其制约上限是试验的荷载能力,制约的下限是试验结果的真实性。荷载能力希望试件尺寸越小越好,然而,如果试件过小,试验值就会有失真现象。

试件数量的制约条件是试验结果的准确性和试验的经济能力,试验结果的准确性要求试验量应多一些,而试验的经济能力却希望试验量少一些。试验数量的设计方法有优选设计法、因子设计法、正交设计法和均匀设计法4种。目前,应用最多的是正交设计法。均匀设计法是我国数学家王元与方开泰的创作,是寻求最佳配比方案收敛速度最快的方法。

一、试 件 形 状

在设计试件形状时,虽然和试件的比例无关,但最重要的是要形成和设计目的相一致的应力状态。这个问题对于静定系统中的单一构件,如梁、柱、桁架等,一般构件的实际形状都能满足要求,问题比较简单。但对于从整体结构中取出部分构件单独进行试验时,特别是在比较复杂的超静定体系中必须要注意其边界条件的模拟,使其能真实的反映该部分结构构件的实际工作状态。

当做如图2-1a)所示受水平荷载作用的框架结构应力分析,若做*A-A*部位柱脚、柱头部分的试验,试件需要设计成如图2-1b);若做*B-B*部位的试验,试件需要设计成图2-1c);

对于梁设计成如图2-1f)、图2-1g)那样的形状,则应力状态可与设计目的相一致。

做钢筋混凝土柱的试验研究时,若要探讨其挠曲破坏性能,图2-1d)所示的试件是足够的,但若做剪切性能的探讨,则图2-1d)反弯点附近的应力状态与实际应力情况有所不同,为此有必要用图2-1e)中的反对称加载的试件。

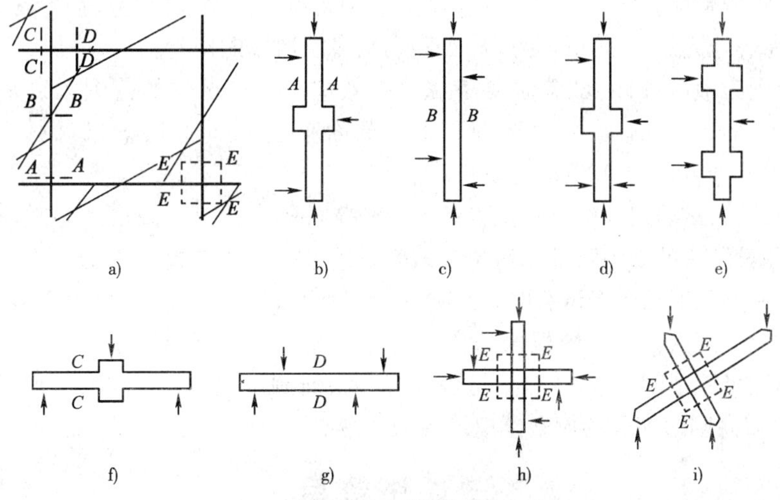

图2-1 框架结构中的梁柱和节点试件

在做梁柱连接的节点试验时,试件受力有轴力、弯矩和剪力的作用,这样的复合应力会使节点部分发生复杂的变形,但其中主要是剪切变形,以致节点部分由于大剪力作用会发生剪切破坏。为了探求节点的强度和刚度,使其能充分反映应力分布的真实状态,避免在试验过程梁柱部分先于节点破坏,在试件设计时必须事先对梁柱部分进行足够加固,以满足整个试验能达到预期的效果。这时对于图 2-1h)所示的十字形试件,节点两侧梁柱的长度一般取 1/2 梁跨和 1/2 柱高,即按框架承受水平荷载时产生弯矩点($M=0$)的位置来决定。边柱节点可采用 T 字形试件。当试验目的是为了了解设计应力状态下的结构性能,并同理论作对比时,需要用如图 2-1i)的 X 形试件。为了使在 X 形试件中再现实际的应力状态,必须根据设计条件给定的各个力的大小和关系来确定试件的尺寸。

以上所示的任一种试件的设计,其边界条件的实现尚与试件的安装、加载装置与约束条件等有密切关系,这必须在试验总体设计时进行周密考虑,才能付诸实施。

二、试件尺寸

建筑结构试验与检测所用试件的尺寸和大小,从总体上分为真型、模型和小试件三类。

1. 真型试验

国内外多层足尺房屋或框架试验研究的实践证明:足尺真型试验并不合算,要想解决的问题(如抗震能力的评定)解决不了,而足尺能解决的问题(如破坏机制等)小比例尺试件也行。虽然足尺结构具有反映实际构造的优点,但是若把试验所耗费的经费和人工用来做小比例尺试验,可以大大增加试验的数量和品种,而且试验室的条件比野外现场要好,测试数据的可信度也高。

2. 小试件或模型试验

作为基本构件性能研究,压弯构件取截面边长 16 ~ 35cm,短柱(偏压剪)取截面边长 15 ~ 50cm,双向受力构件取截面边长 10 ~ 30cm 为宜。

剪力墙尺寸取真型的 1/10 ~ 1/3 为宜。我国昆明、南宁等地先后进行过装配式混凝土和空心混凝土大板结构的足尺房屋试验。

局部性的试件尺寸可取为真型的 1/4 ~ 1,整体性结构试验与检测的试件可取 1/10 ~ 1/2。

砖石及砌块的砌体试件的合理尺寸应该是不大又不小,一般取真型的 1/4 ~ 1/2。我国兰州、杭州与上海等地先后做过四幢足尺砖石和砌块多层房屋的试验。

试件太小则为微型试件,试验时要考虑尺寸效应。微型试件的范围大致是砖块尺寸为 1.5cm × 3cm × 6cm 以内的砌体,普通混凝土的截面小于 10cm × 10cm,砖砌体小于 74cm × 36cm,砌块砌体小于 60cm × 120cm 的试件。

对于动力试验,试验尺寸经常受试验激振加载条件因素的限制,一般可在现场的真型结构上进行试验,测量结构的动力特性。对于在试验室内进行的动力试验,可以对足尺构件进行疲劳试验。至于在模拟振动台上试验时,由于受振动台台面尺寸和激振力大小等参数限制,一般只能作模型试验。国内在地震模拟振动台上已经完成一批比例在 1/50 ~ 1/4 的结构模型试验。日本为了满足原子能反应堆的足尺试验的需要,研制了负载为 1000t,台面尺寸为 15m × 15m,垂直水平双向同时加震的大型模拟地震振动台。

三、试件数目

在进行试件设计时,除了对试件的形状尺寸应进行仔细研究外,对于试件数目即试验量的设计也是一个不可忽视的重要问题,因为试验量的大小直接关系到能否满足试验的目的、任务以及整个试验的工作量,同时也受试验研究经费和时间的限制。

对于生产性试验,一般按照试验任务的要求有明确的试验对象。试验数量应执行相应结构构件质量检验评定标准,这里不在赘述。

对于科研性试验,其试验对象是按照研究要求而专门设计的,这类结构的试验往往是属于某一研究专题工作的一部分。特别是对于结构构件基本性能的研究,由于影响构件基本性能的参数较多,所以要根据各参数构成的因子数和水平数来决定试件数目,参数多则试件的数目也自然会增加。

因子是对试验研究内容有影响的发生变化的影响因素,因子数是试验中变化着的影响因素的个数,不变化的影响因素不是因子数。水平即为因子可改变的试验档次,水平数则为变化着的影响因素的试验档次数。

试验数量的设计方法有四种,即优选法、因子法、正交法和均匀法。这四种方法是四门独立的学科,下面仅将其特点做一点介绍。

1. 优选设计法

针对不同的试验内容,利用数学原理合理安排试验点,用步步逼近、层层选优的方式以求迅速找到最佳试验点的试验方法叫优选法。

单因素问题设计方法中的 0.618 法是优选法的典型代表。优选法对单因素问题试验数量设计的优势最为显著,其多因素问题设计方法已被其他方法所代替。

有关优选法的具体内容详见相关书籍。

2. 因子设计法

因子设计法又叫全面试验法或全因子设计法,试验数量等于以水平数为底以因子数为次方的幂函数,即

$$试验数 = 水平数^{因子数}$$

因子设计法试验数的设计值见表 2-1。

用因子法计算试验数量 表 2-1

因子数	水平数			
	2	3	4	5
1	2	3	4	5
2	4	9	16	25
3	8	27	64	125
4	16	81	256	625
5	32	243	1 024	3 125

由表 2-1 可见,因子数和水平数稍有增加,试件的个数就极大地增多,所以因子设计法在结构试验与检测中不常采用。

3. 正交设计法

在进行钢筋混凝土柱剪切强度的基本性能试验研究中,以混凝土强度、配筋率、配箍率、轴向应力和剪跨比作为设计因子,如果利用全因子法设计,当每个因子各有 2 个水平数时,试验试件数应为 32 个。当每个因子有 3 个水平数时,则试件的数量将猛增为 243 个,即使混凝土强度等级取一个级别,即采用 C20,视为常数,试验试件数仍需 81 个,这么多的试件实际上是很难做到的。

为此,试验工作者在试验设计中经常采用一种解决多因素问题的试验设计方法——正交

试验设计法。主要应用根据均衡分散、整齐可比的正交理论编制的正交表来进行整体设计和综合比较的,科学地解决了各因子和水平数相对结合可能参与的影响,也妥善地解决了试验所需要的试件数与实际可行的试验试件数之间的矛盾,即解决了实际所作小量试验与要求全面掌握内在规律之间的矛盾。

现仍以钢筋混凝土柱剪切强度基本性能研究问题为例,用正交试验法做试件数目设计。如果同前面所述主要影响因素为5,而混凝土只用一种强度等级C20,这样实际因子数只为4,当每个因子各有3个档次,即水平数为3,详见表2-2所列。

钢筋混凝土柱剪切强度试验分析因子与水平数 表2-2

主要分析因子		因子档次(因子数)		
代号	因子名称	1	2	3
A	钢筋配筋率	0.4	0.8	1.2
B	配箍率	0.2	0.33	0.5
C	轴向应力	20	60	100
D	剪跨比	2	3	4
EP	混凝土强度等级C20	13.5MPa		

根据正交表$L_9(3^4)$,试件主要因子组合如表2-3所示。这一问题通过正交设计法进行设计,原来需要81个试件可以综合为9个试件。

上述例子的特点是:各个因子的水平数均相等,试验数正好等于水平数的平方,即:

$$试验数 = (水平数)^2$$

当试验对象各个因子的水平数互相不相等时,试验数与各个因子的水平数之间存在下面的关系。

$$试验数 = (水平数1)^2 \times (水平数2)^2 \times \cdots\cdots$$

正交设计表中多数试验数能够符合这一规律,比如正交表$L^4(2^3)$的试验数就等于$2^2=4$,$L^{16}(4\times 2^{12})$的试验数就等于$4^2=16$。

试件主要因子组合 表2-3

试件数量	A	B	C	D	E
	配筋率	配箍率	轴向应力	剪跨比	混凝土强度
1	0.4	0.20	20	2	C20
2	0.4	0.33	60	3	C20
3	0.4	0.50	100	4	C20
4	0.8	0.20	60	4	C20
5	0.8	0.33	100	2	C20
6	0.8	0.50	20	3	C20
7	1.2	0.20	100	3	C20
8	1.2	0.33	20	4	C20
9	1.2	0.50	60	2	C20

正交表除了$L_9(3^4)$、$L_4(2^3)$、$L_{16}(4\times 2^{12})$外,还有$L_{16}(4^5)$、$L_{16}(4^2\times 2^9)$、$L_{16}(4^3\times 2^6)$等。L表示正交设计,其他数字的含义用下式表示:

$$L_{试验数}(水平数1^{相应因子数}\times 水平数2^{相应因子数})$$

注意：上面的“水平数1^相应因子数^×水平数2^相应因子数^”不是计算公式。

$L_{16}(4^2 \times 2^9)$的含义是某试验对象有11个影响因素，其中4个水平数的因素有2个，2个水平数的因素有9个，其试验数为16。

试件数量设计是一个多因素问题，在实践中应该使整个试验的数目少而精，以质取胜，切忌盲目追求数量；要使所设计的试件尽可能做到一件多用，即以最少的试件、最小的人力、经费，以得到最多的数据；要使通过设计所决定的试件数量经试验得到的结果能反映试验研究的规律性，满足研究目的的要求。

有关正交法的具体内容详见《正交设计法》或《试验设计》等教材。

4. 均匀设计法

均匀设计法是由我国著名数学家方开泰、王元在20世纪90年代合作创建的以数理学和统计学为理论基础，以分散均匀为设计原则的全新设计方法，其最大的优势是能以最少的试验数量，获得最理想的试验结果。

利用均匀法进行设计时，一般地，不论设计因子数有多少，试验数与设计因子的最大水平数相等，即

$$试验数=最大水平数$$

设计表用$U_n(q^s)$表示，其中U表示均匀设计法，n表示试验次数，q表示因子的水平数，s表示表格的列数（注意：不是列号），s也是设计表中能够容纳的因子数。

根据均匀设计表$U_6(6^4)$，试件主要因子组合如表2-4和表2-5所示。

$U_6(6^4)$使用表 表2-4

s	列　号	D
2	1　3　—　—	0.1875
3	1　2　3　—	0.2656
4	1　2　3　4	0.2990
D值表示刻划均匀度的偏差，偏差值越小，表示均匀度越好。		

$U_6(6^4)$设计表 表2-5

列号		1	2	3	4
水平数	1	1	2	3	6
	2	2	4	6	5
	3	3	6	2	4
	4	4	1	5	3
	5	5	3	1	2
	6	6	5	4	1

表$U_6(6^4)$中，s可以是2或3或4，即因子数可以是2或3或4，但最多只能是4。在这里不难看出，s越大，均匀设计法的优势越突出。

对于钢筋混凝土柱剪切强度基本性能的研究，若应用均匀设计法进行设计，原来需要9个试件可以综合为6个试件，且水平数由原来的3个增加至6个。

每个设计表都附有一个使用表。试验数据采用回归分析法处理。

有关均匀法的具体内容详见王元、方开泰的《均匀设计法》。

四、建筑结构试验与检测对试件设计的构造要求

在试件设计中，当确定了试验形状、尺寸和数量后，在每一个具体试件的设计和制作过程中，还必须同时考虑试件安装、加荷、量测的需要，在试件上作出必要的构造措施，这对于科研试验尤为重要。例如，混凝土试件的支承点应预埋钢垫板以及在试件承受集中荷载的位置上应埋设钢板，以防止试件受局部承压而破坏，如图2-2a)所示。

试件加荷面倾斜时，应作出凸缘，以保证加载设备的稳定设置，如图2-2b)所示。

在钢筋混凝土框架作恢复力特性试验时，为了框架端部侧面施加反复荷载的需要，应设置预埋构件以便于加载用的液压加载器或测力传感器连接，为保证框架柱脚部分与试验台的固接，一般均设置加大截面的基础梁，如图 2-2c）所示。

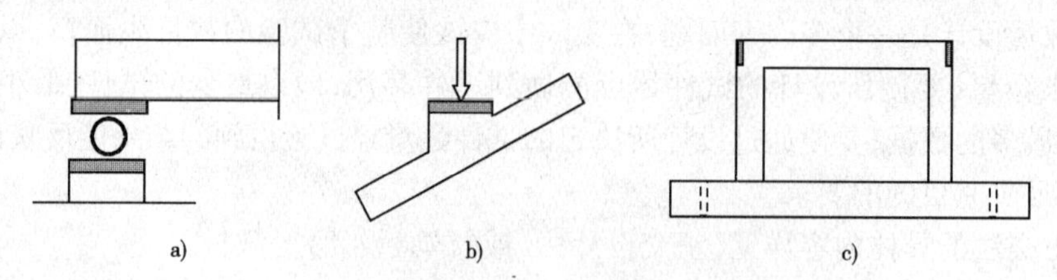

图 2-2　试件设计时考虑加荷需要的构造措施

在砖石或砌块的砌体试件中，为了使施加在试件上的垂直荷载能均匀传递，一般在砌体试件的上下均预先浇捣混凝土垫块，下面的垫梁可以模拟基础梁，使其与试验台座固定，上面的垫梁模拟过梁传递竖向荷载。

在做钢筋混凝土偏心受压构件试验时，在试件两端做成牛腿以增大端部承压面，以便于施加偏心荷载，并在上下端加设分布钢筋网。

这些构造是根据不同加载方法而设计的，但在验算这些附加构造的强度时，必须保证其强度储备大于结构本身的强度安全储备，这不仅考虑到计算中可能产生的误差，而且还必须保证它不产生过大的变形以致改变加荷点的位置或影响试验精度，当然更不允许因附加构造的先期破坏而妨碍试验的继续进行。

在试验中，为了保证结构或构件在预定的部位破坏，以期得到必要的测试数据，就需要对结构或构件的其他部位事先进行局部加固。

为了保证试验量测的可靠性和仪表安装的方便，在试件内必须预设埋件或预留孔洞。对于为测定混凝土内部的应力而预埋的元件或专门的混凝土应变计、钢筋应变计等，应在浇筑混凝土前，按相应的技术要求用专门的方法就位固定，安装埋设在混凝土内部。这些要求在试件的施工图上应该明确标出，注明具体作法和精度要求，必要时试验人员还需亲临现场参加试件的施工制作。

第四节　试验荷载方案设计

试验荷载方案设计内容，主要包括：荷载类型的选择、荷载架的选择、结构构件支座设计、荷载图式的选择、加载制度设计、试验装置设计、卸荷方案设计等。设计的技术要求，因试验的类型而不同，在第五章“建筑结构试验组织”中详细叙述。

一、荷载设计的一般要求

正确地选择试验所用的荷载设备和加载方法，对顺利地完成试验工作和保证试验的质量有很大的影响。为此，在选择试验荷载和加载方法时，应满足下列几点要求：

（1）选用的试验荷载图式，应与结构设计计算的荷载图式所产生的内力值完全一致或极为接近。

（2）荷载值要准确，特别是静力荷载要不随加载时间、外界环境和结构的变形而变化。

（3）荷载传力方式和作用点明确，产生的荷载数值要稳定。

（4）荷载分级的数值要参考相应试验结构试验与检测方法的技术要求，同时必须满足试验量测的精度要求。

(5)加载装置本身要有足够的安全性和可靠性，不仅要满足强度要求，还必须按变形条件来控制加载装置的设计，即必须满足刚度要求。防止因对试件产生卸荷作用而减轻结构实际承担的荷载。

(6)加载设备的操作要方便，便于加载和卸载，并能控制加载速度，又能适应同步加载或先后不同步加载的要求。

(7)试验加载方法要力求采用现代化先进技术，减轻体力劳动，提高试验质量。

二、试验加载装置的设计

1. 强度要求

对于加载装置的强度，首先要满足试验最大荷载量的要求，保证有足够的安全储备，同时要考虑到结构受载后有可能使局部构件的强度有所提高。

例如对钢筋混凝土框架柱顶的一端施加水平推力 Q，柱上均施加轴向力 N 时，则梁上会增加了轴向压力 Q'。特别当梁的屈服荷载由最大试验荷载决定时，梁所受的轴力会使其强度提高，有时竟能提高50%，使原来按梁上无轴力情况的理论荷载所设计出来的加载装置不能将试件加载到破坏。

再比如，对于X形节点试件，随着梁、柱节点处轴力 N、剪力 Q 的增大，其强度会按比例提高。根据使用材料的性质及其差异，即使考虑了上述轴力的影响，试件的最大强度常比预计的大。这样，在做试验设计时，加载装置的承载能力总要求提高70%左右。

2. 刚度要求

试验加载装置，也必须考虑刚度要求。正如混凝土应力应变曲线下降段测试一样，在结构试验与检测时如果加载装置刚度不足时，将难以获得试件极限荷载后的性能。

3. 真实性要求

试验加载装置设计，要能符合结构构件的受力条件，要能模拟结构构件的边界条件和变形条件，严防失真。

如柱的弯剪试验，若采用图2-3所示的加载方法，在轴向力的加力点处会有弯矩产生，形成负面约束，以致其应力状态与设想的有所不同，为了消除这个约束，在加载点和反力点处均应加设滚轴。

又如图2-4是两种短柱受水平荷载试验的例子，试验装置可以采用图2-4a)连续梁式加载，也可以用图2-4b)所示的加载装置，这是日本某建筑研究所研制的一种专门进行偏压剪试验的加载装置，建研式加载方法能保持上下端面平行，显然对窗间短柱而言，这种装置更符合受力条件，因为连续梁式加载不能保证受剪的端面平行。

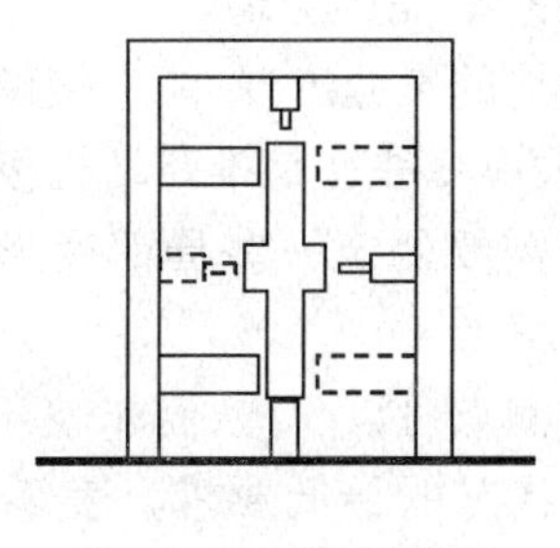

图2-3　柱弯剪试验装置

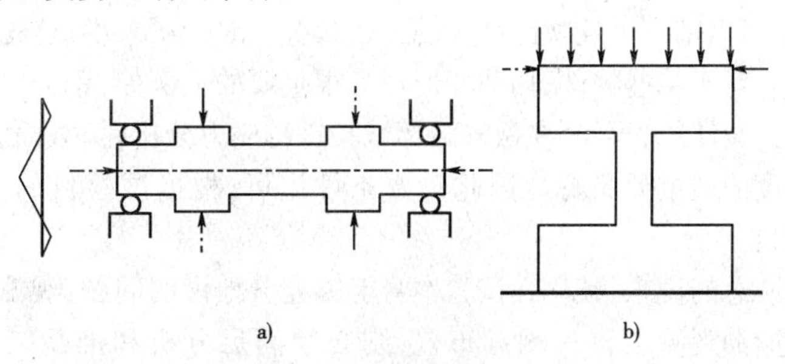

图2-4　偏压剪短柱的试验装置

所以,在加载装置中必须注意试件的支承方式,前述受轴力和水平力的柱子的试验,两个方向加载设备的约束会引起较为复杂的应力状态。在梁的弯剪试验中,加载点和支承点的摩擦力均会产生次应力,使梁所受的弯矩减小;在梁柱节点试验中,如采用 X 形试件,若加力点和支承点的摩擦力较大,就会接近于抗压试验的情况。支承点的滚轴可按接触承压应力进行计算。实际试验时多用细圆钢棒作滚轴,当支承反力增大时,滚轴可能产生变形,甚至接近塑性,会有非常大的摩擦力,使试验结果产生误差。

4. 简便性要求

试验加载装置应尽可能简单,组装时花费时间少,特别是当要做若干同类型试件的连续试验时,还应考虑能方便试件的安装,并缩短其安装调整的时间。如有可能最好设计成多功能的,以满足各种试件试验的要求。

三、试验设备准备计划

试验荷载方案完成后,则需进行制订试验设备准备计划,需要说明设备的型号、数量、来源以及准备方式,责任到人,分头落实。

第五节　试验观测方案设计

在进行结构试验与检测时,为了对结构物或试件在荷载作用下的实际工作情况有全面的了解,并真实而正确地反映结构的工作状态,就要利用各种仪器设备量测出结构反应的某些参数,以便为结构分析工作提供科学依据。因此在正式试验前,应拟订测试方案。

测试方案通常包括内容有:按整个试验目的要求,确定试验测试的项目;按确定的量测项目要求,选择测点位置;综合整体因素选择测试仪器和测定方法。

拟订的测试方案要与加载程序密切配合。在拟订测试方案时,应该把结构在加载过程中可能出现的变形等数据估算出来,以便在试验时能随时与实际观测读数比较,及时发现问题。同时,这些估算的数据对选择仪器的型号、量程和精度等也是完全必要的。

一、观测项目的确定

结构在荷载作用下的各种变形可以分成两类:一类是反映结构整体工作状况,如梁的挠度、转角、支座偏移等,叫做整体变形,又叫基本变形;另一类是反映结构的局部工作状况,如应变、裂缝、钢筋滑移等,叫做局部变形。

在确定试验的观测项目时,首先应该考虑整体变形,因为整体变形能够概括结构工作的全貌,可以基本上反映出结构的工作状况。对于梁来说,首先就是挠度、转角的测定。

对于某些构件,局部变形也是很重要的。例如,钢筋混凝土结构的裂缝出现,能直接说明其抗裂性能;再如,在做非破坏试验进行应力分析时,截面上的最大应变往往是推断结构极限强度的最重要指标。因此只要条件许可,根据试验目的,也经常需要测定一些局部变形的项目。

总的说来,破坏性试验本身能够充分地说明问题,观测项目和测点可以少些,而非破坏性试验的观测项目和测点布置,则必须满足分析和推断结构工作状况的最低要求。表 2-6、表 2-7、表 2-8 列举了一些结构试验与检测中的测试内容,以供参考。

结构静力试验中常用参量汇总表 表2-6

结构名称	结构分类	
	混凝土等非金属结构	金属结构
梁	1. 荷载、支座反力； 2. 支座位移、最大位移、位移曲线、曲率、转角、裂缝； 3. 混凝土应变、钢筋应变、箍筋应变、梁截面应力分布； 4. 破坏特征	1. 荷载、支座反力； 2. 支座位移、最大位移；位移曲线、曲率、转角、裂缝； 3. 跨中及支座截面应力分布； 4. 破坏特征
板	1. 荷载、支座反力； 2. 支座位移、最大位移、位移曲线、曲率、转角、裂缝； 3. 混凝土应变、钢筋应变、箍筋应变、梁截面应力分布； 4. 破坏特征	—
柱	1. 荷载； 2. 支座位移、水平弯曲位移、裂缝； 3. 混凝土应变、钢筋应变、箍筋应变、柱截面应力分布； 4. 破坏特征	1. 荷载； 2. 支座位移、水平弯曲位移、裂缝； 3. 跨中及柱头截面应力分布； 4. 破坏特征
墙	1. 荷载； 2. 支座位移、平面外位移曲线、曲率、转角、裂缝； 3. 混凝土应变、纵横钢筋应变、纵横截面应力分布、剪切应变； 4. 破坏特征	—
屋架	1. 荷载、支座反力； 2. 支座位移、整体最大位移、裂缝； 3. 上下弦杆以及腹杆混凝土应变、钢筋应变、箍筋应变、屋架端头以及节点混凝土剪切应力分布； 4. 破坏特征	1. 荷载、支座反力； 2. 支座位移、整体最大位移、裂缝； 3. 上下弦杆以及腹杆混凝土应变、屋架端头以及节点处剪切应力分布； 4. 破坏特征
排架	1. 荷载； 2. 支座位移、最大位移、位移曲线、曲率、转角、裂缝； 3. 混凝土应变、钢筋应变、箍筋应变、梁截面应力分布； 4. 破坏特征	1. 荷载； 2. 支座位移、最大位移、位移曲线、曲率、转角、裂缝； 3. 构件截面应力分布； 4. 破坏特征
桥	1. 荷载； 2. 支座位移、最大位移、位移曲线、裂缝； 3. 根据测试目的确定测试构件及其应力（应变）的分布点； 4. 破坏特征	1. 荷载； 2. 支座位移、最大位移、位移曲线、裂缝； 3. 根据测试目的确定测试构件及其应力（应变）的分布点； 4. 破坏特征

结构伪静力试验中常用参量汇总表 表 2-7

分类	检 测 内 容
杆件	1. 荷载、支座反力； 2. 支座位移、最大位移、曲率、转角、裂缝； 3. 杆件截面应力分布； 4. 滞回曲线、破坏特征
节点	1. 荷载； 2. 支座位移、转角、裂缝； 3. 根据测试目的确定节点应力(应变)的分布点； 4. 滞回曲线、破坏特征
结构	1. 荷载、支座反力； 2. 支座位移、最大位移、曲率、转角、裂缝； 3. 根据测试目的确定结构的测试部位及其应力(应变)的分布点； 4. 滞回曲线、裂缝开展状况、破坏特征

结构拟动力试验、振动台试验的常用参量汇总表 表 2-8

分类	检 测 内 容
杆件	1. 输入的加速度(或速度,或位移)时程曲线； 2. 输出的加速度(或力,或速度,或位移,或应变)时程曲线； 3. 结构滞回曲线,裂缝开展状况,结构破坏特征

二、测点的选择与布置

利用仪器仪表对试件的各类反应进行测量时,由于一个仪表只能测量一个测试点,因此,测量结构物的力学性能,往往需要利用较多数量的测量仪表。一般来说,量测的点位越多越能了解结构物的应力和变形情况。但是,在满足试验目的的前提下,测点还是宜少不宜多,这样不仅可以节省仪器设备,避免人力浪费,而且使试验工作重点突出、精力集中,提高效率和保证质量。在进行测量之前,应该利用已知的力学和结构理论对结构进行初步估算,然后合理地布置测量点位,力求减少试验工作量,而尽可能获得必要的数据资料。这样,测点的数量和布置必须是充分合理,同时是足够的。

对于一个新型结构或科研的新课题,由于对它缺乏认识,可以采用逐步逼近由粗到细的办法,先测定较少点位的力学数据,经过初步分析后再补充适量的测点,再分析再补充,直到能足够了解结构物的性能为止。有时也可以做一些简单的试验进行定性后再决定测量点位。

测点的位置必须要有代表性,以便于分析和计算。

在测量工作中,为了保证测量数据的可靠性,还应该布置一定数量的校核性测点,由于在试验量测过程中可能会出现部分测量仪器工作不正常,发生故障,以及很多其他偶然因素会影响量测数据的可靠性,因此不仅在需要知道应力和变形的位置上布置测点,也要求在已知应力和变形的位置上布点。这样就可以获得两组测量数据,前者称为测量数据,后者称为控制数据或校核数据。如果控制数据在量测过程中是正常的,可以相信测量数据是比较可靠的;反之,则测量数据的可靠性就比较差。

测点的布置应有利于试验时操作和测读,不便于观测读数的测点,往往不能提供可靠的结果。为了测读方便,减少观测人员,测点的布置宜适当集中,便于一人管理若干个仪器。不便于测读和不便于安装仪器的部位，最好不设测点，否则也要妥善考虑安全措施，或者选择特殊的仪器或测定方法来满足测量的要求。

三、仪器的选择与测读的原则

1. 仪器的选择

在选择仪器时，必须从试验实际需要出发，使所用仪器能很好地符合量测所需的精度与量程要求，但要防止盲目选用高准确度和高灵敏度的精密仪器。一般的试验，要求测定结果的相对误差不超过5%，同时，应使仪表的最小刻度值小于5%的最大被测值。

仪器的量程，应该满足最大测量值的需要。若在试验中途调整，必然会导致测量误差增大，应当尽量避免。为此，仪器最大被测值宜小于选用仪表最大量程的80%，一般以量程的1/5～2/3范围为宜。

选择仪表时，必须考虑测读方便省时，必要时须采用自动记录装置。

为了简化工作，避免差错，量测仪器的型号规格应尽可能选用一样的，种类越少越好。有时为了控制观测结果的正确性，常在校核测点上使用另一种类型的仪器。

动测试验使用的仪表，尤其应注意仪表的线性范围、频响特性和相位特性等，要满足试验量测的要求。

2. 读数的原则

在进行测读时，一条原则是：全部仪器的读数必须同时进行，至少也要基本上同时。

目前如能使用多点自动记录应变仪进行自动巡回检测，则对于进入弹塑性阶段的试件跟踪记录尤为合适。

观测时间一般应选在荷载过程中的加载间歇时间内的某一时刻。测读间歇可根据荷载分级粗细和荷载维持时间长短而定。

每次记录仪器读数时，应该同时记下周围的温度。

重要的数据应边做记录，边作初步整理，同时算出每级荷载下的读数差，与预计的理论值进行比较。

四、仪器仪表准备计划

试验测试方案完成后，则需制订仪器仪表准备计划，需要说明仪器仪表的型号、数量、来源以及准备方式，做到责任到人，分头落实。

仪器仪表的准备方式大致有合作、借用、租赁、购置等几种。仪器仪表的准备也需要一定量的信息，进行多种方案的比较。

习　题

1. 试述建筑结构试验方案设计内容。
2. 谈谈试验前期工作方案设计的重要性。
3. 试件设计的内容有哪些？
4. 荷载设计的内容有哪些？
5. 观测或测试方案设计的内容有哪些？

第三章 DISANZHANG 土木工程结构试验荷载

第一节 概　　述

结构试验是根据试验的目的、要求,对试验对象施加荷载,以便模拟结构在实际工作中的反应。结构加载试验是结构试验的基本方法。结构试验中所使用的荷载形式、加载方式等都是根据试验的目的要求,以如何能更好地模拟原有荷载的影响进行选择的。

在进行结构试验方案设计时,应考虑试验室的设备条件和试验现场所具备的加载条件等因素。合理地选择加载设备,正确进行加载方案设计,是保证结构试验顺利进行的关键;否则,不仅会影响试验工作的顺利进行,甚至会导致试验的失败,严重的还会发生安全事故。

试验中荷载的产生方法与加载设备的种类有很多,如静力试验中利用重物直接加载或通过杠杆作用间接加载的重力加载方法,利用液压加载器和液压试验机的液压加载方法,利用绞车、差动滑轮组、弹簧和螺旋千斤顶等机械设备的机械加载方法,以及利用压缩空气或真空作用的特殊加载方法。对于动力试验,则可以使用惯性力或电磁系统激振等传统的动力加载方法,也可以使用较为先进的电液伺服加载系统和由此作为振源的地震模拟振动台加载设备。此外,人工爆炸和利用环境随机激振(脉动法)等方法也在试验中得到了广泛的应用。

作为试验人员应当熟悉各种加载方法和加载设备,掌握各种加载设备的性能特点,根据不同试验目的和试验对象正确选择加载方法和加载设备,确保试验工作的顺利进行。

第二节 重 力 荷 载

重力荷载就是利用物体自身的重量作为荷载施加于试验结构上的加载方式。在试验室内可以利用的重物有标准铸铁砝码、混凝土立方试块、水箱等;在现场则可就地取材,经常是采用普通的砂、石、砖等建筑材料或是钢锭、铸铁、废构件等。重物可以直接加在试验结构或构件上,也可以通过杠杆间接加在结构或构件上。

一、重力直接加载方法

1. 加荷作用方式

重物荷载可直接堆放于结构表面形成均布荷载(如图 3-1 所示)或置于荷载盘上通过吊杆挂于结构上形成集中荷载。后者多用于现场做屋架试验,此时吊杆与荷载盘的自重应计入第一级荷载。

对于利用吊杆荷载盘作为集中荷载时,每个荷载盘必须分开或通过静定的分配梁体系作用于试验的对象上,使结构所受荷载传力路线明确。

这类加载方法的优点是试验荷载可就地取材,可重复使用,针对试验结构或试件的变形而言,可保持恒载,可分级加载,容易控制;但加载过程中需要花费较大的劳动力,占据较大的空间,安全性差,试验组织难度大。

2. 不同荷载的特点

(1)散状材料。对于使用砂石等松散颗粒材料加载时,如果将材料直接堆放于试验结构表面,将会造成荷载材料本身起拱而对结构产生卸荷作用。为此,最好将颗粒状材料置于一定容量的容器之中,然后叠加于结构之上。

(2)块体材料。如果是采用形体较为规则的块状材料加载,如砖石、铸铁、钢锭等,则要求叠放整齐,每堆重物的宽度≤5/l(l 试验结构的跨度),堆与堆之间应有一定间隔(3~5cm)。如果利用铁块钢锭作为载重时,为了加载方便和操作安全,每块质量不宜大于 20kg。

(3)吸湿材料。利用砂粒、砖石等吸湿材料作为荷载,它们的容重常随大气湿度而发生变化,故荷载值不易恒定,容易使试验的荷载值产生误差,应用时应加以注意。

(4)液体材料。利用水作为重力加载的荷载,是一个简易方便而且极为经济的方案。水可以盛在水桶内,用吊杆作用于试验结构上来作为集中荷载,也可以采用特殊的盛水装置作为均布荷载直接施加于结构表面(如图 3-2 所示)。

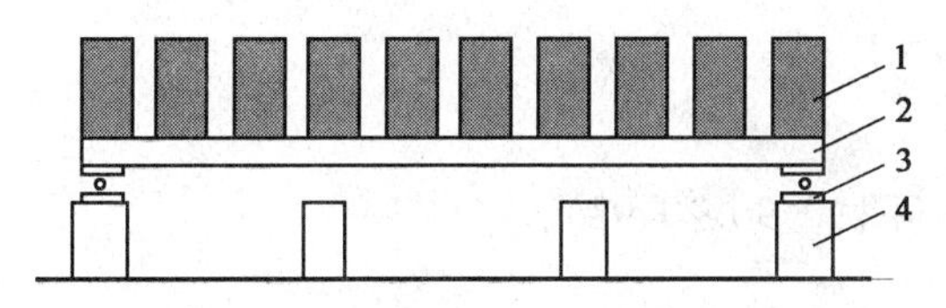

图 3-1 用重物作均布加载试验

1-重物;2-试件;3-支座;4-支墩

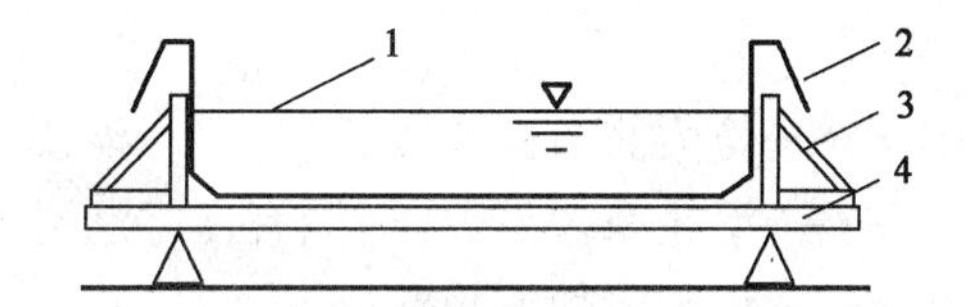

图 3-2 用水作均布加载的试验装置

1-水;2-防水布;3-斜撑;4-试件

利用水进行加载时,对于大面积的平板试验,例如楼面、平屋面等钢筋混凝土结构是极为合适的加载方式,每施加 1 000N/m^2 的荷载只需要 10cm 高的水。加载时可以利用进水管,卸载时则利用虹吸管原理,这样就可以减少大量的加载劳动强度和劳动量。

在现场试验水塔、水池、油库等特种结构时,水是最为理想的试验荷载,它不仅符合结构物的实际使用条件,而且还能检验结构的抗裂抗渗情况。

水加载也有一定缺点,液体的深度要随试验结构的变形而变化,会改变荷载的分布形式;试验测试的仪器仪表也难于布置;结构受载面无法观测。

二、杠杆加载方法

杠杆加载也属于重力加载的一种,它是利用杠杆原理,将荷载放大作用于结构上。杠杆制作方便，荷载值稳定不变，当结构有变形时，荷载可以保持恒定，对于作持久荷载试验尤为适合。杠杆加载的装置根据试验室或现场试验条件而不同，按平衡力的性质可以有如图3-3a)和图3-3b)两种方案。

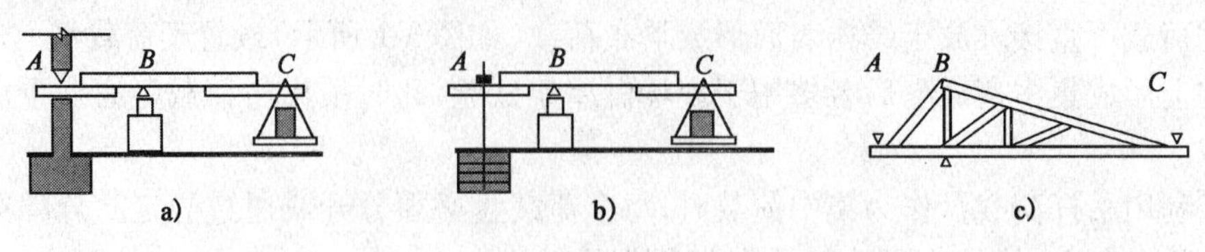

图3-3 杠杆加载装置

a)承压平衡式；b)拉杆平衡式；c)桁架式杠杆

根据试验需要，当荷载不大时，可以用单梁式或组合式杠杆；当荷载较大时，则可采用桁架式杠杆，其构造如图3-3c)所示。

杠杆 ABC 的支点为 A 点和 B 点，是作用在结构上的两个着力点，C 点是重物的加载点。这三点的位置必须很准确，由此确定杠杆的比例或放大率。

第三节 机械力荷载

一、卷扬机、绞车加载

机械力加载常用的机具，有吊链、卷扬机、绞车、花篮螺丝、螺旋千斤顶及弹簧等。吊链、卷扬机、绞车和花篮螺丝等主要是配合钢丝或绳索对结构施加拉力，也可与滑轮组联合使用，改变作用力的方向和拉力大小。拉力的大小通常用拉力测力计测定，按测力计的量程有两种装置方式。当测力计量程大于最大加载值时，用图3-4a)所示串联方式，直接测量绳索拉力。如测力计量程较小，则需要用图3-4b)的装置方式，此时作用在结构上的实际拉力应为：

$$P = \varphi \cdot n \cdot K \cdot p$$

式中：p——拉力测力计读数；

φ——滑轮摩擦系数(对涂有良好润滑剂的可取0.96~0.98)；

n——滑轮组的滑轮数；

K——滑轮组的机械效率。

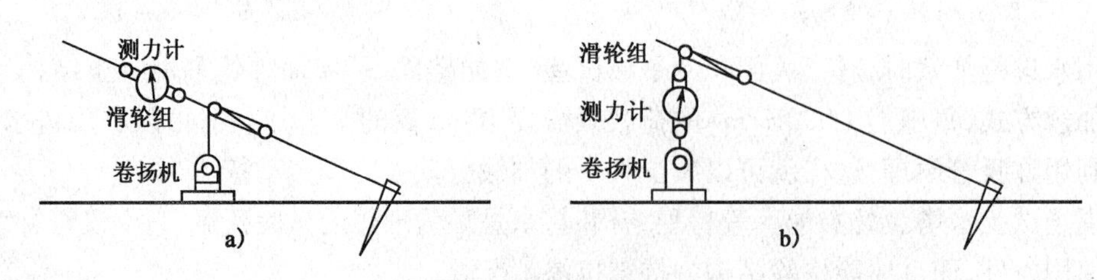

图3-4 拉力测力装置布置图

二、螺旋千斤顶加载

螺旋千斤顶利用的是齿轮及螺杆式蜗杆机构的传动原理，当摇动千斤顶手柄时，蜗杆就带动螺旋杆顶升，对结构施加顶推压力，加载值的大小可用测力计测定。

三、弹 簧 加 载

弹簧加载法常用于构件的持久荷载试验。弹簧施加荷载的工作原理和机械螺栓弹簧垫的工作原理相同。当荷载值较小时，可直接拧紧螺帽以压缩弹簧；当荷载值很大时，需用千斤顶压缩弹簧后再拧紧螺帽。

使用弹簧加载时，弹簧变形值与压力的关系要预先测定，在试验时只需知道弹簧最终变形值，即可求出对试件施加的压力值。用弹簧作为持久荷载时，应事先估计到当结构徐变使弹簧压力变小时，其变化值是否在弹簧变形的允许范围内。

四、倒　　链

在野外试验时，使用倒链进行加载，简捷方便，能够改变荷载方向，空间布置相对比较灵活。

机械力加载的优点是设备简单，容易实现，通过索具加载时，很容易改变荷载作用方向，故在建筑物、柔性构筑物（如塔架等）的实测或大尺寸模型试验中，常用此法施加水平集中荷载。其缺点是荷载值不大，当结构在荷载作用点产生变形时，会引起荷载值的改变。

弹簧加载法常用于构件的持久荷载试验。弹簧施加荷载的工作原理和机械螺栓弹簧垫的工作原理相同。

第四节　电 磁 荷 载

在磁场中通电的导体会受到与磁场方向相垂直的作用力，电磁加载就是根据这个原理，在强磁场（永久磁铁或直流励磁线圈）中放入动圈，通入交变电流，则可使固定于动圈上的顶杆等部件作反复运动，对试验对象施加荷载。若在动圈上通以一定方向的直流电，则可产生静荷载。目前常见的电磁加载设备有电磁式激振器和电磁振动台。

一、电磁激振器

电磁激振器是由磁系统（包括励磁线圈、铁芯、磁极板）、动圈（工作线圈）、弹簧、顶杆等部件组成。图 3-5 为电磁激振器的构造图。图中动圈固定在顶杆上，置于铁芯与磁极板的空隙中，顶杆由弹簧支承并与壳体相连。弹簧除支承顶杆外，工作时还使顶杆产生一个稍大于电动力的预压力，使激振时不致产生顶杆撞击试件的现象。

当激振器工作时，在励磁线圈中通入稳定的直流电，会使在铁芯与磁极板的空隙中形成一个强大的磁场。与此同时，由低频信号发生器输出一交变电流，并经功率放大器放大后输入工作线圈，这时工作线圈即按交变电流谐振规律在磁场中运动并产生电磁感应力 F，使顶杆推动试件振动，如图 3-6 所示。根据电磁感应原理：

$$F = 0.102BLI \times 10^{-4}$$

式中：B——磁场强度；

L——工作线圈导线的有效长度；

I——通过工作线圈的交变电流。

当通过工作线圈的交变电流以简谐规律变化时，则通过顶杆作用于结构的激振力也按同样规律变化。在 B、l 不变的情况下，激振力 F 与 I 电流成正比。

电磁激振器的支承弹簧有各种形式，如板梁弹簧、花板弹簧、产生剪切变形的橡胶、空气弹簧等。一般希望弹簧具有较大的线性范围，非振动方向的刚度大，重量轻，有一定的阻尼等要求。

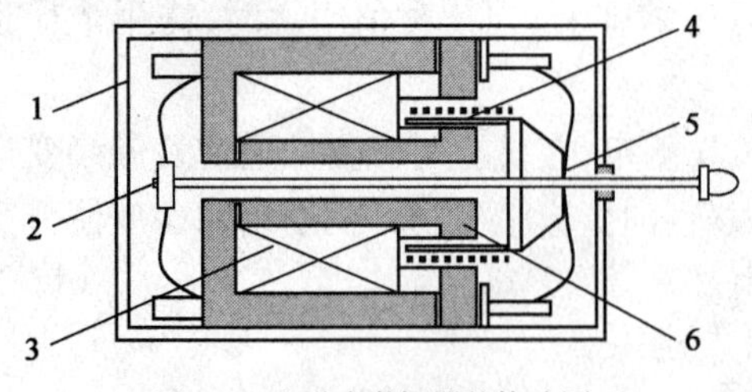

图 3-5 电磁式激振器的构造图

1-外壳；2-顶杆；3-励磁线圈；4-动圈 5-支承弹簧；6-铁芯

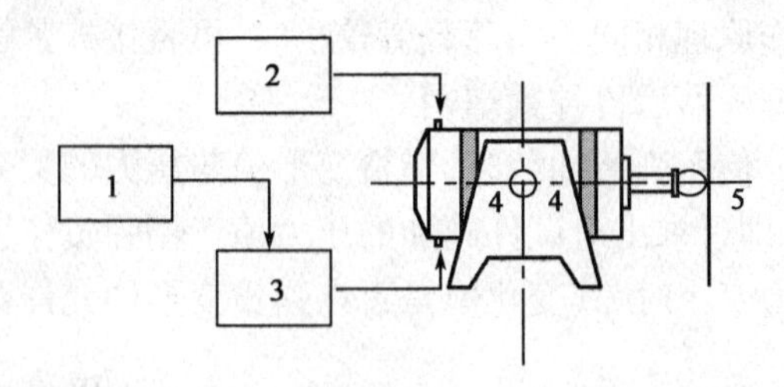

图 3-6 电磁激振器的工作原理图

1-信号发生器；2-励磁电源；3-功率放大器 4-电磁激振器；5-试件

电磁激振器使用时装于支座上，既可以作垂直激振，也可作水平激振。

电磁激振器的频率范围较宽，一般在 0 ~ 200Hz，国内个别产品可达 1 000Hz，推力可达几个千牛，重量轻，控制方便，按给定信号可产生各种波形的激振力。缺点是激振力不大，一般仅适合于小型结构及模型试验。

二、电磁式振动台

电磁式振动台工作原理基本上与电磁激振器一样，其构造实际上是利用电磁激振器来推动一个活动的台面。

电磁式振动台由信号发生器、振动自动控制仪、功率放大器、振动台激振器和台面构成，如图 3-7 所示。

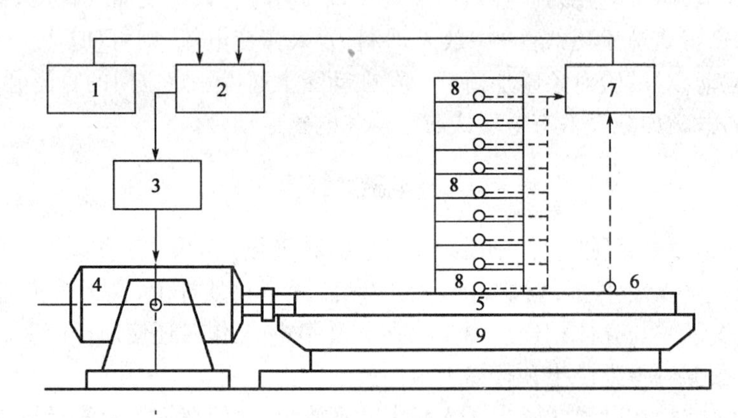

图 3-7 电磁振动台组成系统图

1-信号发生器；2-自动控制仪；3-功率放大器；4-电磁激振器 5-振动台台面；6-测振传感器；7-记录系统；8-试件；9-台座

当励磁线圈中通入直流电流时，即产生强大的电磁场。因驱动线圈位于有强磁场的环形空气隙内，当驱动线圈中输入交变电流时，由于磁场的相互作用，则产生电磁感应力来推动可动部分运动。改变驱动线圈中电流的强度及频率，则可改变振动台的振动幅值及频率，台面的振动量可由安置在台面上的传感器进行监视。

驱动线圈和励磁线圈工作时温度都会升高，为此振动台尚设有相应的冷却装置。

自动控制仪，由自动扫频装置、振动测量及定振装置等部分组成，是按闭环振动试验的要求设计的。

(1)信号发生器可提供功率放大器所需要的各种激励信号,它可以是正弦波、三角波、方波或随机波等信号,从而使振动台台面按提供的信号进行振动。

(2)振动测量通过加速度传感器将台面振动的加速度转换成电信号加以放大与积分,从而测出振动台台面的加速度、速度和位移值,有时也可用速度或位移传感器直接测得。

(3)测得的振动信号,通过定振装置反馈给信号发生器,即可对振动台进行自动控制。

一般来说,带有振动自动控制仪的振动台,能按照人们预定的振动值进行试验,使用较为方便。振动台台面的支承形式根据台面尺寸大小而有所不同,在小型电磁式振动台上用悬吊簧片支承台面。对于激振力和台面尺寸较大的振动台,台面支承可用液压导轨油膜支承,台面能在油膜上浮起,支承面上摩擦力很小,从而保证台面运行稳定,反应灵敏。

电磁式振动台使用频率范围较宽,台面振动波形较好,一般失真度在5%以下,操作使用方便,容易实现自动控制。但用电磁振动推动一水平台在进行结构模型试验时,由于激振力不足够大,会使台面尺寸和模型重量均会受到限制。

第五节　液 压 荷 载

液压加载是目前结构试验中应用比较普遍和理想的一种加载方法。它的最大优点是利用油压使液压加载器(俗称液压千斤顶)产生较大的荷载,试验操作安全方便,特别是对于大型结构构件,当试验要求荷载点数多、吨位大时更为合适。尤其是电液伺服系统在试验加载设备中得到广泛应用后,为结构动力试验模拟地震荷载、海浪波等不同特性的动力荷载创造了有利条件,使动力加载技术发展到了一个新的高度。

一、液压加载器

液压加载器是液压加载设备中的一个主要部件。其主要工作原理是利用高压油泵将具有一定压力的液压油压入液压加载器的工作油缸,推动活塞对结构施加荷载。荷载值可以用油压表示值和加载器活塞受压底面积求得,用这种方法得到的荷载值较粗糙;也可以用液压加载器与荷载承力架之间所置的测力计直接测读。现在常用的方法是用传感器将信号输给电子秤显示或输给应变仪显示或由记录器直接记录。

液压加载器的品种,有普通工业用的手动液压加载器,和专为结构试验设计的单向作用和双向作用的液压加载器。

普通手动液压加载器的工作原理和打气筒的工作原理相似,使用时先拧紧放油阀,截断回油油路,通过手动加压,将储油缸中的油通过单向阀压入工作油缸,推动活塞上升。这种加载器活塞的最大行程为20cm左右。这类加载器规格很多,最大的加载力可达5 000kN。

利用普通手动液压加载器配合荷载架和静力试验台座,是液压加载方法中最简单的一种加载方法,设备简单,作用力大,加载卸载安全可靠,与重力加载法相比,可大大减轻劳动强度和劳动量。但是,如要求进行多点加载时则需要多人同时操纵多台液压加载器,这时难以做到同步加载卸载,尤其当需要恒载时更难以保持稳压状态。所以,这类加载器目前已经很少使用。

单向作用液压加载器是为了满足结构试验中同步液压加载的需要而专门设计的加载设备,其工作原理如图3-8a)所示。它的特点是储油缸、油泵、阀门等是独立的,不附在加载器上,所以其构造比较简单,只由活塞和工作油缸两者组成。其活塞行程较大,顶端装有球铰,可在15°范围内转动,整个加载器可按结构试验需要能倒置、平置、竖置安装,并适宜多个加载器组成同步加载系统使用，能满足多点加载的要求。

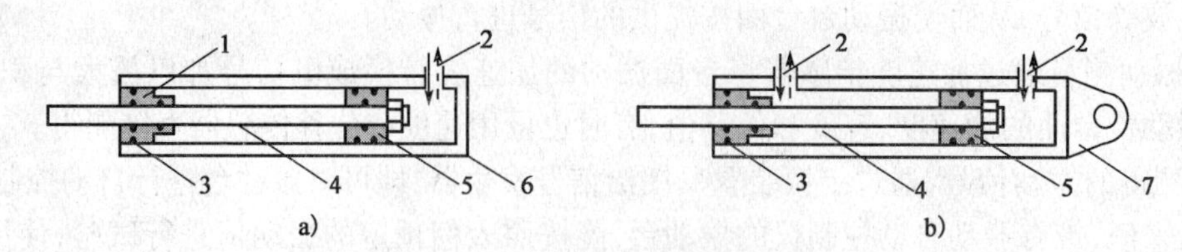

图 3-8　单、双向作用液压加载器图
a）单向作用液压加载器；b）双向作用液压加载器
1-端盖；2-进油出油口；3-油封装置；4-活塞杆；5-活塞；6-工作油缸；7-固定环

为了适应结构抗震试验施加低周反复荷载的需要，可以采用一种能双向作用的液压加载器，其工作原理如图 3-8b）所示。它的特点是在油缸的两端各有一个进油孔，且设置油管接头，可通过油泵与换向阀交替进行供油，使活塞对结构产生拉或压的双向作用对试验结构施加反复荷载。

二、液压加载系统

液压加载法中利用普通手动液压加载器配合荷载架和静力试验台座使用，是一种最简单的加载方法。但它很难满足多点同步加载卸载，尤其需要恒载时更难保持稳压状态。与普通手动液压加载器相比，比较理想的加载方法是能够变荷的同步液压加载设备，称为液压加载系统。液压加载系统主要为由储油箱、高压油泵、液压加载器、测力装置和各类阀门通过高压油管连接组成的操纵台。

当使用液压加载系统在试验台座上或现场进行试验时还必须配置各种支承系统，来承受液压加载器对结构加载时产生的平衡力系。

利用液压加载试验系统可以作各类土木工程结构的静荷试验，如屋架、梁、柱、板、墙板等，尤其对大吨位、大挠度、大跨度的结构更为适用，它不受加荷点数的多少、加荷点的距离和高度的限制，并能适应均布和非均布、对称和非对称加荷的需要。

三、大型结构试验机

大型结构试验机本身就是一种更加完善的液压加载系统。它是结构试验室内进行大型结构试验的一种专门设备，比较典型的是结构长柱试验机，主要用来进行柱、墙板、砌体、节点与梁的受压与受弯试验。这种设备的构造和原理与一般材料试验机相同，由液压操纵台、大吨位的液压加载器和试验机等三部分组成。由于进行大型构件试验的需要，它的液压加载器的吨位要比材料试验机的吨位大，一般至少在 2 000kN 以上，机架高度在 3m 左右或更高。目前国内普遍使用的长柱试验机的最大吨位是 5 000kN，最大高度为 3m，国外有高达 7m、最大荷载达 10 000kN 甚至更大的结构试验机。

日本最大的大型结构构件万能试验机的最大压缩荷载为 30 000kN，同时可以对构件进行抗拉试验，最大抗拉荷载为 10 000kN，试验机高度达 22.5m，4 根工作立柱间净空为 3m×3m，可进行高度为 15m 左右构件的受压试验，最大跨度为 30m 构件的弯曲试验，最大弯曲荷载为 12 000kN。这类大型结构试验机还可以通过专用的中间接口与计算机相连，由程序控制自动操作。此外还配以专门的数据采集和数据处理设备，试验机的操纵和数据处理能同时进行，其智能化程度较高。

四、电液伺服液压系统

电液伺服液压系统，于20世纪50年代首先应用于材料试验，它的出现是材料试验技术领域的一个重大突破。由于它可以较为精确地模拟试件所受的实际受力过程，使研究人员能最大限度地了解结构的性能。20世纪70年代电液伺服液压系统又被引入到结构试验领域，主要用于模拟各种振动荷载，特别是地震、海浪等动荷载波谱对结构的影响。该加载系统是目前结构试验研究中一种比较理想的加载设备，针对结构抗震性能的研究尤为适宜，所以越来越受到广大实验研究人员的青睐。

1. 电液伺服加载系统的工作原理

电液伺服加载系统采用闭环控制，其主要组成有：电液伺服加载器、控制系统和液压源等三大部分。它能将荷载、应变、位移等物理量直接作为控制参数，实行自动控制。其主要工作过程是：根据控制指令信号，油泵从液压源输出高压油进入伺服阀，由伺服阀驱动双向加载器对试件施加试验所需要的荷载。根据不同的控制类型，由起控制作用的传感器（如荷载传感器、应变计、位移传感器等）测量试件反馈信号，将指令信号与反馈信号在伺服控制器中进行比较，其差值即为补差信号，经放大后再次控制伺服阀驱动加载器继续工作，从而完成全系统闭环控制。电液伺服液压系统的基本闭环回路，如图3-9所示。其中的输入指令信号、反馈信号和补差信号用于连续调节反馈消息与原指令相等，完成对试件的加载要求。

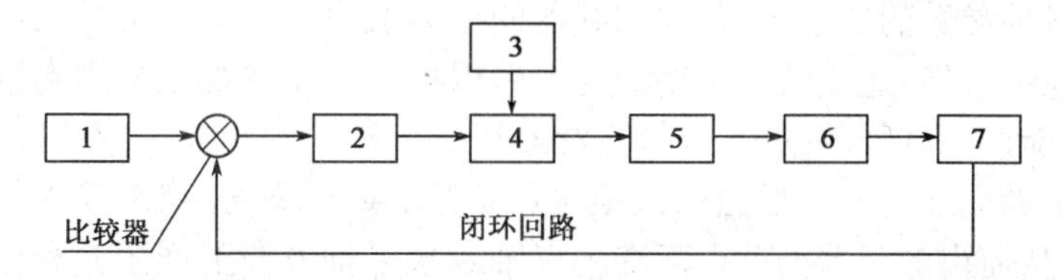

图3-9 电液伺服液压系统的基本闭环回路

1-指令信号；2-调整放大系统；3-油源；4-伺服阀；5-加载器；6-传感器；7-反馈系统

2. 电液伺服阀的工作原理

电液伺服阀是电液伺服加载系统中的核心部分，它安装在液压加载器上，根据指令发生器发出的信号，将来自液压源的液压油输入加载器，使加载器按输入信号的规律产生振动，对结构施加荷载，同时由伺服阀及结构上测量的控制信号通过伺服阀作反馈控制，以提高整个系统的灵敏度。

永久磁钢产生的磁通和控制线圈电流产生的磁通其方向不同，在铁芯的一端两磁通相加，而在另一端两磁通相减。该磁力克服弹簧管一定的弹力而使铁芯产生逆时针角位移。若电流方向相反，则铁芯产生顺时针方向角位移。

当铁芯逆时针或顺时针转动一角角后，与铁芯连接的反馈杆驱使伺服阀核心部件——滑芯的间隙会减小或增大。滑芯间隙的减小，使加载器活塞的位移量小，施加的力也小；反之则大。并且通过滑芯的特殊装置，可使反馈杆立即回到平衡位置。

电液伺服阀能根据输入电流的极性和大小控制油的流向和流量。其流量与输入电流大小基本上成比例变化。

目前电液伺服液压试验系统大多数与电子计算机配合使用。这样整个系统可以进行程序控制，扩大系统功能，如输出各种波形信号，进行数据采集和数据处理，控制试验的各种参数和进行试验情况的快速判断。

五、地震模拟振动台

为了深入研究结构在地震和各种振动作用下的动力性能,特别是在强地震作用下结构进入超弹性阶段的性能,20 世纪 70 年代以来,国外先后建成了一批大中型的地震模拟振动台,在试验室内进行结构物的地震模拟试验,以求得地震作用对结构的影响。

地震模拟振动台是再现各种地震波对结构进行动力试验的一种先进试验设备,其特点是具有自动控制和数据采集及处理系统,采用了电子计算机和闭环伺服液压控制技术,并配合先进的振动测量仪器,使结构动力试验水平提高到了一个新的高度。

地震模拟振动台的组成和工作原理如下:

1. 振动台台体结构

振动台台面是平板结构,其尺寸大小由结构模型的最大尺寸来决定。台体自重和台身结构与承载的试件重量及使用的频率范围有关。一般振动台都采用钢结构,控制方便、经济而又能满足频率范围要求,模型重量和台身重量之比以小于 2 为宜。

振动台必须安装在质量很大的基础上,基础的重量为可动部分重量或激振力的 10 倍以上,这样可以改善系统的高频特性,并可以减小对周围建筑和其他设备的影响。

2. 液压驱动和动力系统

液压驱动系统就是给振动台以巨大推力的装置。按照振动台是单向、双向或三向运动,并在满足产生运动各项参数的要求下,各向加载器的推力取决于可动质量的大小和最大加速度的要求。目前,世界上已经建成的大中型的地震模拟振动台基本都是采用电液伺服系统来驱动的,它在低频时能产生巨大的推力,故被广泛应用。

液压加载器上的电液伺服阀根据输入信号(周期波或地震波)控制进入加载器液压油的流量大小和方向,从而由加载器推动台面在垂直轴或水平轴方向上产生其相位受控的正弦运动或随机运动。

液压动力系统是一个巨大的液压功率源,能供给液压驱动系统所需要的高压油,以满足巨大推力和台身运动速度的要求。现代建成的振动台中还配有大型蓄能器组,根据蓄能器容量的大小使瞬时流量可为平均流量的 1 ~8 倍,它能产生具有极大能量的短暂的突发力,以便模拟地震产生的扰力。

3. 控制系统

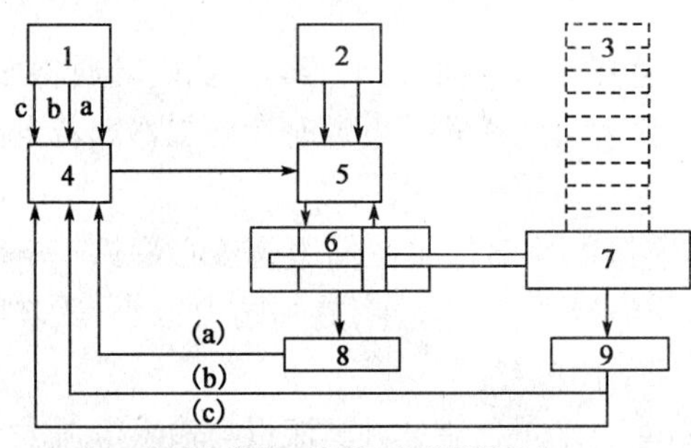

图 3-10　地震模拟振动台加速度控制系统图

1-信号输入控制器;2-油源;3-试件;4-伺服放大器;5-伺服阀;6-加载器;7-振动台;8-位移传感器;9-加速度传感器

目前运行的地震模拟振动台中,有两种控制方法:一种是纯属于模拟控制;另一种是用数字计算机控制。

模拟控制方法有位移反馈控制和加速度信号输入控制两种。在单纯的位移反馈控制中,由于系统的阻尼小,很容易产生不稳定现象,为此在系统中增大阻尼、加入加速度反馈,以提高系统的反应性能和稳定性能,由此还可以减小加速度波形的畸变。为了能使直接得到的强地震加速度记录来推动振动台,在输入端可以通过二次积分,同时输入位移、速度和加速度三种信号进行控制,图 3-10 所示为地震模拟振动台加速度控制系统图。

为了提高振动台控制精度，采用计算机进行数字迭代的补偿技术，以实现台面地震波的再现。试验时，振动台台面输出的波形是期望再现的某个地震记录，或是模拟设计的人工地震波。由于包括台面、试件在内的系统非线性影响，在计算机给台面的输入信号激励下所得到的反应与输出的期望之间必然存在误差。这时，可用计算机将台面输出信号与系统本身的传递函数（频率响应）求得下一次驱动台面所需的补偿量和修正后的输入信号。经过多次迭代，直至台面输出反应信号与原始输入信号之间的误差小于预先给定的量值，完成迭代补偿并得到满意的期望地震波形。

4. 测试和分析系统

测试系统除了对台身运动进行控制而测量位移、加速度等外，还必须对试验模型进行多点测量。测点的数量和类型要根据所需研究的内容和要了解的问题而定，一般是测量位移、加速度和应变等，总测点数可达百余点。位移测量多数采用差动变压器式和电位计式的位移计，可测量模型相对于台面的位移或相对于基础的位移；加速度测量采用应变式加速度计、压电式加速度计，近年来也有采用差容式或伺服加速度计的。

对模型的破坏过程可采用摄像机进行记录，便于在电视屏幕上进行破坏过程的分析。

数据的采集可以用直视式示波器或磁带记录器将反应的时间历程记录下来，或经过模数转换将其送到数字计算机储存，并进行分析处理。

最基本的振动台台面运动参数是位移、速度、加速度以及使用频率。台身满负荷时的最大加速度、速度和位移等数值。一般是按模型比例及试验要求确定的。最大加速度和速度均需按照模型相似原理来选取。

使用频率范围由所作试验模型的第一频率而定，一般各类结构的第一频率在 1 ~ 10Hz 范围内。为考虑到高阶振型，频率上限当然越大越好，故整个系统的频率范围应该大于 10Hz，但这又受到驱动系统的限制，即当要求位移振幅大时，加载器的油柱共振频率下降，缩小了使用频率范围，为此这些因素都必须经权衡后确定。

第六节　惯性力荷载

在结构动力试验中，利用物体质量在运动时产生的惯性力可以对结构施加动力荷载，也可以利用弹药筒或小火箭在炸药爆炸时产生的反冲力对结构进行加载。

一、冲击加载

冲击力加载的特点是荷载作用时间极为短促，在它的作用下可使被加载结构产生自由振动，适用于进行结构动力特性的试验。

1. 初位移加载法

初位移加载法也称为张拉突卸法。如图 3-11a）所示，在结构上拉有一钢丝缆绳，应用于向上拉起缆绳，就会使结构变形而产生一个人为的初始强迫位移。突然释放向上拉起的缆绳就可使结构在静力平衡位置附近作自由振动。在加载过程中当拉力达到足够大时，事先连接在钢丝绳上的钢拉杆被拉断会形成突然卸载，通过调整拉杆的截面即可由不同的拉力而获得不同的初位移。

对于小模型,则可采用图3-11b)所示的方法。采用这种方法可使悬挂的重物通过钢丝对模型施加水平拉力,剪断钢丝会造成突然卸荷。这种方法的优点是结构自振时荷载已不存在,对结构没有附加质量的影响。但仅适用于刚度不大的结构,才能以较小的荷载产生初始变位。为防止结构产生过大的变形,加荷的数量必须正确控制,经常按所需的最大振幅计算求得。这种试验的一个值得注意的问题是使用怎样的牵拉和释放方法才能使结构仅在一个平面内产生振动,防止由于加载作用点的偏差而使结构在另一平面同时振动产生干扰。

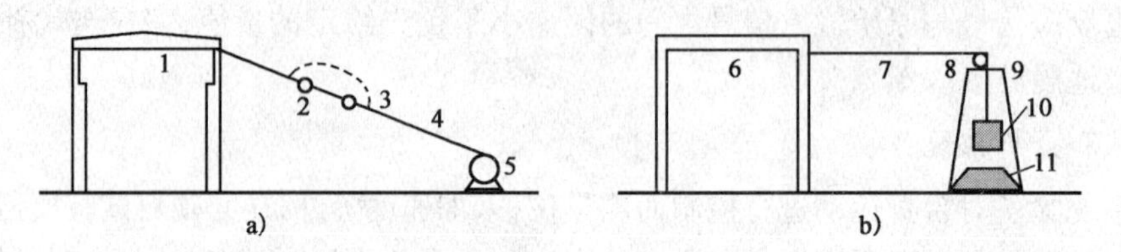

图3-11　用张拉突卸法对结构施加冲击力荷载

1-结构物;2-钢拉杆;3-保护索;4-钢丝绳 5-绞车;6-试验模型;7-钢丝;8-滑轮;9-支架;10-重物;11-减振垫层

2.初速度加载法

初速度加载法,也称突加荷载法,其原理如图3-12a)、图3-12b)所示。它是利用摆锤或落重的方法使结构在瞬时内受到水平或垂直的冲击,产生一个初速度,同时使结构获得所需的冲击荷载。这时作用力的总持续时间应该比结构的有效振型的自振周期尽可能短些,这样引起的振动是整个初速度的函数,而不是力大小的函数。

当使用如图3-12a)所示的摆锤进行激振时,如果摆和建筑物有相同的自振周期,摆的运动就会使建筑物引起共振,产生自振振动。使用图3-12b)所示方法,荷载将附着于结构一起振动,并且下落重物的跳动又会影响结构自振阻尼振动,同时有可能使结构受到局部损伤。这时冲击力的大小要按结构强度计算,才不会使结构产生过度的应力和变形。

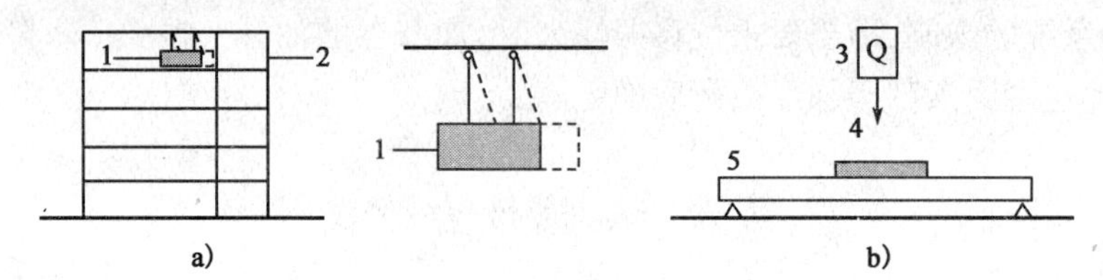

图3-12　用摆锤或落重法施加冲击力荷载

1-摆锤;2-结构;3-落锤;4-垫层;5-试件

用垂直落重冲击时,落重取结构自重的0.10%(指试验对象跨间),落重高度$h \leqslant 2.5\text{m}$,为防止重物回弹再次撞击和局部受损,拟在落点处铺设10~20cm的砂垫层。

3.反冲激振法

近年来在结构动力试验中研制成功了一种反冲激振器,也称火箭激振。它适用于现场对结构实物进行试验,小冲量反冲激振器也可用于室内试验。

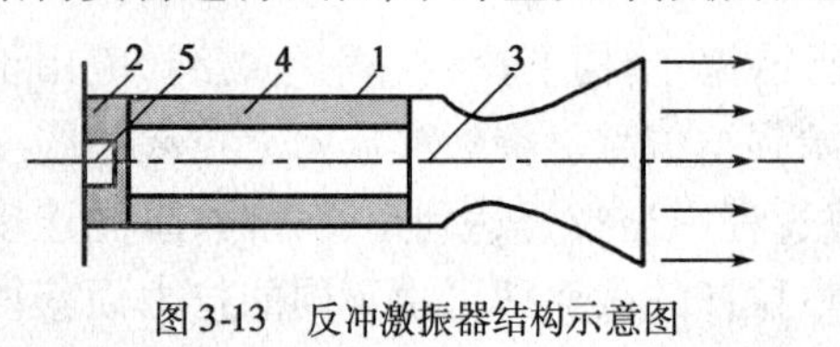

图3-13　反冲激振器结构示意图

1-燃烧室壳体;2-底座;3-喷管,4-火药;5-点火装置

图3-13为反冲激振器的结构示意图。激振器的壳体是用合金钢制成的,它的结构主要包括:

(1)燃烧室壳体;

(2)底座;

(3)喷管;

(4)火药；

(5)点火装置等。

反冲激振器的基本工作原理是点火装置使火药燃烧，火药产生的高温高压气体便从喷管口以极高的速度喷出。如果气流每秒喷出的重量为 W_s，则按动量守恒定律可得到反冲力 P：

$$P = W_s v/g$$

式中：v——气流从喷口喷出的速度；

g——重力加速度。

反冲激振器的输出特性曲线，见图3-14。主要分为升压段、平衡压力工作段及火药燃尽后燃气继续外泄阶段。根据火药的性能、重量及激振器的结构，可设计出不同的特性曲线。

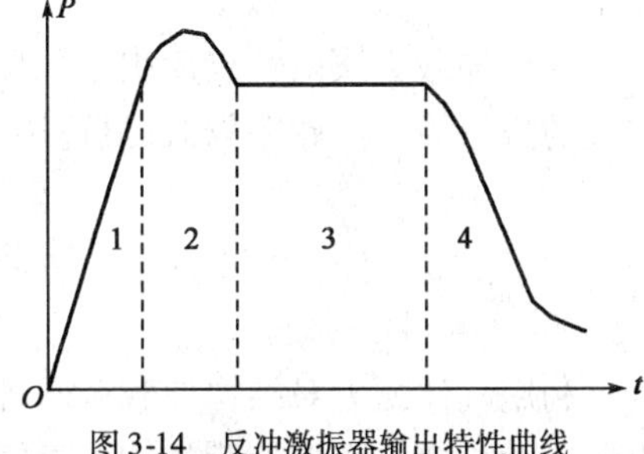

图3-14　反冲激振器输出特性曲线

1-升压段；2-高峰段；3-平衡压力工作段；4-后效段

目前设计与使用的反冲激振器的性能为：

反冲力：0.1～0.8kN，1～8kN共8种；

反冲输出：近似于矩形脉冲；

上升时间：2ms；

持续时间：50ms；

下降时间：3ms；

点火延时时间：25ms±5ms。

当采用单个反冲激振器激发时，一般是将激振器布置在建筑物顶部，并尽量置于建筑物质心的轴线上，这样效果较好。如果将单个激振器布置在离质心位置较远的地方或在结构平面的对角线上以相反方向布置两台相同反冲力的激振器，可以进行建筑物的扭振试验。若将多个反冲激振器沿高耸结构不同高度布置，还可以进行高阶振型的测定。

二、离心力加载

离心力加载是根据旋转质量产生的离心力对结构施加的简谐振动荷载，当作用力的大小和频率按一定规律产生变化时，能使结构产生强迫振动。

利用离心力加载的机械式激振器的原理，如图3-15所示。一对偏心质量，使它们按相反方向运转，通过离心力产生一定方向的加振力。

使用时将激振器底座固定在被测结构物上，由底座把激振力传递给结构，使结构受简谐变化激振力的作用。一般要求底座有足够的刚度，以保证激振力的传递效率。

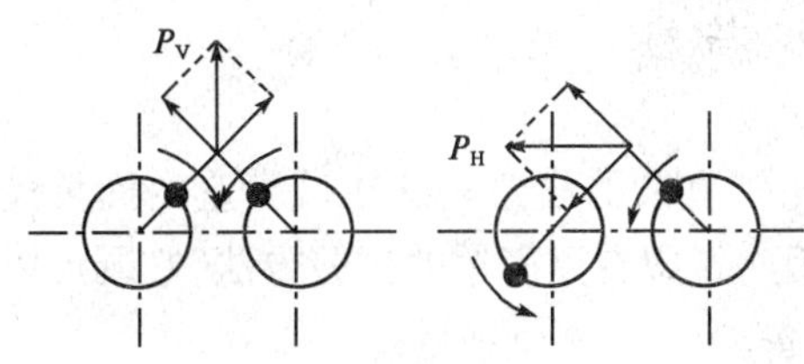

图3-15　机械式激振器的原理图

激振器产生的激振力等于各旋转质量离心力的合力。改变质量或调整带动偏心质量运转电机的转速，即改变角速度 ω，即可调整激振力的大小。

多台同步激振器使用时不但可提高激振力，也可以扩大试验内容，如根据需要将激振器分别装置于结构物的特定位置上，可以激起结构物的某超级高阶振型，给研究结构高频特性带来方便。如两台激振器反向同步激振，就可进行扭振试验。

将激振器按水平激振要求与一刚性平台连接就是最早期的机械式水平振动台。

三、直线位移惯性力加载

直线位移惯性力加载系统的主要动力部分,就是前述电液伺服系统,即由闭环伺服控制通过电液伺服阀控制固定在结构上的双作用液压加载器,由加载器带动质量块作水平直线往复运动。如图3-16所示,由运动着的质量产生的惯性力会激起结构振动。改变指令信号的频率,即可调整平台频率,改变负荷重块的质量,即可改变激振力的大小。

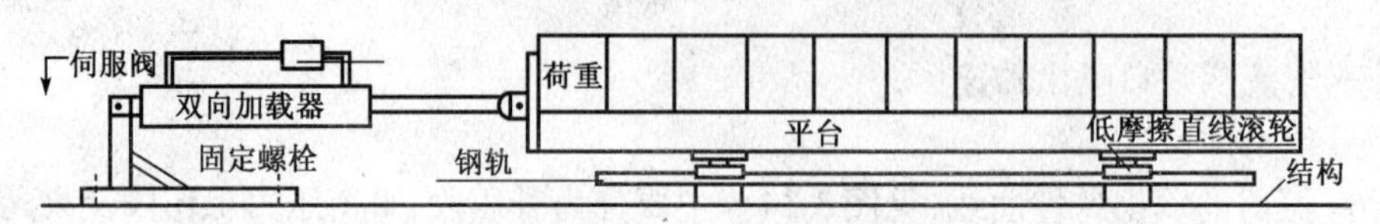

图3-16　直线位移惯性力加载系统

这种加载方法的特点适用于现场结构动力加载,在低频条件下各项性能都比较好,可产生较大的激振力。但频率较低,只适用于1Hz以下的激振。

第七节　气 压 荷 载

利用气体压力对结构加载有两种方式:一种是利用压缩空气加载;另一种是利用抽真空产生负压对结构构件施加荷载。由于气压加载所产生的是均布荷载,所以,对于平板或壳体试验尤为适合。

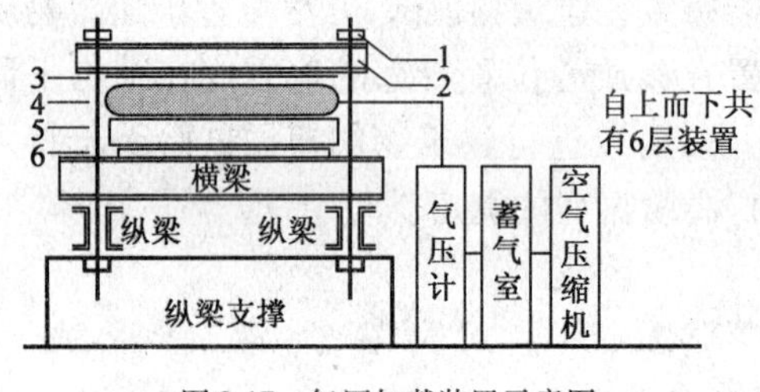

图3-17　气压加载装置示意图

1-螺母;2-压梁;3-拼合木版;4-气囊;5-试件;6-试验支座

图3-17所示是用压缩空气试验钢筋混凝土板的装置。台座由基础(或柱墩式的支座)、纵梁和横梁、承压梁和板以及用橡胶制成的不透气的气囊组成。气囊外面为帆布的外罩,由空气压缩机将空气通过蓄气室打入气囊,对结构施加垂直于试验结构的均布压力。蓄气室的作用是储气和调节气囊的空气压力,由气压表测定空气压力值的大小。

压缩空气加载法的优点是加载卸载方便,压力稳定,缺点是结构受载面无法观测。

对于某些封闭结构,可以利用真空泵抽真空的方法,造成内外压力差,即利用负压作用使结构受力。这种方法在模型试验中用得较多。

第八节　人力激振荷载

在上述所有动力试验的加载方法中,一般都需要比较复杂的设备。这在试验室内尚可满足,而在野外现场试验时经常会受到各方面的限制。因此希望有更简单的试验方法,它既可以给出有关结构动力特性的资料数据而又不需要复杂设备。

人们在试验中发现,如果利用自身在结构物上有规律的活动,产生足够大的人力惯性力,就有可能形成适合作共振试验的振幅。这对于自振频率比较低的大型结构来说,完全有可能被激振到足可进行量测的程度。

国外有人做过试验,一个体重约70kg的人,当其质量中心以频率为1Hz、双振幅为15cm

做前后运动时，将产生大约0.2kN的惯性力。由于在1%临界阻尼的情况下共振时的动力放大系数高达50，这意味着作用于建筑物上的有效激振力大约为10kN。

利用这种方法曾在一座15层钢筋混凝土建筑上取得了振动记录。开始不多几个周期建筑物运动就达到最大值，这时操作人员停止运动，让结构作有阻尼自由振动，可以获得结构的自振周期和阻尼系数。

第九节　随机荷载

人们在试验观测中发现，土木工程结构由于受外界的干扰而经常处于不规则的振动中，其振幅在10μm以下的称为脉动。

建筑物的随机荷载与地面脉动、风或气压变化有关，特别是受城市车辆、机器设备等产生的扰动和附近地壳内部小的裂缝以及远处地震传来的影响尤为重要，其脉动周期一般为0.1～2.0s，并且任何时候都存在着环境随机振动，从而引起建筑物的响应。这种能够引起建筑物脉动的作用或外界的干扰叫做随机荷载。

建筑物的随机荷载不论是风还是地面脉动，它们都是不规则的，可以是各种不同值的变量，在随机理论中称为随机过程，它无法用一确定的时间函数描述。由于建筑物的随机荷载是一个随机过程，则建筑物的脉动也必定是一个随机过程。地面脉动所包含的频谱是相当丰富的，为此，建筑物的脉动有一个重要性质，即它明显反映出建筑物的固有频率和自振特性。

随机振动过程是一个复杂的过程，每重复一次所取得的每一个样本都有不同，所以，一般随机振动特性应从全部事件的统计特性的研究中得出，并且必须认为这种随机过程是各态历经的平稳过程。

如果单个样本在全部时间上所求得的统计特性与在同一时刻对振动历程的全体所求得的统计特性相等，则称这种随机过程为各态历经的。另外，由于建筑物脉动的主要特征与时间的起点选择关系不大，它在时刻$[t_1,t_2]$这一段随机振动的统计信息与$[t_1+\tau,t_2+\tau]$这一段的统计信息是相关的，并且差别不大，即具有相同的统计特性。因此，建筑物脉动又是一种平稳随机过程，只要人们有足够长的记录时间，就可以用单个样本函数来描述随机过程的所有特性。

与一般振动问题相类似，随机振动问题也是讨论系统的输入(激励)、输出(响应)以及系统的动态特性三者之间的关系。

第十节　荷载反力设备

一、支　座

结构试验中的支座是支承结构、正确传力和模拟实际荷载图式的设备，通常由支墩和铰支座组成。

支墩在现场多用砖块临时砌成，支墩上部应有足够大的、平整的支承面，最好在砌筑时要铺设钢板。支墩本身的强度必须要进行验算，支承底面积要按地基耐力来复核，保证试验时不致发生沉陷或过度变形。在试验室内可用钢或钢筋混凝土制成专用设备。

支座按受力性质不同有嵌固端支座和铰支座之分。铰支座一般均用钢材制作，按自由度不同分为滚动铰支座和固定铰支座两种形式，如图3-18所示。按形状不同分为轴铰支座和球

铰支座;按活动方向不同分为单向铰支座和双向铰支座。铰支座设计的基本要求是:

(1)必须保证结构在支座处能自由转动和结构在支座处能正确地传递力。如果结构在支承处没有预埋支承钢垫板,则在试验时必须另加垫板。其宽度一般不得小于试件支承处的宽度,支承垫板的长度 l 可按下式进行计算:

$$l = \frac{R}{bf_c}(\mathrm{mm})$$

式中:R——支座反力(N);

b——构件支座宽度(mm);

f_c——结构试件材料的抗压强度设计值(N/mm^2)。

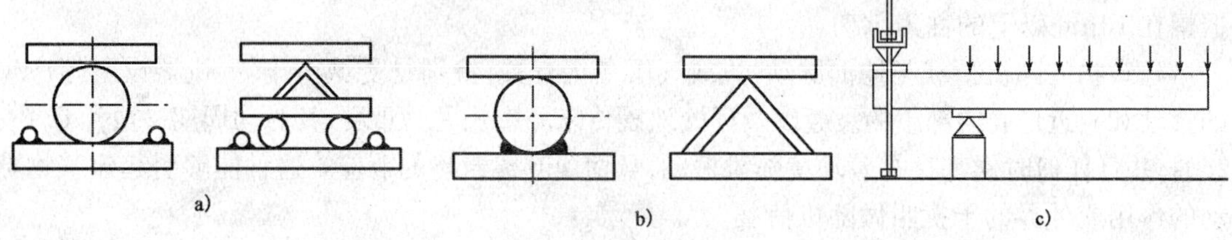

图 3-18　铰支座的形式和构造

a)滚动铰支座;b)固定铰支座;c)嵌固端支座

(2)铰支座处的上下垫板要有一定刚度。垫板厚度 d 可按下式计算:

$$d = \sqrt{\frac{2f_c a^2}{f}}(\mathrm{mm})$$

式中:f_c——混凝土抗压强度设计值(N/mm^2);

f——垫板钢材的强度设计值(N/mm^2);

a——滚轴中心至垫板边缘的距离(mm)。

(3)满足滚轴强度的要求。滚轴的直径,可参照表 3-1 选用,并按下式进行强度验算

$$\sigma = 0.418\sqrt{\frac{RE}{rb}}$$

式中:R——支座反力(N);

E——滚轴材料的弹性模量(N/mm^2);

r——滚轴半径(mm)。

滚轴直径选用表　　表 3-1

滚轴受力(kN/mm)	<2	2~4	4~6
滚轴直径 d(mm)	40~60	60~80	80~100

(4)满足滚轴的长度要求。滚轴的长度一般取等于试件支承处截面宽度 b。

对于梁、桁架等平面结构,通常按结构变形情况可选用,如图 3-18 所示的一种固定铰支座及一种活动铰支座。对于板、壳结构,则按其实际支承情况选用各种铰支座进行组合,常常是四角支承或四边支承,既可以选用滚球铰支座,也可以选用滚轴铰支座。

沿周边支承时,滚球支座的间距不宜超过支座处的结构高度的 3~5 倍,滚珠直径至少为 30mm。为了保证板壳的全部支承面在一个平面内,防止某些支承处脱空,影响试验结果,应将各支承点设计成上下可作微调的支座。

单向铰支座和双向铰支座,适合于为了求得纵向弯曲系数试验值的柱或墙板试验。试验时,构件两端均采用铰支座。当柱或墙板在进行偏心受压试验时,可以通过调节螺丝来调整刀

口与试件几何中线的距离,满足不同偏心矩的要求。

结构试验用的支座是结构试验装置中模拟结构受力和边界条件的重要组成部分,对于不同的结构形式,不同的试验要求,要求有不同形式与构造的支座与之相适应,这也是在结构试验设计中需要着重考虑和研究的一个重要问题。

二、分 配 梁

分配梁是将一个集中力分解成若干个小的集中力的装置。为了传力准确以及计算方便,分配梁不用多跨连续梁形式,均为单跨简支形式。单跨简支分配梁一般为等比例分配,即将1个集中力分配成为2个1:1的集中力,它们的数值是分配梁的两个支座反力。分配梁的层次一般不宜大于3层。如需要不等比例分配时,比例不宜大于1:4,并且须将荷载分配比例大的一端设置在靠近固定支座的一端,以保证荷载的正确分配、传递和试验的安全。分配梁自身必须满足强度和刚度的试验要求。竖向荷载分配梁设置如图3-19所示。

当试验需要施加若干个水平荷载时,分配梁是可选方案之一。由于施加水平荷载的分配梁是竖向放置的,所以需要专门设计分配梁支撑架,并使分配梁的位置和高度能够调节,以保证荷载的传递路线明确,荷载分配正确。图3-20所示的是高层土木工程结构模型在侧向风荷载作用下的试验荷载装置。

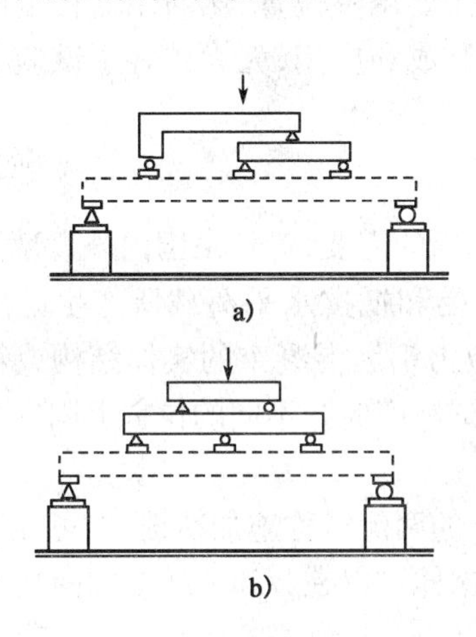

图3-19 分配梁设置示意图

a)正确的设置形式;b)错误的设置形式

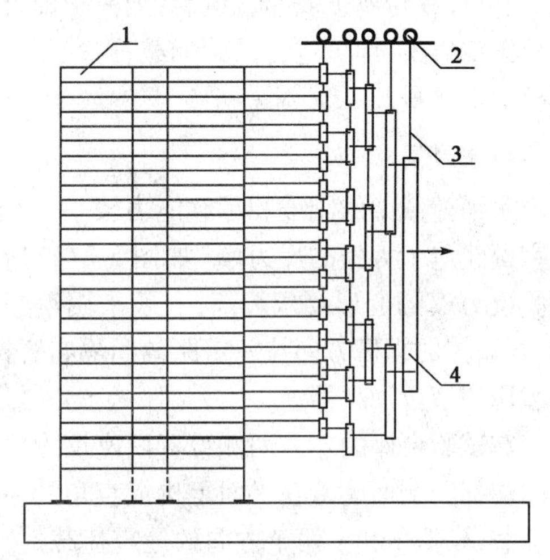

图3-20 竖向分配梁示意图

1-试验模型; 2-支撑架;3-调节系统; 4-分配梁

三、荷 载 架

1. 竖向荷载架

竖向荷载架是施加竖向荷载的反力设备,主要由立柱、横梁以及地脚螺栓组成。竖向荷载架都用钢材制成,其特点是制作简单、取材方便,可按钢结构的柱与横梁设计,组成"Ⅱ"型支架。横梁与柱的连接采用精制螺栓或圆销,如图3-21a)所示。这类支承机构的强度、刚度都较大,能满足大型结构构件试验的要求,支架的高度和承载能力可按试验需要设计,成为试验室内固定在大型试验台座上的荷载支承设备。

2. 水平荷载架

为了适应结构抗震试验研究的要求,进行结构抗震的静力和动力试验时,需要给结构或模型施加模拟地震荷载的低周反复水平荷载。水平荷载架是施加水平荷载的反力设备，主要由三角架、压梁以及地脚螺栓组成。水平荷载架也用钢材制成，压梁把三角架用地脚螺栓固定在地面试验台座上，靠摩擦力传递水平力，如图 3-21b）所示。

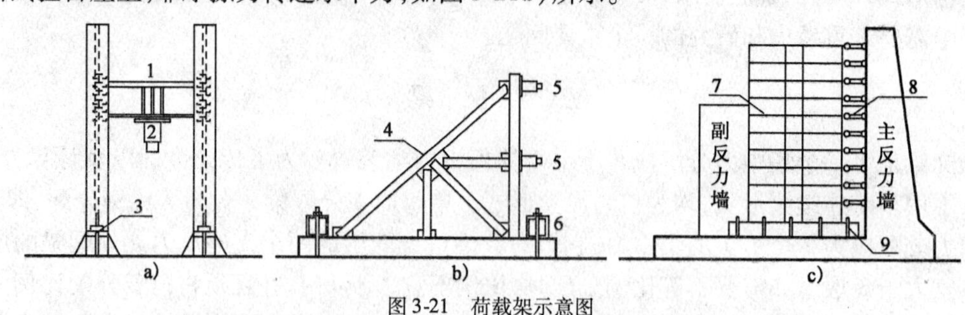

图 3-21　荷载架示意图

a）竖向荷载架；b）水平荷载架；c）钢筋混凝土反力墙

1-横梁；2、5-千斤顶；3、9-地脚螺栓；4-三角架；6-压梁；7-试件；8-伺服千斤顶

为了使这类支承机构随着试验需要在试验台座上移位，有单位设计了新型的加荷架，它的特点是有一套电力驱动机使"Ⅱ"形或三角形支架接受控制能前后运行，"Ⅱ"形支架的横梁可上下移动升降，液压加载器可连接在横梁上，这样整个加荷架就相当于一台移动式的结构试验机，当试件在台座上安装就位后，加荷架即可按试件位置需要调整位置，然后用立柱上的地脚螺栓固定机架，即可进行试验加载，这种新型加荷支架的制成和应用，大大减轻了试验安装与调整的工作量。

3. 反力墙

水平荷载架的刚度和承载能力较小，为了满足试验要求的需要，近年来国内外大型结构试验室都建造了大型的反力墙［如图 3-21c）所示］，用以承受和抵抗水平荷载所产生的反作用力。反力墙的变形要求较高，一般采用钢筋混凝土、预应力钢筋混凝土的实体结构或箱形结构，在墙体的纵横方向按一定距离间隔布置锚孔，以便按试验需要在不同的位置上固定为水平加载用的液压加载器。

在试验台座的左右两侧设置两座反力墙，可以在试件的两侧对称施加荷载，也可在试验台座的端部和侧面建造在平面上构成直角的主、副反力墙，这样可以在 x 和 y 两个方向同时对试件加载，模拟 x 和 y 两个方向的地震荷载。

有的试验室为了提高反力墙的承载能力，将试验台座建在低于地面一定深度的深坑内，这样在坑壁四周的任意面上的任意部位均可对结构施加水平推力。

四、结构试验台座

1. 抗弯大梁式台座和空间桁架式台座

在预制构件厂和小型结构试验室中，由于缺少大型的试验台座，可以采用抗弯大梁式或空间桁架式台座来满足中小型构件试验或混凝土制品检验的要求。

抗弯大梁台座本身是一刚度极大的钢梁或钢筋混凝土大梁，其构造如图 3-22 所示，当用液压加载器加载时，所产生的反作用力通过"Ⅱ"形加荷架传至大梁，试验结构的支座反力也由台座大梁承受，使其保持平衡。

抗弯大梁台座由于受大梁本身抗弯强度与刚度的限制，一般只能试验跨度在 7m 以下，宽度在 1.2m 以下的板和梁。

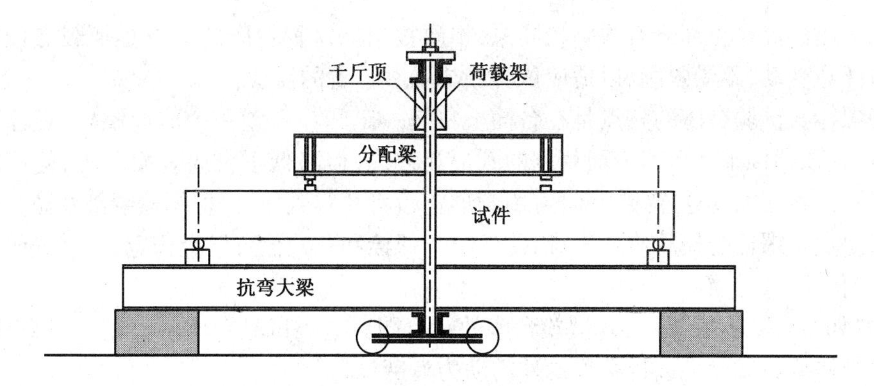

图 3-22　抗弯大梁台座的荷载实验装置

空间桁架台座,一般用以试验中等跨度的桁架及屋面大梁。通过液压加载器及分配梁可对试件进行为数不多的集中荷载加荷使用,液压加载器的反作用力由空间桁架自身进行平衡,如图 3-23 所示。

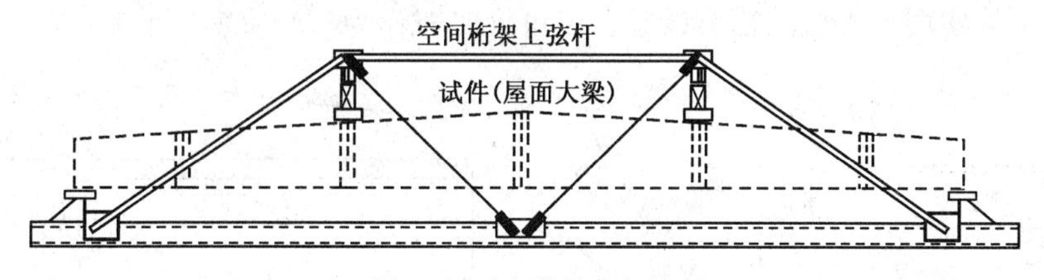

图 3-23　空间桁架式台座

2. 地面试验台座

在试验室内地面试验台座是永久性的固定设备,用以平衡施加在试验结构物上的荷载所产生的竖向反力或水平反力。

试验台座的长度可达十几米,宽度也可到达十余米,台座的承载能力一般在 200 ~ 1 000kN/m^2。台座的刚度极大,所以受力后变形极小,能在台面上同时进行几个结构试验,而不考虑相互的影响,试验可沿台座的纵向或横向进行。

台座设计时在其纵向和横向均应按各种试验组合可能产生的最不利受力情况进行验算与配筋,以保证它有足够的强度和整体刚度。用于动力试验的台座还应有足够的质量和耐疲劳强度,以防止引起共振和疲劳破坏,尤其要注意局部预埋件和焊缝的疲劳破坏。如果试验室内同时有静力和动力台座,则动力台座必须有隔振措施,以免试验时引起相互干扰。

地面试验台座有板式和箱式之分。

1)板式试验台座

通常把结构为整体的钢筋混凝土或预应力钢筋混凝土的厚板,由结构的自重和刚度来平衡结构试验时施加的荷载的试验台座称为板式试验台座。按荷载支承装置与台座连接固定的方式与构造形式的不同,可分为槽式和预埋螺栓式两种形式。

槽式试验台座是目前用得较多的一种比较典型的静力试验台座,其构造特点是沿台座纵向全长布置几条槽轨。该槽轨是用型钢制成的纵向框架式结构,埋置在台座的混凝土内,如图 3-24a)所示。槽轨的作用是锚固加载架,以平衡结构物上的荷载所产生的反力。

如果加载架立柱用圆钢制成,可直接用两个螺帽固定于槽内,如加载架立柱由型钢制成,则在其底部设计成钢结构柱脚的构造,用地脚螺栓固定在槽内。在试验加载时,要求槽轨的构造应该和台座的混凝土部分有很好的联系,不致拔出。这种台座的特点是加载点位置可沿台座的纵向任意变动,不受限制,以适应试验结构加载位置的需要。

地脚螺栓式试验台座的特点是在台面上每隔一定间距设置一个地脚螺栓,螺栓下端锚固在台座内,其顶端伸出于台座表面特制的圆形孔穴内,但略低于台座表面高程,使用时通过用套筒螺母与荷载架的立柱连接,平时可用圆形盖板将孔穴盖住,保护螺栓端部及防止脏物落入孔穴。其缺点是螺栓受损后修理困难,此外由于螺栓和孔穴位置已经固定,试件安装就位的位置受到限制。

图3-24b)所示为地脚螺栓式试验台座的示意图。这类试验台座不仅用于静力试验,同时可以安装结构疲劳试验机进行结构构件的动力疲劳试验。

2)箱式试验台座

箱式试验台座的规模较大,由于台座本身构成箱形结构,所以它比其他形式的台座具有更大刚度,如图3-25所示。在箱形结构的顶板上沿纵横两个方向按一定间距留有竖向贯穿的孔洞,以便于沿孔洞连线的任意位置加载。台座结构本身是试验室的地下室,可供进行长期荷载试验或特种试验使用。大型的箱形试验台座可同时兼作为试验室房屋的基础。

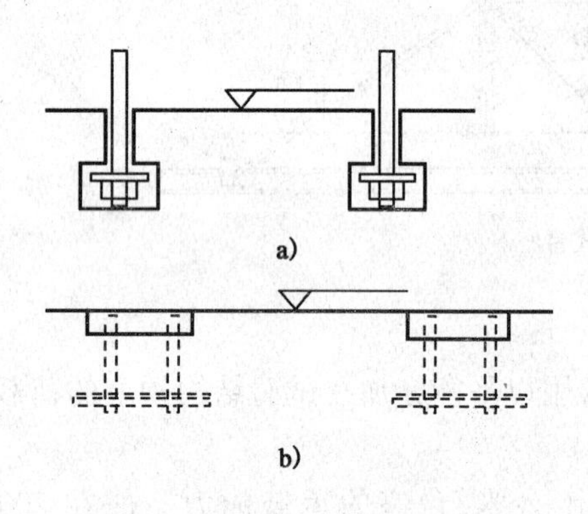

图3-24　两种板式实验台

a)槽式;b)地脚螺栓式

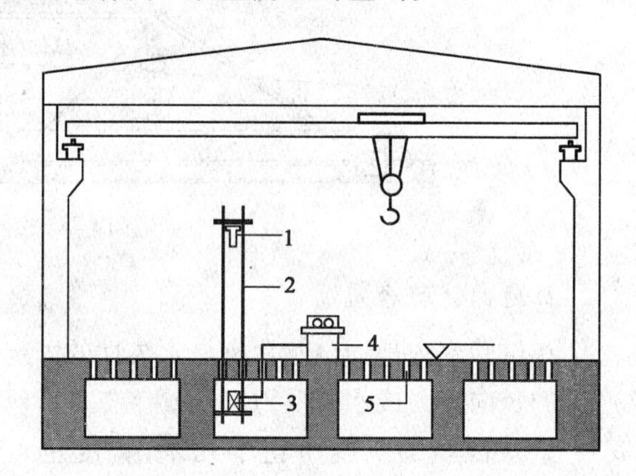

图3-25　箱式试验台座示意图

1-试件;2-荷载架;3-千斤顶;4-液压操作台;5-台座孔

五、现场试验的荷载装置

由于受到施工运输条件的限制,对于一些跨度较大的屋架,吨位较重的吊车梁等构件,经常要求在施工现场解决试验问题,为此试验工作人员就必须要考虑适于现场试验的加载装置。实践证明,现场试验装置的主要矛盾是液压加载器加载所产生的反力如何平衡的问题,也就是要设计一个能够代替静力试验台座的荷载平衡装置。

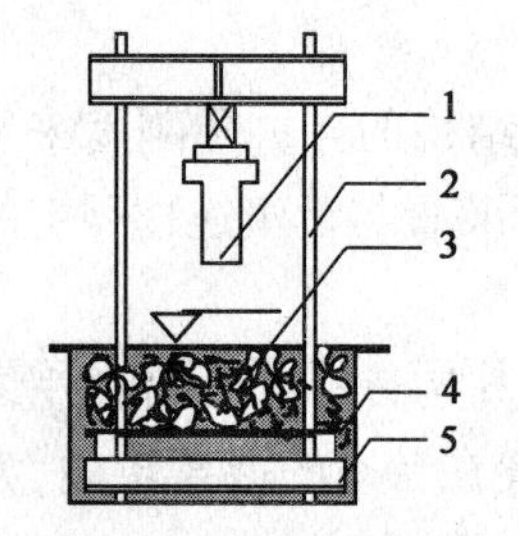

图3-26　现场试验加荷方案图

1-试件;2-荷载架;3-平衡重;4-铺板;5-横梁

在工地现场广泛采用的是平衡重式的加载装置,其工作原理与试验室内固定在地面上的试验台座一样,即利用平衡重来承受与平衡由液压加载器加载所产生的反力,如图3-26所示。

平衡重式加载装置的缺点是要耗费较大的劳动量。目前有的单位采用打桩或用爆扩桩的方法作为地锚,也有的利用厂房基础下原有桩头作锚固,也有利用已建的桩基和在桩基承台上浇捣的钢筋混凝土大梁作为试验加载时的荷载平衡装置。

当现场缺乏上述加载装置时,通常采用一对构件对称的试验方法或称为背靠背试验方法，即把一根构件作为另一根构件的台座或平衡装置使用。这种方法常在重型吊车梁试验中使用。

成对构件卧位试验中所用箍架，实际上就是一个封闭的荷载架，一般常用型钢作为横梁，用圆钢作为拉杆较为方便，对于荷载较大时，拉杆以型钢制作为宜。

习　题

1. 加载系统应满足哪些基本要求？

2. 用长24cm宽12cm的砖(25N)给双向跨度均为626cm的矩形钢筋混凝土楼板加均布荷载，试作区格划分；放置10层砖所加的均布荷载是多少？（长、宽96cm；间隔10cm；0.0073MPa）

3. 电液伺服程控结构试验系统由哪几个主要部分组成？其自控系统的工作原理是怎样的？

4. 在图3-4b)所示的牵引起重加载布置方式中，若滑轮组的机械效率为0.9，滑轮摩擦系数为0.96，测力计读数为1 000N，拉索与地面的夹角30°，问此时结构所受水平方向的拉力有多大？（1 496N）

5. 在图3-11a)所示的加载示意图中，为了对结构施加5250N的突卸荷载，拉索与地面的夹角30°，试确定极限强度为380MPa的受拉钢棒的直径。（4.2mm）

第四章 建筑结构试验测试技术

DISIZHANG

第一节 概　　述

在建筑结构试验中,试件作为一个系统,所受到的作用(如力、位移、温度等)是系统的输入数据,试件的反应(如位移、速度、加速度、应力、应变、裂缝等)是系统的输出数据,通过对这些数据的测量、记录和处理分析,可以得到试件系统的特性。数据采集就是用各种方法,对这些数据进行测量和记录。

数据采集得到的数据,是数据处理的原始资料;数据采集是建筑结构试验的重要步骤,是建筑结构试验成功的必要条件之一。只有采集到可靠的数据,才能通过数据处理得到正确的试验结果,达到试验的预期目的。为了采集到准确、可靠的数据,应该采用正确的采集方法,选用可靠的仪器设备。

在实际试验时,数据采集方法应该根据试验目的和要求以及仪器仪表的实际条件来确定,应该按照用最经济合理的代价来获取最多的有用数据的原则来确定。

一、仪器设备的分类

在建筑结构试验中,用于数据采集的仪器仪表种类繁多,按它们的功能和使用情况可以分为:传感器、放大器、显示器、记录器、分析仪器、数据采集仪,或一个完整的数据采集系统等。仪器仪表还可以分为单件式和集成式,单件式仪器是指一个仪器只具有一个单一的功能,集成式仪器是指那些把多种功能集中在一起的仪器。

在各个种类的仪器中,传感器的功能主要是感受各种物理量(力、位移、应变等),并把它们转换成电量(电信号)或其他容易处理的信号;放大器的功能是把从传感器得到的信号进行放大,使信号可以被显示和记录;显示器的功能是把信号用可见的形式显示出来;记录器是把采集得到的数据记录下来,作长期保存;分析仪器的功能是对采集得到的数据进行分析处理;数据采集仪用于自动扫描和采集,是数据采集系统的执行机构;数据采集系统是一种集成式仪器,它包括传感器、数据采集仪和计算机或其他记录器、显示器等,它可用来进行自动扫描、采集,还能进行数据处理等。

仪器仪表还可以按以下方法分类：

(1)按仪器仪表的工作原理可分为机械式仪器、电测仪器、光学测量仪器、复合式仪器、伺服式仪器——带有控制功能的仪器。

(2)按仪器仪表的用途可分为测力传感器、位移传感器、应变计、倾角传感器、频率计、测振传感器。

(3)按仪器仪表与建筑结构的关系可分为附着式与手持式、接触式与非接触式、绝对式与相对式。

(4)按仪器仪表显示与记录的方式分为直读式与自动记录式、模拟式和数字式。

二、试验仪器仪表的主要技术性能指标

(1)刻度值：仪器仪表的刻度值也叫仪器的最小分度值，是指示或显示装置所能指示的最小测量值，即每一最小刻度所表示的测量数值。

(2)量程：仪器仪表可以测量的最大范围。

(3)灵敏度：被测量的单位物理量所引起仪器输出或显示值的大小，即仪器仪表对被测物理量变化的反应能力或反应速度。

(4)分辨率：仪器仪表测量被测物理量最小变化值的能力。

(5)线性度：仪器仪表使用时的校准曲线与理论拟合直线的接近程度，可用校准曲线与拟合直线的最大偏差作为评定指标，并用最大偏差与满量程输出的百分比来表示。

(6)稳定性：指量测数值不变，仪器在规定时间内保持示值与特性参数都不变的能力。

(7)重复性：在同一工作条件下，用同一台仪器对同一观测对象进行多次重复测量，其测量结果保持一致的能力。

(8)频率响应：仪器仪表输出信号的幅值和相位随输入信号的频率变化的特性。常用幅频和相频特性曲线来表示，分别说明仪器输出信号与输入信号间的幅值比和相位角偏差与输入信号频率的关系。

三、建筑结构试验对仪器设备的使用要求

(1)测量仪器不应该影响建筑结构的工作，要求仪器自重轻、尺寸小，尤其对模型结构试验，还要考虑仪器的附加质量和仪器对建筑结构的作用力。

(2)测量仪器具有合适的灵敏度和量程。

(3)安装使用方便，稳定性和重复性好。

(4)价廉耐用，可重复使用，安全可靠，维修容易。

(5)在达到上述要求条件下，要求尽量多功能、多用途，以适应多方面的需要。

第二节　电阻应变片

在建筑结构试验中，电阻应变片是专门用来测量试件应变的特殊电阻丝。电阻应变片可以作为转换元件使用组成电阻应变式传感器，来测量各种物理量的变化。

一、电阻应变片的工作原理

电阻应变片利用的工作原理是金属导体的“应变电阻效应”，即金属丝的电阻值随其机械变形而变化的物理特性(图4-1)。

根据欧姆定律

$$R=\rho\cdot\frac{l}{A} \tag{4-1}$$

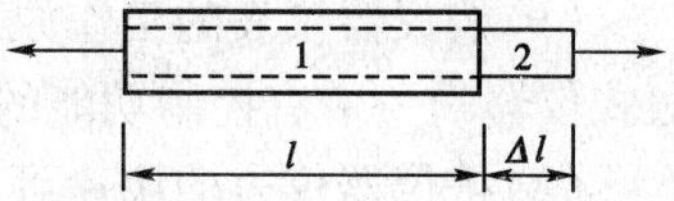

图 4-1 金属丝的电阻应变原理

1-受力前的金属丝;2-受力后的金属丝

式中:R——金属丝的原始电阻值(Ω);

ρ——金属丝的电阻率(Ω·mm^2/m);

l——金属丝的长度(m);

A——金属丝的截面积(mm^2)。

当金属丝受力而变形时,其长度、截面面积和电阻率都将发生变化,其电阻变化规律可由对上式两边取对数,然后微分得到,即:

$$\frac{\mathrm{d}R}{R}=\frac{\mathrm{d}\rho}{\rho}+\frac{\mathrm{d}l}{l}-\frac{\mathrm{d}A}{A} \tag{4-2}$$

式中:$\frac{\mathrm{d}l}{l}$、$\frac{\mathrm{d}A}{A}$、$\frac{\mathrm{d}\rho}{\rho}$——金属丝长度、截面面积和电阻率的相对变化;

$\frac{\mathrm{d}l}{l}$即为应变 ε。

根据材料的变形特点,可得$\frac{\mathrm{d}A}{A}=-2\nu$,$\frac{\mathrm{d}l}{l}=2\nu\varepsilon$。则式(4-2)可写为:

$$\frac{\mathrm{d}R}{R}=(1+2\nu)\varepsilon+\frac{\mathrm{d}\rho}{\rho}\text{或}\frac{1}{\varepsilon}\cdot\frac{\mathrm{d}R}{R}=1+2\nu+\frac{1}{\varepsilon}\cdot\frac{\mathrm{d}\rho}{\rho}$$

若令 $\kappa=1+2\nu+\frac{1}{\varepsilon}\cdot\frac{\mathrm{d}\rho}{\rho}$,于是有:

$$\frac{\mathrm{d}R}{R}=\kappa\cdot\varepsilon \tag{4-3}$$

式中 κ 为金属丝的灵敏系数,表示单位应变引起的相对电阻变化,灵敏系数越大,单位应变引起的电阻变化也越大。

式(4-3)的特点分析如下:

(1)对于给定的金属丝在长度改变量较小时,κ 趋近于一常量,金属丝的应变量与其电阻变化量成正比;

(2)当金属丝的电阻变化量能够确定时,κ 与 ε 成反比关系,即:

$$\kappa_{仪}\cdot\varepsilon_{仪}=\kappa_{片}\cdot\varepsilon_{片}$$

利用上式可以求得金属丝的灵敏系数。

二、电阻应变片的构造

电阻应变片的构造如图 4-2 所示,在纸或薄胶膜等基底与覆盖层之间粘贴的金属丝叫电阻栅(也叫合金敏感栅),电阻栅的两端焊上引出线。图 4-2 中,l 为栅长(又称标距),b 为栅宽,l、b 是应变片的重要技术尺寸。

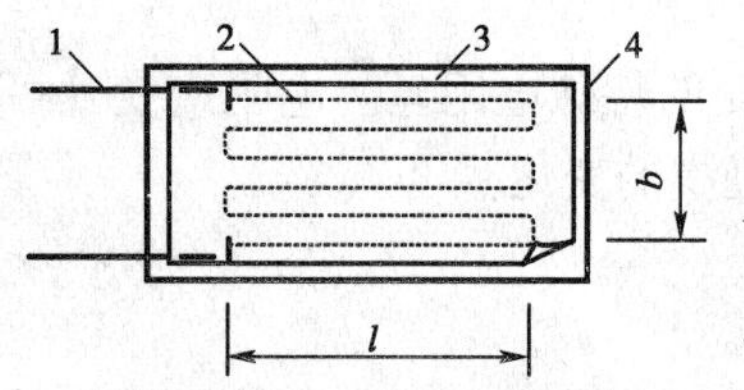

图 4-2 电阻应变片构造示意图

1-引出线;2-电阻丝;3-覆盖层;4-基底层

电阻应变片的主要技术指标如下:

(1)电阻值 R(Ω)。由于应变仪的电阻值一般按 120Ω 设计,所以应变片的电阻值一般也为 120Ω。但也有例外,选用时,应考虑与应变仪配合。

(2)标距 l。标距即敏感栅的有效长度。用应变片测得的应变值是整个标距范围内的平均应变,测量时应根据试件测点处应变梯度的大小来选择应变计的标距。

(3)灵敏系数 κ。κ 表示单位应变引起应变片的电阻变化。应使应变片的灵敏系数与应变仪的灵敏系数设置相协调，如不一致时，应对测量结果进行修正。

三、电阻应变片的种类和粘贴方法

电阻应变片的种类很多，按敏感栅的种类划分，有箔式、丝绕式、半导体等；按基底材料划分，有纸基、胶基等；按使用极限温度划分，有低温、常温、高温等。

箔式应变片是在薄的胶膜基底上镀合金薄膜，然后通过光刻技术制成，具有绝缘度高，耐疲劳性能好，横向效应小等特点，但价格较高。

丝绕式应变片多为纸基，虽有防潮性能，耐疲劳性能稍差，横向效应较大等缺点，但价格较低，且易粘贴，可用于一般的静力试验。图 4-3 为几种应变片的形式。

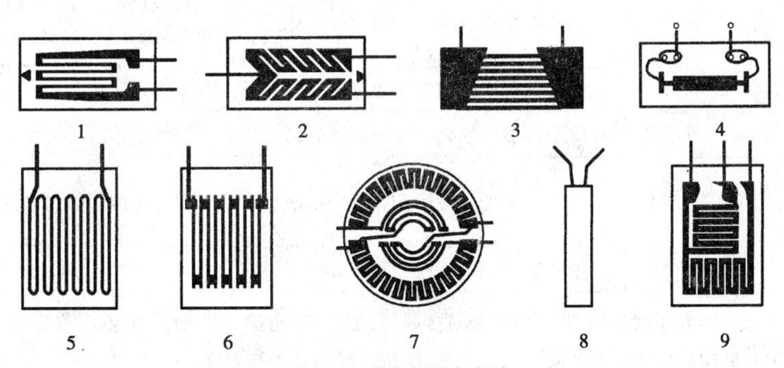

图 4-3　几种电阻应变片

1、2、3、7、9-箔式电阻应变片；4-半导体应变片；5-丝绕式电阻应变片；6-短接式电阻应变片；8-焊接电阻应变片

应变片的粘贴方法、步骤等技术要求见表 4-1 和附录。

应变片的粘贴方法、步骤等技术要求　　表 4-1

序号	工作内容		方法	要求
1	应变片的检查分选	外观检查	借助放大镜肉眼检查	应变片无气泡、霉斑、锈点，栅极应平直、整齐、均匀
		阻值检查	用单臂电桥测量电阻值并分组	同一测区应使用阻值基本一致的应变片，相对误差应小于 0.5%
2	测点处理	测点检查	检查测点处表面状况	测点应平整、无缺陷、无浮浆等
		打磨	用 1 号砂布或磨光机打磨	表面达 ∇_5，平整无锈，断面不减小
		清洗	用棉花蘸丙酮或酒精清洗	棉花干擦时无污染
		打底	914 环氧树脂 A 组 : B 组 = 5 : 1(体积比)	厚 0.08mm 左右，硬化后用 0 号砂布磨平
		划线定位	用铅笔等在测点上划出纵横中心线	纵线应与应变(应力)方向一致
3	片的粘贴	上胶	用镊子夹应变片引出线，背面涂胶，测点上也涂胶，将片对准放正	测点十字中心线与应变片上的标志应对准
		挤压	在应变片上盖一小片塑料纸，用手指沿一个方向滚压，挤出多余胶水	胶层应尽量薄，并注意应变片位置不滑动
		加压	快干胶粘贴，用手指轻压 1 ~ 2min，其他胶则需用适当的方法加压 1 ~ 2h	胶层应尽量薄，并注意应变片位置不滑动

续上表

序号	工作内容		方法	要求
4	固化处理	自然干燥	温度15℃以上,湿度60%以下放置1~2天	胶强度达到要求
		人工固化	气温低、湿度大,用人工加温(红外线灯照射或电吹风)	应在自然干燥12h后,加热温度不超过50℃,受热应变片位置不滑动
5	粘贴质量检查	外观检查	借助放大镜肉眼检查	应变片应无气泡、粘贴牢固、方位准确无短路和断路
		阻值检查	用万用电表检应变片	无短路和断路
			用单臂电桥量应变片阻值	电阻值应与粘贴前基本相同
		绝缘度检查	用兆欧表检查应变片与试件绝缘度	一般量测应在50MΩ以上,恶劣环境或长期量测应大于500MΩ
			或接入应变仪观察零点漂移	不大于2με/15min
6	导线连接	引出线绝缘	应变计引出线底下贴胶布或胶纸	保证引出线不与试件形成短路
		固定点设置	用胶固定端子或用胶布固定电线	保证电线轻微拉动时,引出线不断
		导线焊接	用电烙铁把引出线与导线焊接	焊点应圆滑、丰满、无虚焊等
7	防潮防护		根据环境条件,贴片检查合格接线后,加防潮、防护处理。防潮剂参照防潮两道选择,防护一般用胶类防潮剂浇注或加布带绑扎	防潮剂必须敷盖整个应变片并稍大5mm左右 防护应能防机械损坏

第三节　应变测量

建筑结构试验中,经常需要测量试件的应变,常用的应变测量传感器有电阻应变仪、手持应变仪、电阻式混凝土应变计、钢弦式钢筋应变计等,还可以用光测法(云纹法、激光衍射法、光弹法)等。

一、电阻应变仪测量应变

(一)应变仪工作原理

电阻应变片可以把试件的应变量转换成电阻变化,但是,在一般情况下试件的应变量较小,由此引起的电阻变化也非常微弱,难以进行直接测量。

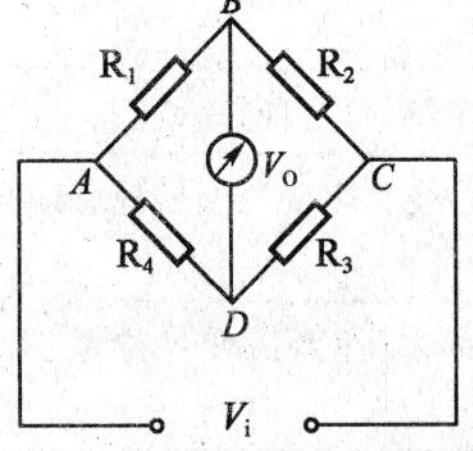

图4-4　惠斯登电桥的桥路图

采用惠斯登电桥(以下简称桥路),能够把电阻变化信号转换为电压或电流的变化信号,并使信号得以放大,桥路还可以解决测量值的温度补偿问题。所以,桥路是试验工作中比较理想的测试形式。如图4-4所示,图中R_1、R_2、R_3、R_4依次表示桥路电阻(或桥臂电阻),V_i、V_o分别表示桥路的输入电压和输出电压。

应变仪就是根据桥路原理构成的测试系统,根据基尔霍夫定律,可以得到桥路输出电压V_o与输入电压V_i的关系如下:

$$V_o = V_i \cdot \frac{R_1R_3 - R_2R_4}{(R_1+R_2)(R_3+R_4)} \tag{4-4}$$

假定,桥路四臂所接的电阻应变片的电阻阻值全部发生变化,其变化值分别表示为 ΔR_1、ΔR_2、ΔR_3、ΔR_4,则桥路输出电压(或电流)增量为:

$$\Delta V_o = \frac{R_1R_2}{(R_1+R_2)^2}\left(\frac{\Delta R_1}{R_1} - \frac{\Delta R_2}{R_2} + \frac{\Delta R_3}{R_3} - \frac{\Delta R_4}{R_4}\right) \cdot V_i \tag{4-5}$$

若 4 个应变计品种、规格相同,即 $R_1 = R_2 = R_3 = R_4 = R, K_1 = K_2 = K_3 = K_4 = K$,将参量代入式(4-5)并应用式(4-3),则有:

$$\begin{aligned}\Delta V_o &= \frac{V_i}{4}\left(\frac{\Delta R_1}{R} - \frac{\Delta R_2}{R} + \frac{\Delta R_3}{R} - \frac{\Delta R_4}{R}\right) \\ &= \frac{V_i}{4}K(\varepsilon_1 - \varepsilon_2 + \varepsilon_3 - \varepsilon_4)\end{aligned} \tag{4-6}$$

若采用 $\varepsilon_r = \frac{4\Delta V_o}{KV_i}$ 表示电阻应变片桥路的读数值,则:

$$\varepsilon_r = (\varepsilon_1 - \varepsilon_2 + \varepsilon_3 - \varepsilon_4) \tag{4-7}$$

从式(4-7)可知,电桥邻臂电阻阻值变化的符号相反,成相减输出;对臂符号相同,成相加输出。所以桥路中电阻阻值变化的组合不同,其构成桥路读数值的特点就不同。

(二)桥路组成的类别

1. 等臂桥路

等臂桥路就是指 4 个桥臂电阻值相等的电桥桥路。这时电桥平衡,输出电压为零,即当 $R_1R_3 = R_2R_4$ 时,$V_o = 0$,所以 $\varepsilon_r = 0$。

单臂电桥测量电阻应变片阻值的工作原理就是电桥的平衡原理。

2. 1/4 电桥桥路

在四个桥臂中,当且仅当有一个桥臂的电阻是外接的电阻应变片,其电阻阻值发生相应变化,而其余桥臂采用无感电阻的桥路称 1/4 桥路。采用 1/4 桥路进行测试时,桥路对环境的要求比较严格,特别是温度要求。当环境不能保持恒温,温度存在变化时,测量误差较大。所以,在试验测量中不常应用。

1/4 电桥桥路的读数值,$\varepsilon_r = \pm\varepsilon_i (i = 1,2,3,4)$。

3. 半桥桥路

在四个桥臂中,只有两个相邻桥臂的电阻是外接电阻应变片,其电阻阻值发生相应变化,而另外两肢相邻桥臂的电阻是无感电阻的桥路称半桥桥路。采用半桥桥路进行试验测试时,能实现温度补偿,可以有效地克服 1/4 桥路对环境要求严格、测量误差较大的缺点。所以,半桥桥路在试验测量中被广泛应用。

半桥桥路的读数值 $\varepsilon_r = (\varepsilon_1 - \varepsilon_2)$ 或 $\varepsilon_r = (\varepsilon_3 - \varepsilon_4)$。

4. 全桥桥路

在四个桥臂中,桥臂电阻全部(且必须全部)是外接电阻应变片的桥路称为全桥桥路。全桥桥路中没有无感电阻。采用全桥桥路测量的读数值精度高,数据可靠。所以在各类传感器中多采用全桥测量桥路。

全桥桥路的读数值见公式(4-7)。

注意,一个桥路叫做一个测点。不论哪一种桥路,也不论其电阻值是否发生变化,必须有4个完整的桥臂,否则不成其为桥路。由一个电阻或两个电阻就能组成测量桥路的观点是不对的。

为了提高测量精度,一个桥臂上可以用串联的方式连接若干个电阻应变片。

(三)桥路读数值构成特点

如图4-4所示,只要电桥接点 *ABCD* 的旋转方向、电压输入端的起始点位置确定以后,桥路读数值就为一定值。如以 *A* 为电压输入端的起始点,则 *BD* 为电压输出端,当 *ABCD* 顺时针方向旋转时,桥路读数值为:

$$\varepsilon_r = \varepsilon_{AB} - \varepsilon_{BC} + \varepsilon_{CD} - \varepsilon_{DA} \tag{4-8}$$

当 *ABCD* 逆时针方向旋转时,桥路读数值则为:

$$\varepsilon_r = \varepsilon_{AD} - \varepsilon_{DC} + \varepsilon_{CB} - \varepsilon_{BA} \tag{4-9}$$

所以,可以这样理解桥路读数值的构成:与电阻的编号方式无关,与桥路接点的命名方式无关,而与电压输入端起始点位置的设计有关,与旋转方向有关。当这两个条件确定以后,沿着旋转方向从起始点出发,遇奇数个桥路为"+"号,遇偶数个桥路为"-"号。这就要求在桥路连接时,必须按接线柱 *ABCD* 的顺序进行。

(四)温度补偿技术

粘贴在试件测点上的应变片所反映的应变值,除了试件受力的变形外,通常还包含试件与应变片受温度影响而产生的变形和由于试件材料与应变片的温度线膨胀系数不同而产生的变形等。这种由于"温度效应"所产生的应变称为"视应变",不是荷载效应,建筑结构试验中常采用温度补偿方法加以消除。

按照温度补偿片是否受力,把桥路分为外补和互补两大类。补偿片受力的桥路叫互补桥路,补偿片不受力的桥路叫外补桥路。可见外补桥路中的补偿片是专用应变片,互补桥路中的应变片既是温度补偿片,也是测量试件应变的工作片。所以,应变片上产生的应变既有应力产生的应变 ε_p,也有温度引起的应变 ε_t。

桥路中的温度补偿,就是应用公式(4-7)的构成特点,只要补偿片和被补偿片温度引起的应变 ε_t 相等,桥路连接正确,就可互相抵消。根据温度补偿技术的要求:

(1)同一桥路具有相同的温度效应,即 $\varepsilon_{t1} = \varepsilon_{t2} = \varepsilon_{t3} = \varepsilon_{t4} = \varepsilon_t$;

(2)外补桥路补偿片的荷载效应为零,即 $\varepsilon_p = 0$。

根据电桥特性温度补偿技术的要求,桥路的读数值应为:

$$\varepsilon_r = (\varepsilon_{p1} + \varepsilon_{t1}) - (\varepsilon_{p2} + \varepsilon_{t2}) + (\varepsilon_{p3} + \varepsilon_{t3}) - (\varepsilon_{p4} + \varepsilon_{t4}) \tag{4-10}$$

下面就对于不同形式桥路的公式(4-10)进行讨论。

(1)对于1/4电桥桥路(又称单测无补桥路):由公式(4-10)可知,不能进行温度补偿,即桥路读数值中的温度效应不能消除。

(2)对于半桥外补桥路(又称单测单补桥路):由于 $\varepsilon_{t1} = \varepsilon_{t2} = \varepsilon_t$,而 $\varepsilon_{p2} = 0$,所以

$$\varepsilon_r = \varepsilon_{p1}$$

若两片对调,则 $\varepsilon_r = -\varepsilon_{p2}$。

半桥外补桥路的优点:一个补偿片能够进行多测点补偿,试验时所用应变片的数量少,测试成本低。采用单点测量,测点布置灵活。

一片多补的工作原理在于应变仪有一切换旋钮，能够把补偿片连同两个无感电阻一起通过切换方式与工作片相连接组成测试桥路。

(3)对于半桥互补电桥：由于 $\varepsilon_{t1(3)}=\varepsilon_{t2(4)}=\varepsilon_t$，所以，$\varepsilon_r=\varepsilon_{p1(3)}-\varepsilon_{p2(4)}$。

若两片对调，ε_r 的读数值反号。若反对称布置和粘贴应变片，则 $\varepsilon_{p1(3)}=-\varepsilon_{p2(4)}=\pm\varepsilon_p$，而 $\varepsilon_r=\pm2\varepsilon_p$，使测量精度提高$\sqrt{2}$倍。若对称布置应变片，则 $\varepsilon_r=0$。

(4)对于全桥外补电桥：根据电桥特性可知，$\varepsilon_r=\varepsilon_{p1}+\varepsilon_{p3}$或 $\varepsilon_r=-(\varepsilon_{p2}+\varepsilon_{p4})$。与半桥互补电桥正好相反，若对称布置应变片，则 $\varepsilon_r=\pm2\varepsilon_p$，使测量精度提高$\sqrt{2}$倍。若反对称布置应变片，则 $\varepsilon_r=0$。

(5)对于全桥互补电桥：$\varepsilon_r=\varepsilon_{p1}-\varepsilon_{p2}+\varepsilon_{p3}-\varepsilon_{p4}$，若1、3和2、4应变片反对称布置，则 $\varepsilon_r=\pm4\varepsilon_p$，使测量精度提高2倍。若对称布置，则 $\varepsilon_r=0$。

(五)桥路的连接技术

应变片桥路连接除可解决温度补偿外，还可达到不同的量测目的，例如不同的桥路可以求不同性质的应力，还能够提高量测精度。表4-2列出的几种常用连接方法，不仅适用于建筑结构上，基本原理也适用于各种参数量测传感器内的电阻应变片桥路连接。

(六)一片多补技术的工作原理

一片多补技术是半桥外补桥路的一大优势，在建筑结构试验测试中经常应用，其工作原理如图4-5所示。

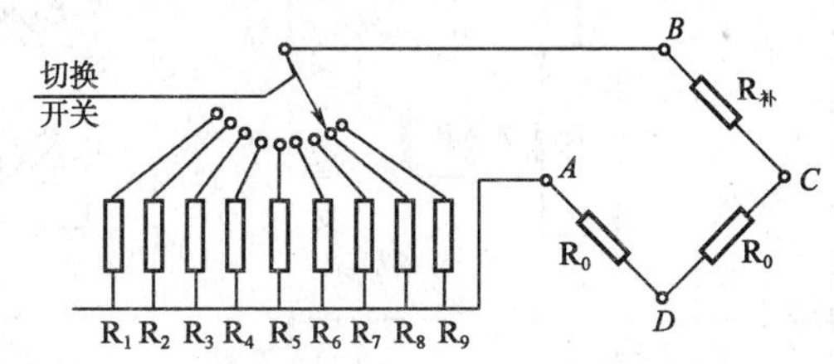

图4-5　半桥外补一片多补工作原理桥路示意图

(七)应变仪半桥与全桥切换技术的工作原理

一台应变仪既能够进行半桥测试，也能够进行全桥测试。当采用全桥桥路时，则不启用应变仪内部的两个无感电阻，当采用半桥桥路时，则必须启用应变仪内部的两个无感电阻。应变仪半桥与全桥切换技术的工作原理如图4-6和图4-7所示。

在一个通道内测试时，半桥桥路和全桥桥路不能混用。

电阻应变片的布置与桥路的连接方法汇总见表4-2。

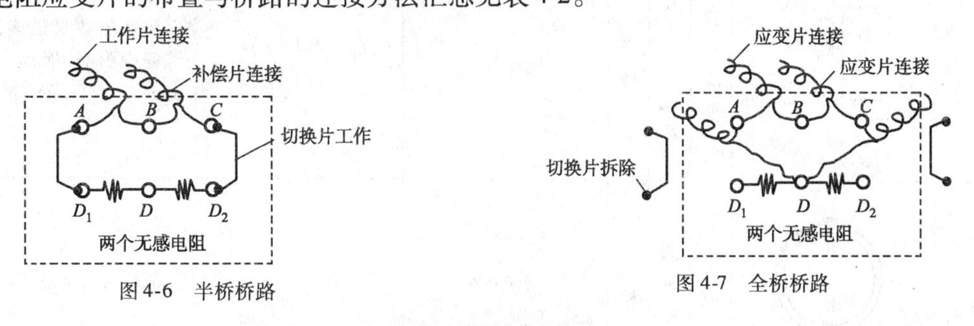

图4-6　半桥桥路　　图4-7　全桥桥路

二、其他方法测量应变

1.位移法

应变的定义是单位长度上的变形(拉伸、压缩和剪切)，在建筑结构试验中，可以用两点之间的相对位移来近似地表示两点之间的平均应变。设两点之间的距离为 l(称为标距)，被测物体产生变形后，两点之间有相对位移 Δl，则在标距内的平均应变 ε 为：

$$\varepsilon=\Delta l/l \tag{4-11}$$

电阻应变片的布置与桥路的连接方法　　表 4-2

序号	受力状态及贴片方法		测试项目	补偿技术	桥路接法		读数值与测试值的关系	桥路的特点
1	轴向力	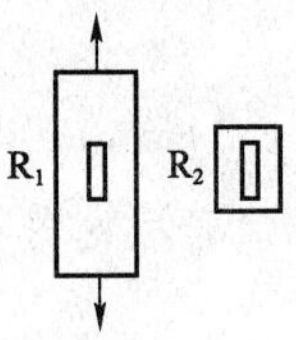 R_1　R_2	轴力应变	外设补偿片	半桥	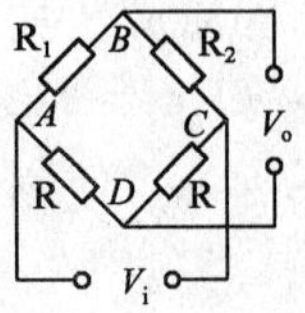 R_1 B R_2 A C V_o R D R V_i	$\varepsilon_r=\varepsilon_1=\varepsilon$	用片较少，不能消除偏心影响，不能提高测量精度
2	轴向力	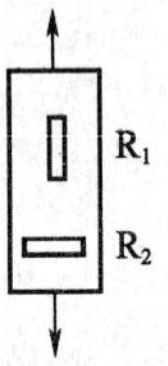 R_1　R_2	轴力应变	互为补偿片	半桥	同序号 1	$\varepsilon_r=(1+\mu)\varepsilon_1=(1+\mu)\varepsilon$	用片较少，不能消除偏心影响，能提高测量精度$\sqrt{(1+\mu)}$倍
3	轴向力	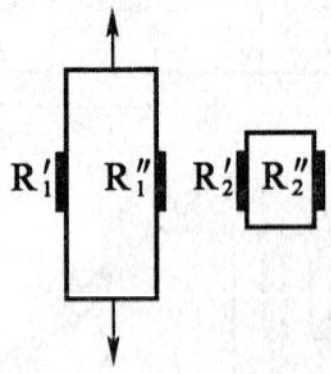 R_1'　R_1''　R_2'　R_2''	轴力应变	外设补偿片	半桥	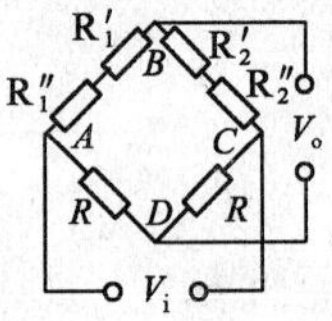 R_1' B R_2' R_1'' R_2'' A C V_o R D R V_i	$\varepsilon_r=\dfrac{\varepsilon'_1+\varepsilon''_2}{2}=\varepsilon$	用片较序号 1 和序号 2 多，能消除偏心影响，能提高测量精度$\sqrt{2}$倍
4	轴向力	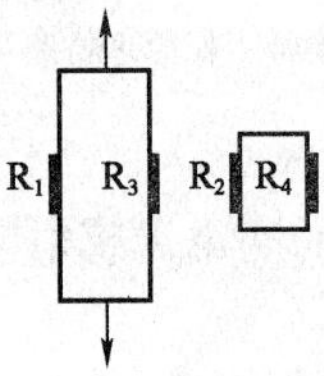 R_1　R_3　R_2　R_4	轴力应变	外设补偿片	全桥	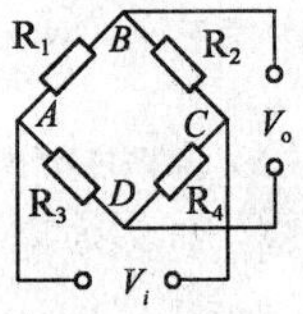 R_1 B R_2 A C V_o R_3 D R_4 V_i	$\varepsilon_r=\varepsilon_1+\varepsilon_3=2\varepsilon$	用片的数量较序号 1 和 2 多，能消除偏心的影响，能提高测量精度$\sqrt{2}$倍
5	轴向力	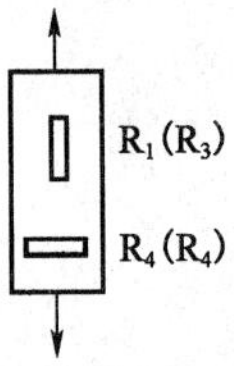 $R_1(R_3)$　$R_4(R_4)$	拉压应变	互为补偿片	全桥	同序号 4	$\varepsilon_r=2(1+\mu)\varepsilon_1=2(1+\mu)\varepsilon$	用片的数量最多，能消除偏心影响，能提高测量精度$\sqrt{[2(1+\mu)]}$倍
6	环行径向力	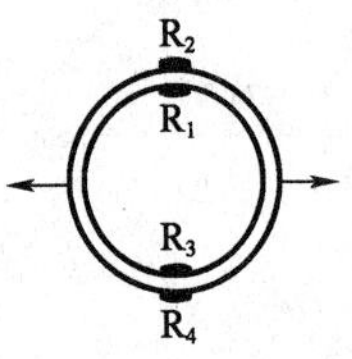 R_2　R_1　R_3　R_4	拉压应变	互为补偿片	全桥	同序号 4	$\varepsilon_r=4\varepsilon$	能提高测量精度 2 倍
7	弯曲	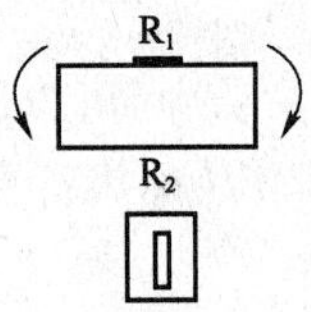 R_1　R_2	弯曲应变	外设补偿片	半桥	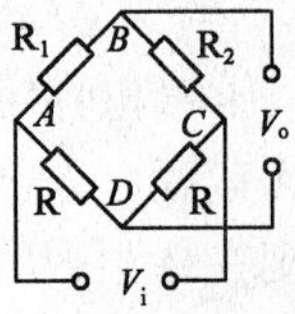 R_1 B R_2 A C V_o R D R V_i	$\varepsilon_r=\varepsilon_1$	用片较少，只能测量一侧弯曲应变，不能提高测量精度

续上表

序号	受力状态及贴片方法		测试项目	补偿技术	桥路接法		读数值与测试值的关系	桥路的特点
8	弯曲	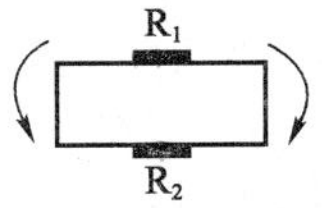 R_1 R_2	弯曲应变	互为补偿片	半桥	同序号7	$\varepsilon_r=\varepsilon_1+\varepsilon_2=2\varepsilon$	用片较少，能测量两侧弯曲应变，能够消除轴力影响，提高测量精度$\sqrt{2}$倍
9	悬臂弯曲	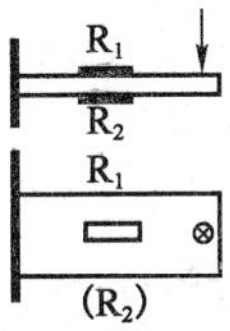 R_1 R_2 R_1 (R_2)	弯曲应变	互为补偿片	半桥	同序号7	$\varepsilon_r=\varepsilon_1+\varepsilon_2=2\varepsilon$	用片较少，能测量两侧弯曲应变，能够消除轴力影响，提高测量精度$\sqrt{2}$倍
10	悬臂弯曲	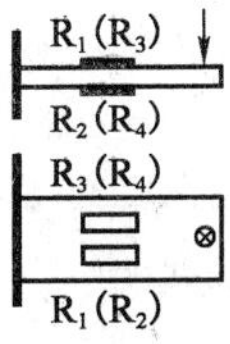 R_1(R_3) R_2(R_4) R_3(R_4) R_1(R_2)	弯曲应变	互为补偿片	全桥	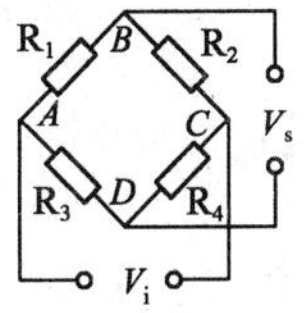 R_1 B R_2 A C V_s R_3 D R_4 V_i	$\varepsilon_r=4\varepsilon$	用片较多，能测量两侧四点弯曲应变，能够较好的消除轴力影响，提高测量精度2倍
11	轴力与弯曲	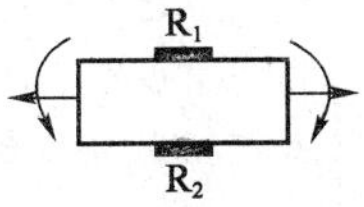 R_1 R_2	拉压应变	互为补偿片	半桥	同序号7	$\varepsilon_r=\varepsilon_1+\varepsilon_2=2\varepsilon$	用片较少，能够有效地消除轴力影响，测量两侧的纯弯曲应变，提高测量精度$\sqrt{2}$倍
12	轴力与弯曲	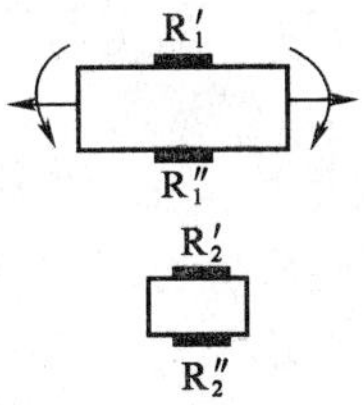 R_1' R_1'' R_2' R_2''	拉压应变	外设补偿片	半桥	同序号3（应变片串联）	$\varepsilon_r=\frac{\varepsilon'_1+\varepsilon''_2}{2}=\varepsilon$	用片较多，能够有效地消除轴力影响，测量两侧的纯弯曲应变，能提高测量精度$\sqrt{2}$倍
13	悬臂弯曲	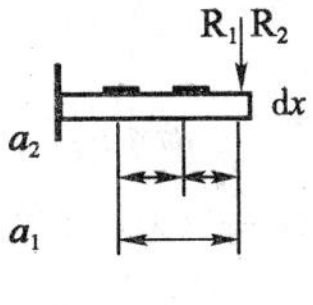 R_1 R_2 dx a_2 a_1	弯曲应变差	互为补偿片	半桥	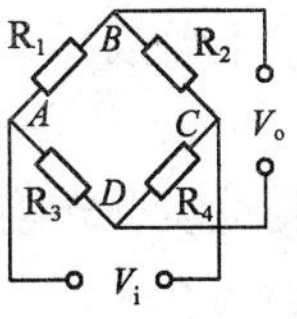 R_1 B R_2 A C V_o R_3 D R_4 V_i	两处弯曲应力差 $\varepsilon_r=\varepsilon_1-\varepsilon_2$	测试剪力专用方法。用片量较少，只能测量一侧弯曲应变，不能提高测量精度
14	悬臂弯曲	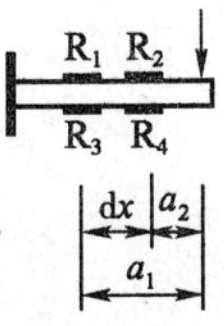 R_1 R_2 R_3 R_4 dx a_2 a_1	弯曲应变差	互为补偿片	全桥	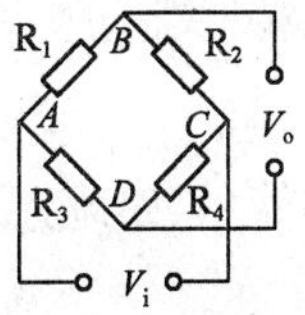 R_1 B R_2 A C V_o R_3 D R_4 V_i	两处弯曲应力差 $\varepsilon_r=2(\varepsilon_1-\varepsilon_2)$ 或 $\varepsilon_r=-2(\varepsilon_3-\varepsilon_4)$	测试剪力专用方法。用片量较多，可测量两侧弯曲应变，提高测量精度$\sqrt{2}$倍

续上表

序号	受力状态及贴片方法		测试项目	补偿技术	桥路接法		读数值与测试值的关系	桥路的特点
15	扭转		扭转应变	互为补偿片	半桥	同序号 13	$\varepsilon_r = \varepsilon_1 + \varepsilon_2 = 2\varepsilon$	测剪切应力专用方法。用片量较少，能消除轴力影响，提高测量精度$\sqrt{2}$倍
16	轴力与扭转		轴力应变	外设补偿片	半桥	同序号 3（应变片串联）	$\varepsilon_r = \frac{\varepsilon'_1 + \varepsilon''_2}{2} = \varepsilon$	用片较多，能够消除扭矩和偏心的影响，测量轴力应变，能提高测量精度$\sqrt{2}$倍
17	弯曲与扭转		弯曲应变	互为补偿片	半桥	同序号 13	$\varepsilon_r = \varepsilon_1 + \varepsilon_2 = 2\varepsilon$	用片较少，能够消除扭矩和偏心的影响，测量纯弯曲应变，能够提高测量精度$\sqrt{2}$倍
18	弯曲与扭转		扭转应变	互为补偿片	半桥	同序号 13	$\varepsilon_r = \varepsilon_1 + \varepsilon_2 = 2\varepsilon$	用片较少，能够消除弯曲和偏心的影响，测量纯扭转应变，能够提高测量精度$\sqrt{2}$倍

式中，Δl 以增加为正，表示得到拉应变，以减少为负，表示得到压应变。常用测量应变的位移方法有两种，一种是用手持应变仪测量，另一种是用百分表测量。

手持应变仪测量应变时，因其标距是定值，故选择性差。百分表测量应变时，因其标距的选择性好，常用于实际建筑结构、足尺试件的应变测量，读数既可用百分表，也可用千分表或其他电测位移传感器。

2. 频率法

钢弦式钢筋应变计是在土压力盒的基础上发展而来，其工作原理与弦乐器发声的原理一样，都是通过改变其弦的频率来实现的。一根弦在力的作用下，由原始状态被拉紧，其频率就发生改变。弦频率的变化量能够被专用的测试设备转换成电变量并输出或显示出来。通过事先的标定结果就能够计算钢筋所受力的大小。

土压力盒是通过埋设在所要测试的土体中进行测试的，钢弦式钢筋应变计是通过焊接在所要测试的钢筋上进行测试的，即在使用时钢弦式钢筋应变计就成为受力钢筋的一部分。钢弦式钢筋应变计的形状相当于一段钢筋，直径规格与钢筋规格一致。

钢弦式钢筋应变计使用方便，设备操作简单，是理想的检测方法之一。

3. 光测法

除了应变计和位移方法外，还可用光测法（云纹法、激光衍射法、光弹法）等测量应变。在建筑结构试验中,光测法较多应用于节点或构件的局部应力分析。

第四节 传感器的分类

一、传感器的分类

按照工作原理划分,传感器有机械式传感器、弱电式传感器、光式传感器、钢弦式传感器以及复合式传感器等。

按照功能划分,传感器有测力传感器、位移传感器、倾角传感器、裂缝观测仪、测振传感器(位移、速度与加速度)。

二、传感器的组成

传感设备的作用是感受所需要测量的物理量(或信号),按一定规律把它们转换成可以直接测读的形式直接显示,或者转换成电量的形式传输给相应的测量仪器。目前,建筑结构试验中较多采用的是将被测非电量转换成电量的电测传感器。

传感器由4个部分组成:感受装置、转换装置、显示装置和附属装置。

1.机械式传感器

机械式传感器利用机械原理进行工作,其四部分组成的特点是:

(1)感受装置:与测量对象接触,直接感受被测物理量的变化。

(2)转换装置:把感受到的变化转换成长度或角度等的变化,并且加以放大或缩小以及转向等。

(3)显示装置:用来显示被测变化量的大小,通常由指针和度盘等组成。

(4)附属装置:使仪器成为一个整体,并便于安装使用,包括外壳、耳环、安装夹具等。

机械式传感器通常不能进行数据传输,都需要带有显示装置。所以,机械式传感器是带有显示器的传感器。

2.电测传感器

电测传感器利用某种特殊材料的电学性能或某种装置的电学原理,把所需测量的非电量变化转换成电量变化,如力、应变、速度、加速度等转换成与之对应的电流、电阻、电压或电感、电容等。电测传感器四部分组成的特点是:

(1)感受装置:直接感受被测物理量的变化,它可以是一个弹性钢筒、一个悬臂梁或是一个简单的滑杆等。

(2)转换装置:把所感受到的物理量变化,转换成电量变化,如把应变转换成电阻变化的电阻应变片,把振动速度转换成电压变化的线圈磁钢组件,把力转换成电荷变化的压电晶体等。

(3)传输装置:把电量变化信号传输到放大器,或者记录器和显示器的导线(或称为电缆)以及相应的接插件等。

(4)附属装置:包括传感器的外壳、支架等。

电测传感器可以进一步按输出电量的形式分为:电阻应变式、磁电式、电容式、电感式、压电式等。

3. 其他传感器

除了机械式传感器和电测传感器外，还有红外线传感器、激光传感器、光纤维传感器、超声波传感器等，利用两种或两种以上原理进行工作的复合式传感器，以及能对信号进行处理和判断的智能传感器。

通常，传感器输出的电信号很微弱，在有些情况下，还需要按传感器的种类配置放大器，对信号进行放大处理，然后输送到记录器和显示器。放大器的主要功能就是把信号放大，它必须与传感器、记录器和显示器相匹配。

第五节　常用的传感设备

一、测力传感器

建筑结构试验中，测力传感器是用来测量建筑结构的作用力、支座反力的仪器。测力传感器主要有机械式和电测式两类，如图4-8所示。这些传感器的基本原理是用一弹性元件感受拉力或压力，这个弹性元件即发生与拉力或压力成相对关系的变形，用机械装置把这些变形按规律进行放大和显示即为机械式传感器，用电阻应变片把这些变形转变成电阻变化后再进行测量的即为应变式传感器。此外，还有利用压电效应制成的压电式传感器。

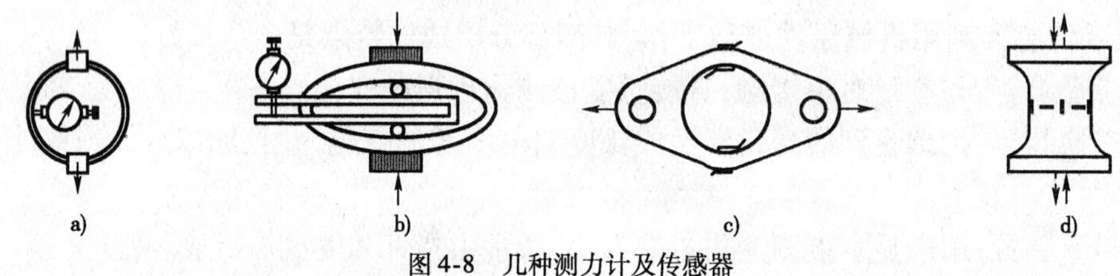

图4-8　几种测力计及传感器

a)钢环拉力计；b)环箍压力计；c)拉力传感器；d)拉压传感器

测量时，机械式传感器为直读仪器，可以直接从传感器上读到力值；应变式传感器应与应变仪或数据采集仪连接，从应变仪上读到应变值再换算成力值，也可由数据采集仪或通过数据采集仪接入计算机，自动换算成力值输出；压电式传感器应与电荷放大器连接，然后输给记录仪器等。

二、线位移传感器

线位移传感器(简称位移传感器)可用来测量建筑结构的位移和支座位移，它测到的位移是某一点相对另一点的位移，即测点相对于位移传感器支架固定点的位移。通常把传感器支架固定在试验台或地面的不动点上，这时所测到的位移表示测点相对于试验台座或地面的位移。

常用的位移传感器有机械式百分表、电子百分表、滑阻式传感器和差动电感式传感器，见图4-9。它们的工作原理是用一可滑动的测杆去感受线位移，然后把这个位移量用各种方法转换成表盘读数或电变量。

如机械式百分表，它用一组齿轮把测杆的滑动位移转换成指针的转动；电子百分表是通过弹簧把测杆的滑动转变为固定在表壳上的悬臂小梁的弯曲变形，再用应变片把这个弯曲变形转变成应变，用惠斯登电桥输出；滑阻式传感器是通过可变电阻把测杆的滑动转变成两个相邻桥臂的电阻变化，把位移转换成电压，用惠斯登电桥输出。

当位移值较大、测量要求不高时，可用水准仪、经纬仪及直尺等进行测量。

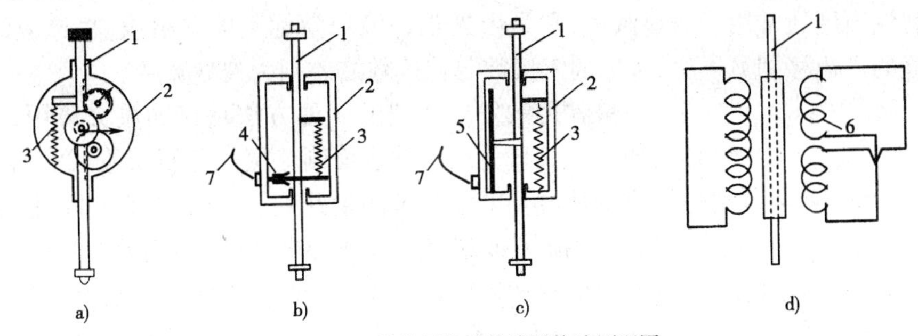

图 4-9　几种常用位移传感器构造原理图

a）百分表（千分表）；b）电子百分表；c）滑阻式位移传感器；d）差动式位移传感器

1-测杆；2-外壳；3-弹簧；4-电阻应变片；5-电阻丝；6-线圈；7-电缆

三、倾角传感器

倾角传感器附着在建筑结构上，随建筑结构一起发生位移。常用的倾角传感器有长水准管式倾角仪、电阻应变式倾角传感器及 DC-10 水准式倾角传感器，见图 4-10。它们的工作原理是以重力作用线为参考，以感受元件相对于重力线的某一状态为初值，当传感器随建筑结构一起发生角位移后，其感受元件相对于重力线的状态也随之改变，把这个相应的变化量用各种方法转换成表盘读数或电变量。

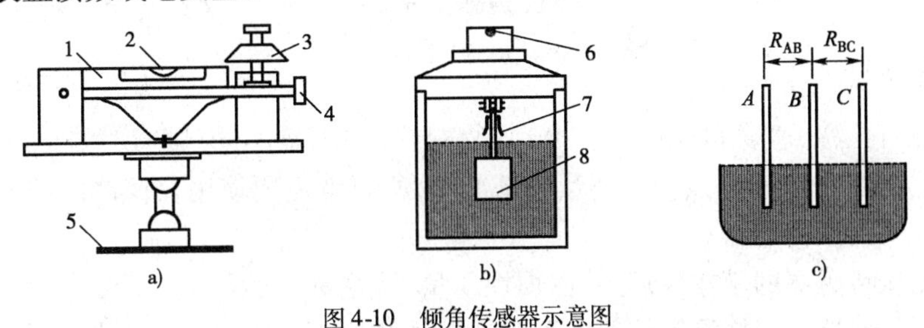

图 4-10　倾角传感器示意图

a）长水准式倾角测量仪；b）电阻应变式倾角传感器；c）DC-10 水准器工作原理

1-长水准管；2-水准泡；3-读数盘；4-测微轮；5-试件；6-圆水准器；7-电阻应片；8-质量块

长水准管式倾角仪，用一长水准管作为感受元件，与微调螺丝和度盘配合测量角位移；电阻应变式倾角传感器用梁式摆作为感受元件，由于摆的重力，摆上的梁将发生与角位移相应的弯曲变形，再用梁上的应变片把这个弯曲变形转换成应变输出；DC-10 水准式倾角传感器用液体摆来感受角位移，液面的倾斜将引起电极 A、B 间和 B、C 间的电阻发生相应改变，把电极 A、B 和 C 接入测量电桥，就可以得到与角位移相对应的电压输出。

四、裂缝观测仪

建筑结构试验中，建筑结构或构件裂缝的发生和发展，裂缝的位置和分布，长度和宽度，是反映建筑结构性能的重要指标。特别是混凝土结构、砌体结构等脆性材料组成的建筑结构，裂缝测量是一项必要的测量项目。

裂缝测量主要有三项内容：

（1）开裂，即裂缝发生的时刻和位置；

（2）度量，即裂缝的宽度和长度；

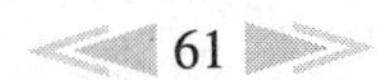

(3)走向,即裂缝发展的过程和趋势。

测量裂缝宽度通常用读数显微镜,它是由光学透镜与游标刻度等组成,将透镜的“+”字标点从裂缝的一边移到另一边,游标的末读数与初读数之差则为裂缝宽度。

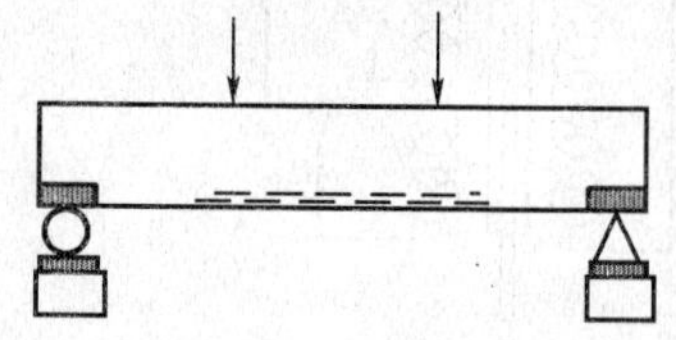

图4-11 利用应变片或导电漆膜观测裂缝示意图

最常用的发现开裂的简便方法是借助放大镜用肉眼观察,为便于观察可先在试件表面刷一层白色石灰浆或涂料。还可以用应变片或导电漆膜来测量开裂,在测区(图4-11中,梁的受拉区)连续搭接布置应变片或导电漆膜;当某处开裂时,该处跨裂缝的应变片读数就出现突变,或跨裂缝的漆膜就出现火花直至烧断,由此可以确定开裂。另一种方法是利用材料开裂时发射出声能的现象,将传感器布置在试件的表面或内部,通过声波的测量来确定开裂。

用塞尺测量裂缝宽度的方法已经很少使用;用印有不同宽度线条的裂缝标尺与裂缝对比的方法已经被淘汰。

光学显微裂缝观测仪的读数精确度高、体积小、便于携带,然而使用却不太方便,主要表现在裂缝在哪,设备就在哪,人和设备必须绕着裂缝转。

电子裂缝观测仪是现代电子技术发展的产物,通过摄像技术和电子传输技术把远处的或不方便观测的裂缝在一个带有刻度的显示屏上显示出来。很大程度上弥补了光学显微裂缝观测仪的缺陷,使人们能够将裂缝“拿”在手上观测。

五、测振传感器

1.测振传感器工作原理

振动参数有位移、速度和加速度。振动测量与静态测量不同,试验时难以在振动体附近(即仪器外部)找到一个静止点作为测量的基准点,所以就需要使用在仪器内部能够找到一个静止点的惯性式测振传感器。

惯性式测振传感器的基本原理为:由惯性质量、阻尼和弹簧组成一个动力系统,这个动力系统简称测振传感器。当把测振传感器固定在振动体表面与振动体一起振动,通过测量惯性质量相对于传感器外壳的运动,就可以得到振动体的振动(图4-12)。由于这是一种非直接的测量方法,所以,这个传感动力系统的动力特性对测量结果有很大的影响。

设被测振动体的振动规律如下:

$$x = X_0 \cdot \sin\omega t \tag{4-12}$$

式中:x——振动体相对固定参考坐标的位移;

X_0——振动体振动的振幅;

ω——振动体振动的圆频率。

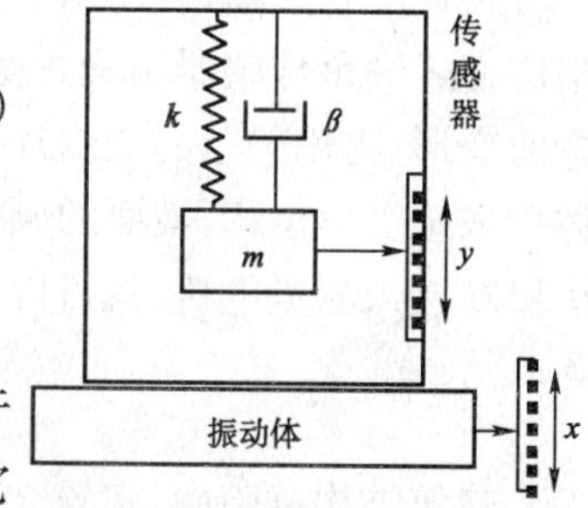

图4-12 测振传感器力学原理

传感器外壳随振动体一起运动。以 y 表示质量块 m 相对于传感器外壳的位移,由图4-9可知,质量块 m 的总位移为 $x+y$,它的运动方程为:

$$m \cdot \frac{d^2(x+y)}{dt^2} + c \cdot \frac{dy}{dt} + k \cdot y = 0 \tag{4-13}$$

或

$$m \cdot \frac{d^2y}{dt^2} + c \cdot \frac{dy}{dt} + ky = mX_0\omega^2 \cdot \sin\omega t \tag{4-14}$$

上式为一单自由度有阻尼的强迫振动的方程,它的通解为:

$$y=B\cdot e^{-nt}\cos\left(\sqrt{\omega^2-n^2}\cdot t+\alpha\right)+Y_0\cdot\sin(\omega t-\varphi) \tag{4-15}$$

其中,$n=\dfrac{c}{2m}$。

上式中第一项为自由振动解,由于阻尼而很快衰减;第二项为强迫振动解,其中

$$Y_0=\frac{X_0\left(\dfrac{\omega}{\omega_n}\right)^2}{\sqrt{\left(1-\left(\dfrac{\omega}{\omega_n}\right)^2\right)^2+4\xi^2\left(\dfrac{\omega}{\omega_n}\right)^2}},\varphi=\arctan\frac{2\xi\dfrac{\omega}{\omega_n}}{1-\left(\dfrac{\omega}{\omega_n}\right)^2} \tag{4-16}$$

式中:ξ——阻尼比,$\xi=\dfrac{n}{\omega_n}$;

ω_n——质量弹簧系统的固有频率,$\omega_n=\sqrt{\dfrac{k}{m}}$。

由式(4-15)可知,传感器动力系统的稳态振动为:

$$y=Y_0\cdot\sin(\omega t-\varphi) \tag{4-17}$$

2. 动态位移传感器

将式(4-17)与式(4-12)相比较,可以看出传感器中的质量块相对外壳的运动规律与振动体的运动规律一致,但两者相差一个相位角 φ。质量块的振幅 Y_0 与振动体的振幅 X_0 之比为:

$$\frac{X_0}{Y_0}=\frac{\left(\dfrac{\omega}{\omega_n}\right)^2}{\sqrt{\left(1-\left(\dfrac{\omega}{\omega_n}\right)^2\right)^2+4\xi^2\left(\dfrac{\omega}{\omega_n}\right)^2}} \tag{4-18}$$

式(4-18)和式(4-16)分别为测振传感器的幅频特性和相频特性,相应的曲线称为幅频特性曲线和相频特性曲线(图 4-13、图 4-14)。由特性曲线可知,当$\dfrac{\omega}{\omega_n}$较大时,即振动体的振动频率比传感器的固有频率大很多时,不管阻尼比的大小如何,$\dfrac{Y_0}{X_0}$趋近于 1,φ 趋近于 180°,表示质量块的振幅和振动体的振幅趋近于相等,而它们的相位趋于相反,这是测振传感器的理想状态。当$\dfrac{\omega}{\omega_n}$接近于 1 时,$\dfrac{Y_0}{X_0}$值随阻尼值的变化而作很大的变化,这一段的相位差 φ 随着$\dfrac{\omega}{\omega_n}$的变化而变化,表示仪器测出的波形有共振。当$\dfrac{\omega}{\omega_n}$较小,趋于零时,$\dfrac{Y_0}{X_0}$值也趋于零,频率 ω_n 与所测振动的频率 ω 相比尽可能小,即使$\dfrac{\omega}{\omega_n}$尽可能大。但是,降低传感器的固有频率有时会有困难,这时可以适当选择阻尼器的阻尼值来延伸传感器的频率下限。

以上讨论是关于测量位移的传感器,如果使传感器的固有频率远远大于所测振动体的频率,可以得到关于惯性式加速度传感器的频率特性。当 $\omega_n \geqslant \omega$ 时,由式(4-16)可得:

$$Y_0\approx X_0\cdot\left(\frac{\omega}{\omega_n}\right)^2,\varphi\approx 0 \tag{4-19}$$

所测振动的加速度为:

$$\frac{\mathrm{d}^2x}{\mathrm{d}t^2}=-X_0\cdot\omega^2\cdot\sin\omega t \tag{4-20}$$

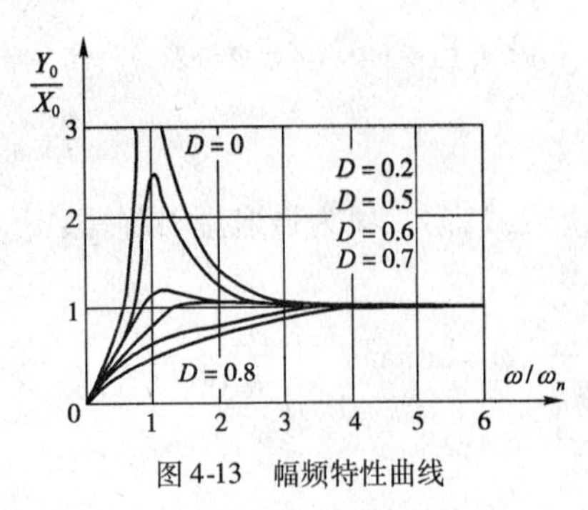

图 4-13　幅频特性曲线

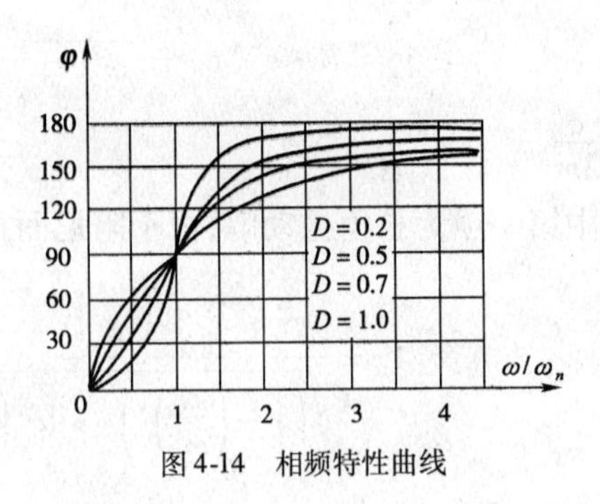

图 4-14　相频特性曲线

令 a_{m} 为所测振动加速度的幅值，$\alpha_m = X_0\omega^2$，由式(4-19)可知：

$$Y_0 \approx \frac{1}{\omega_n^2} \cdot a_m \tag{4-21}$$

上式表示传感器的位移幅值与被测振动体的加速度幅值成正比，这就是惯性式加速度传感器的工作原理。以$\frac{\omega}{\omega_n}$和 $Y_0\ \frac{\omega_n^2}{a_m}$为坐标轴，可得加速度传感器幅频特性曲线(图 4-15)。

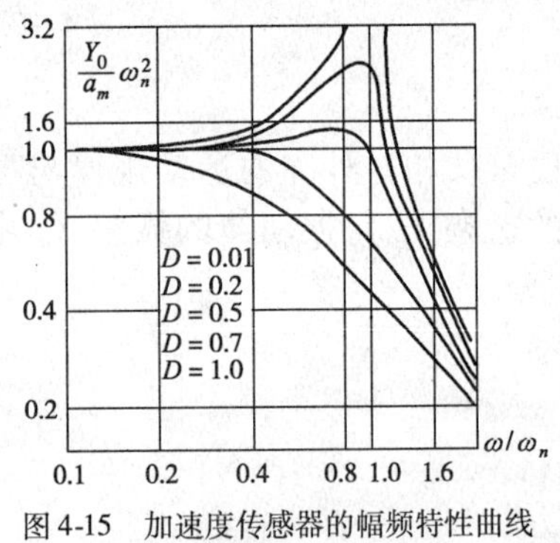

图 4-15　加速度传感器的幅频特性曲线

以上介绍的质量、弹簧和阻尼系统是测振传感器的感应部分，感应到的振动信号要通过各种转换方式转换成电信号，转换方式有磁电式、压电式、电阻应变式等。传感器所测的振动量通常是位移、速度和加速度等，按它们的转换方式和所测振动量可以分成很多种类，以下简要介绍磁电式速度传感器和压电式加速度传感器。

3. *磁电式速度传感器*

磁电式速度传感器是根据电磁感应的原理制成的，其特点是灵敏度高，性能稳定，输出阻抗低，频率响应范围有一定宽度，调整质量、弹簧和阻尼系统的动力参数，可以使传感器既能测量非常微弱的振动，也能测比较强的振动。

图 4-16 所示为磁电式速度传感器，其中，磁钢和壳体相固连，并通过壳体安装在振动体上，与振动体一起振动；芯轴和线圈组成传感器的系统质量，通过弹簧片(系统弹簧)与壳体连接。振动体振动时，系统质量与传感器壳体之间发生相对位移，因此线圈与磁钢之间也发生相对运动，根据电磁感应定律，感应电动势 E 的大小为：

$$E = Bnlv \tag{4-22}$$

其中，B 为线圈所在磁钢间隙的磁感应强度，n 为线圈匝数，l 为每匝线圈的平均长度，v 为线圈相对于磁钢的运动速度，即系统质量相对于传感器壳体的运动速度。从上式可以看出，对于传感器来说 Bnl 是常量，所以传感器的电压输出(即感应电动势)与相对运动速度成正比。

图 4-17 所示为摆式测振传感器，它的质量弹簧系统设计成转动的形式，因而可以获得更低的仪器固有频率。摆式传感器可以测垂直方向和水平方向的振动；它也是磁电式传感器，输出电压与相对运动速度成正比。

磁电式测振传感器的主要技术指标有：

(1)传感器质量弹簧系统的固有频率。它直接影响传感器的频率响应。固有频率取决于质量的大小和弹簧的刚度。

(2)灵敏度。灵敏度是指传感器在测振方向受到一个单位振动速度时的输出电压。

(3)频率响应。当所测振动的频率变化时,传感器的灵敏度、输出的相位差等也随之变化,这个变化的规律称为传感器的频率响应。对于一个阻尼值,只有一条频率响应曲线。

(4)阻尼。传感器的阻尼与频率响应有很大关系,磁电式测振传感器的阻尼比通常设成0.5～0.7。

磁电式速度传感器输出的电压信号一般比较微弱,需要用电压放大器进行放大。

4.压电式加速度传感器

从物理学知道,一些晶体材料当受到压力并产生机械变形时,在其相应的两个表面上出现异号电荷,当外力去掉后,晶体又重新回到不带电的状态,这种现象称为压电效应。压电式加速度传感器是利用晶体的压电效应而制成的,其特点是稳定性高、机械强度高及能在很宽的温度范围内使用,但灵敏度较低。

图4-18为压电式加速度传感器的结构原理,压电晶体片上是质量块,用硬弹簧将它们夹紧在基座上;质量弹簧系统的弹簧刚度由硬弹簧的刚度和晶体片的刚度组成,刚度很大,质量块的质量较小,因而质量弹簧系统的固有频率很高,可达数千赫兹,高的甚至可达100～200kHz。

由前面的分析可知,当传感器的固有频率远远大于所测振动的频率时,质量块相对于外壳的位移就反映所测振动的加速度,质量块相对于外壳的位移乘上晶体的刚度就是作用在晶体上的动压力,这个动压力与压电晶体两个表面所产生的电荷量(或电压)成正比,因此可以通过测量压电晶体的电荷量来得到所测振动的加速度。

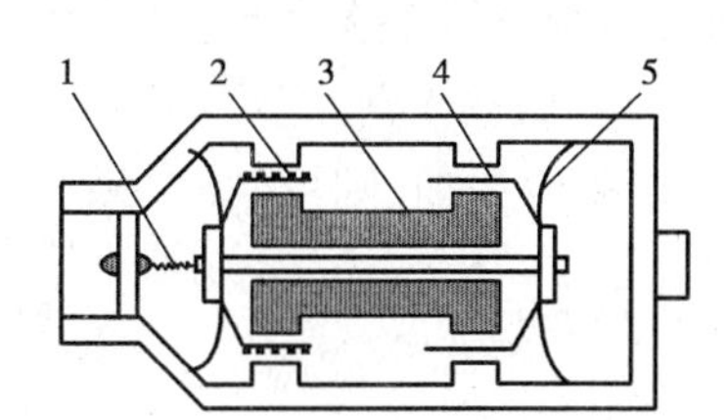

图4-16 磁电式速度传感器

1-信号输出;2-线圈;3-磁钢;4-阻尼器;5-弹簧片

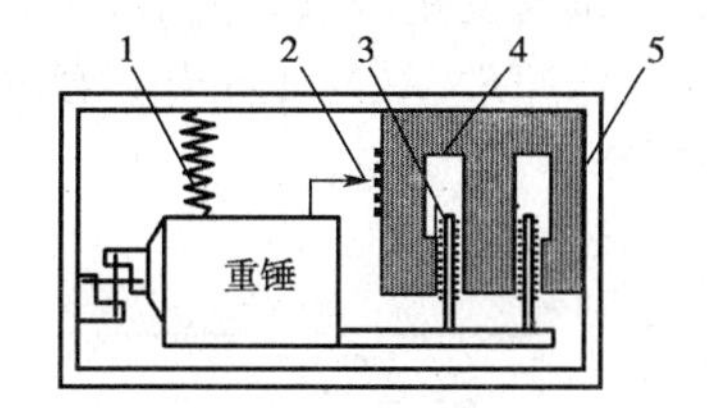

图4-17 摆式传感器

1-弹簧;2-信号输出;3-线圈;4-磁钢;5-外壳

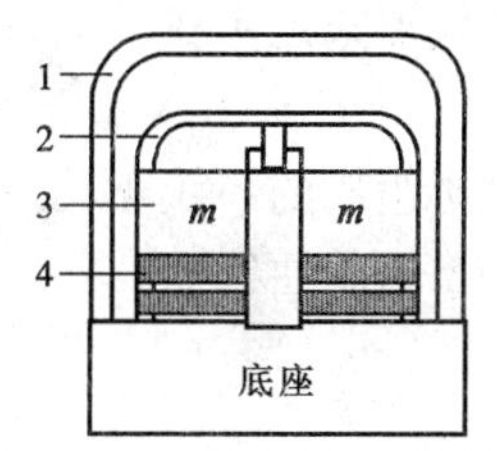

图4-18 加速度传感器原理

1-外壳;2-硬弹簧;3-质量块;4-压电晶体

压电式加速度传感器的主要技术指标如下:

(1)灵敏度。压电式加速度传感器有两种形式的灵敏度,电荷灵敏度和电压灵敏度(分别是单位加速度的电荷和电压)。传感器灵敏度取决于压电晶体材料特性和质量的大小。质量块越大,灵敏度越大,但使用频率范围越窄;质量块减小,灵敏度也减小,但使用频率范围加宽。选择压电式加速度传感器,要根据测试要求综合考虑。

(2)安装谐振频率。传感器牢固地装在一个有限质量体上(目前国际上公认的标准是取体积为1立方英寸,质量为180g)的谐振频率。压电式加速度传感器本身有一个固有谐振频率,但是传感器总是要通过一定的方式安装在振动体上,这样谐振频率就要受安装条件的影响。传感器的安装谐振频率与传感器的频率响应有密切关系,不良的安装方法会显著影响试验测试质量。

(3)频率响应。根据对测试精度的要求,通常取传感器安装谐振频率的1/5～1/10为测量频率上限,测量频率的下限可以很低,所以压电式加速度传感器的工作频率很宽。

(4)横向灵敏度比。横向灵敏度比是指传感器受到垂直于主轴方向振动时的灵敏度与沿主轴方向振动的灵敏度之比。在理想的情况下,传感器的横向灵敏度比应等于零。

(5)幅值范围。幅值范围是指传感器灵敏度保持在一定误差大小(通常在5% ~10%)时的输入加速度幅值的范围,也就是传感器保持线性的最大可测范围。

压电式加速度传感器用的放大器有电压放大器和电荷放大器两种。

第六节　试验记录方法

一、概　况

数据采集时,为了把数据保存、记录下来,必须使用记录器。记录器把这些数据按一定的方式记录在某种介质上,需要时可以把这些数据读出或输送给其他分析处理仪器。

数据的记录方式有两种:模拟式和数字式。从传感器传送到记录器的数据一般都是模拟量,模拟式记录就是把这个模拟量直接记录在介质上,数字记录则是把这个模拟量转换成数字量后再记录在介质上。模拟式记录的数据一般都是连续的,数字式记录的数据一般都是间断的。记录介质有普通记录纸、光敏纸、磁带、磁盘和数字光盘等。常用的记录器有 X-Y 记录仪、光线示波器、磁带记录仪、磁盘驱动器和光盘刻录器等。

二、X-Y 记 录 仪

X-Y 记录仪是一种常用的模拟式记录器,它用记录笔把试验数据以 X-Y 平面坐标系中的曲线形式记录在纸上,得到的是试验变量的关系曲线,或试验变量与时间的关系曲线。

图 4-19 为 X-Y 记录仪的工作原理,X、Y 轴各由一套独立的,以伺服放大器、电位器和伺服电机组成的系统驱动滑轴和笔滑块;用多笔记录时,将 Y 轴系统作相应增加,则可同时得到若干条试验曲线。

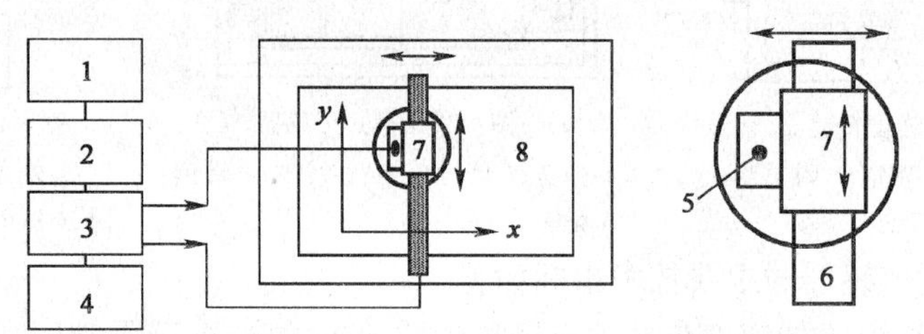

图 4-19　X-Y 记录仪工作原理

1-传感器;2-桥盒;3-应变仪;4-电源;5-绘图笔;6-大车;7-小车;8-记录仪

试验时,将试验变量 1 接通到 X 轴方向,将试验变量 2 接通到 Y 轴方向;试验变量 1 的信号使笔滑块沿 X 轴方向移动,试验变量 2 的信号使笔滑块沿 Y 轴方向移动,移动的大小和方向与信号一致,由此带动记录笔在坐标纸上画出试验变量 1 与试验变量 2 的关系曲线。如果在 X 轴方向输入时间信号,或使滑块或坐标纸沿 X 轴按规律匀速运动,就可以得到试验变量与时间的关系曲线。

对 X-Y 记录仪记录的试验结果进行数据处理,通常需要先把模拟量的试验结果数字化,用尺直接在曲线上量取大小,根据标定值按比例换算得到代表试验结果的数值。

三、磁带记录仪

磁带记录仪是一种常用的较理想的记录器,可以用于振动测量和静力试验的数据记录,它将电信号转换成磁信号并记录在磁带上，得到的是试验变量与时间的变化关系。

磁带记录仪由磁带、磁头、磁带传动、放大器和调制器等组成，它的原理见图4-20。记录时，从传感器来的信号输入到磁带记录仪，经过放大器和调制器的处理，通过记录磁头把电信号转换成磁信号，记录在以规定速度做匀速运动的磁带上。重放时，使记录有信号的磁带按一定速度做匀速运动，通过重放磁头从磁带"读出"磁信号，并转换成电信号，经过放大器和调制器的处理，输出给其他仪器。

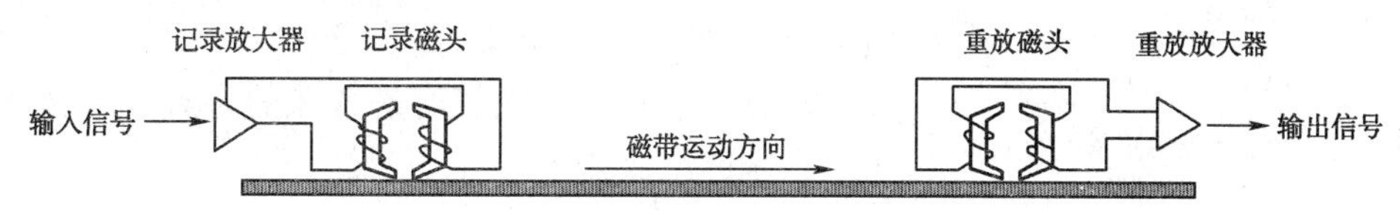

图4-20 直接记录式磁带记录仪原理图

磁带记录仪的记录方式有模拟式和数字式两种，对记录数据进行处理应采用不同的方法。用模拟式记录的数据，可通过重放，把信号输送给X-Y记录仪或光线示波器等；或者，用数字式记录的数据，可通过A/D转换，输送给计算机处理。

磁带记录仪的特点是：

(1)工作频带宽，可以记录从直流到2MHz的信号；

(2)可以同时进行多通道记录；

(3)可以快速记录、慢速重放，或慢速记录、快速重放，使数据记录和分析更加方便；

(4)通过重放，可以很方便地将磁信号还原成电信号，输送给各种分析仪器。

四、数据采集系统

1.数据采集系统的组成

数据采集系统的硬件由三个部分组成：传感器、数据采集仪和计算机(控制器)。

(1)传感器部分包括各种电测传感器，其作用是感受各种物理变量。传感器输出的电信号可以直接或间接(通过放大器后)输入数据采集仪。

(2)数据采集仪部分包括：

①接线模块和多路开关，其作用是与相对应的传感器连接，并对各个传感器进行扫描采集；

②A/D、D/A转换器，实现模拟量与数字量之间的转换；

③单片机，其作用是按照事先设置的指令来控制整个数据采集仪，进行数据采集；

④储存器，能存放指令、数据等；

⑤其他辅助部件，如外壳、I/O接口等。

数据采集仪的作用是采集数据，并将数据传送给计算机。

(3)计算机部分包括：主机、显示器、存储器、打印机、绘图仪和键盘等。计算机的主要作用是作为整个数据采集系统的控制器，控制整个数据采集过程。在采集过程中，通过数据采集程序的运行，计算机对数据采集仪进行控制，对数据进行计算处理。

数据采集系统可以对大量数据进行快速采集、处理、分析、判断、报警、直读、绘图、储存、试验控制和人机对话等，还可以进行自动化数据采集和试验控制，它们的采样速度可高达每秒几万个数据或更多。目前国内外数据采集系统的种类很多，按其系统组成的模式大致可分为以下几种：

①大型专用系统将采集、分析和处理功能融为一体，具有专门化、多功能的特点。

②分散式系统由智能化前端机、主控计算机、数据通信及接口等组成，其特点是前端可靠近测点，消除了长导线引起的误差，并且稳定性好、传输距离长、通道多。

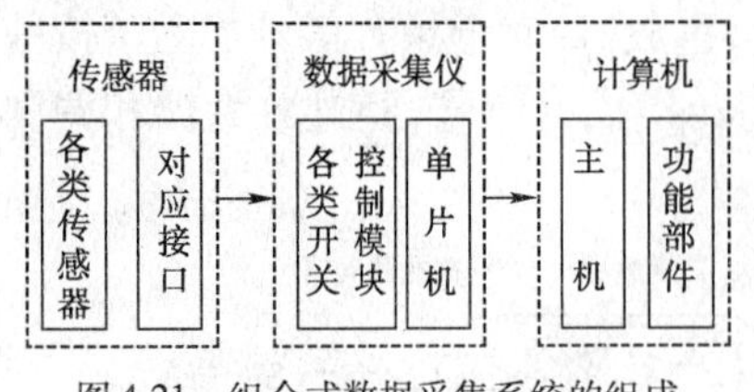

图 4-21　组合式数据采集系统的组成

③小型专用系统以单片机为核心，小型、便携、用途单一、操作方便、价格低，适用于现场试验时的测量。

④组合式系统。这是一种以数据采集仪和微型计算机为中心，按试验要求进行配置组合成的系统，它适用性广、价格便宜，是一种比较容易普及的形式。组合式数据采集系统的组成如图 4-21 所示。

2. 数据采集过程

采用数据采集系统进行数据采集，数据的流通过程如图 4-22 所示。数据采集过程的原始数据是反映试验对象状态的物理量，如力、温度、线位移、角位移等。这些物理量先通过传感器被系统扫描采集，再通过 A/D 转换变成数字量，然后通过系数换算，翻译成代表原始物理量的数值，最后，把这些数值打印输出或存入磁盘或暂时存在数据采集仪的内存。

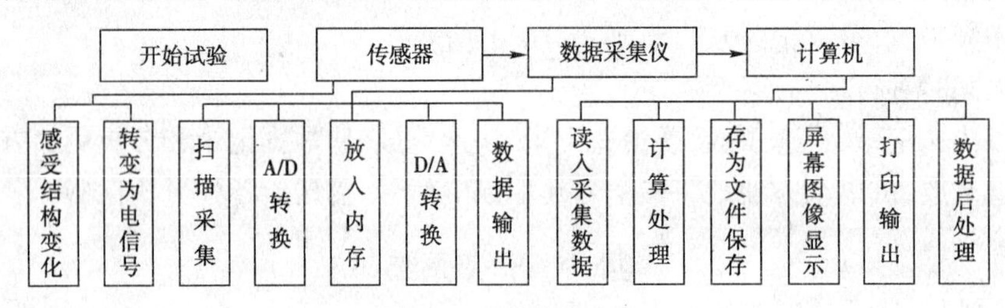

图 4-22　数据流通过程

所采集的数据通过计算机的接口送入计算机，由计算机对这些数据进行处理，如把力换算成应力等；计算机把处理后的数据存入文件或打印输出，并可以选择其中部分数据显示在屏幕上，如位移与荷载的关系曲线等。

数据采集过程受数据采集程序的控制，数据采集程序主要由两部分组成，第一部分的作用是数据采集的准备，第二部分的作用是正式采集。程序的运行有 6 个步骤，分别为启动采集程序、采集准备、采集初读数、采集待命、执行采集、终止程序运行。

数据采集过程结束后，所有采集到的数据都存在磁盘文件中，数据处理时可直接从这个文件中读取。各种数据采集系统所用的数据采集程序有：

(1)生产厂商为该采集系统编制的专用程序，常用于大型专用系统；

(2)固化的采集程序，常用于小型专用系统；

(3)利用生产厂商提供的软件工具，用户自行编制的采集程序，主要用于组合式系统。

习　题

1. 衡量仪器性能的主要指标有哪些？

2. 电阻应变片的工作原理是什么？

3. 测力计的一般原理是什么？

4. 如图 4-23 所示，一钢筋混凝土梁用集中荷载进行鉴定性检测，当荷载 $P=40\text{kN}$ 时，位移计数 $\Delta u_1=0.02\text{mm}$，$\Delta u_r=0.04\text{mm}$，$\Delta u_m=1.30\text{mm}$；当荷载 P 达到正常使用短期荷载检测值时，位移计数读数 $\Delta u_l=0.10\text{mm}$，$u_r=0.12\text{mm}$，$\Delta u_m=10.16\text{mm}$。已知测点偏离支座轴线 9cm，

试件跨度 $L=3\text{m}$，自重 0.5kN/m，求加载量为正常使用短期荷载检测值时的跨中实测挠度（11.11mm）。

5. 对图4-24所示结构布置适当的应变测点测量内力，用符号“－”表示应变片。

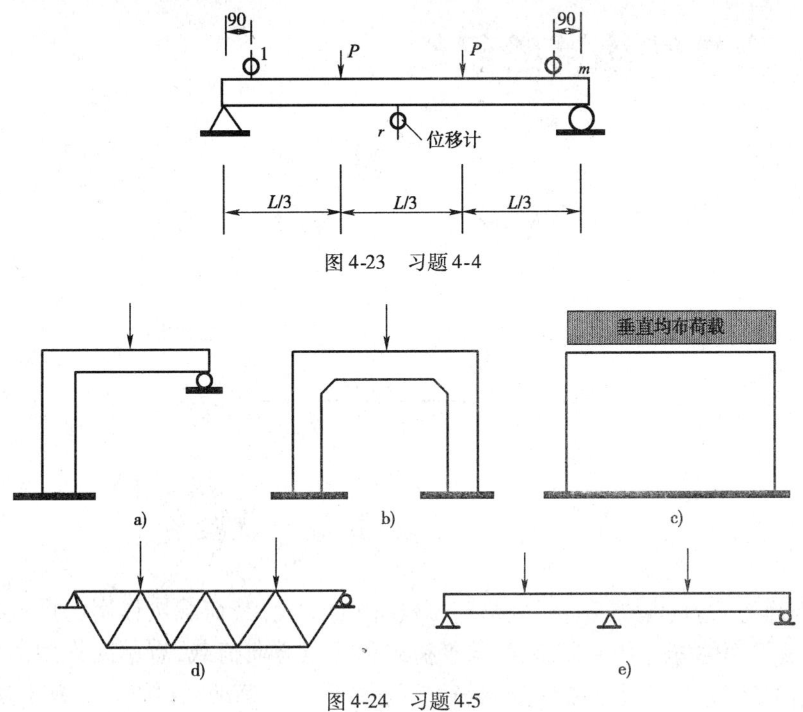

图4-23　习题4-4

图4-24　习题4-5

a）刚架；b）框架；c）墙板；d）桁架；e）连续梁

第五章 建筑结构试验组织

DIWUZHANG

第一节　单调加载静力试验

单调加载静力试验是建筑结构静载试验最典型的试验，其荷载按作用的形式有集中荷载和均布荷载；按作用的方向有垂直荷载、水平荷载和任意方向荷载，有单向作用和双向反复作用荷载等。根据试验目的不同，单调加载静力试验要能够正确地在试件上呈现上述荷载。

一、荷载图式的选择与设计

试验荷载在试验结构构件上的布置形式（包括荷载的类型、分布方式等）称为荷载图式。为了使试验结果与理论计算便于比较，加载图式应与理论计算简图相一致，如计算简图为均布荷载，加载图式也应为均布荷载；计算简图为集中荷载，则加载图式也应为简图的集中荷载大小、数量及作用位置。

当对试验结构原有设计计算所采用的荷载图式的合理性有所怀疑时，经过认真分析后，在试验荷载设计时可采用某种更接近于结构实际受力情况的荷载布置方式。

在不影响结构工作和试验成果分析的前提下，由于受试验条件的限制和为了加载的方便，可以改变加载图式，要求采用与计算简图等效的荷载图式。

例如，当试验承受均布荷载的梁或屋架时，为了试验的方便和减少加载用的荷载量，常用几个集中荷载来代替均布荷载，但是集中荷载的数量和位置应尽可能使结构所产生的内力值与均布荷载所产生的内力值符合，由于集中荷载可以很方便地用几个液压加载器或杠杆产生，这样不仅可以简化试验装置，还可以大大减小试验加载的工作量。采用这样的方法时，试验荷载的大小要根据相应等效条件换算得到，因此叫做等效荷载。

二、试验荷载制度

试验荷载制度指的是试验进行期间荷载与时间的关系。正确制定试验的加载制度和加载程序，才能够正确了解结构的承载能力和变形性质，才能将试验结果相互进行比较。

荷载制度包括两个方面的内容：一个是加荷卸荷的程序；另一个是加荷卸荷的大小。

1. 荷载程序

荷载种类和加载图式确定后，还应按一定程序加载。荷载程序可以有多种，根据试验的目的、要求来选择，一般结构静力试验的加载分为预载、标准荷载（正常使用荷载）、破坏荷载三个阶段。每次加载均采用分级加载制，卸荷有分级卸荷和一次性卸荷两种。图5-1所示就是静力试验荷载程序（也称荷载谱）。

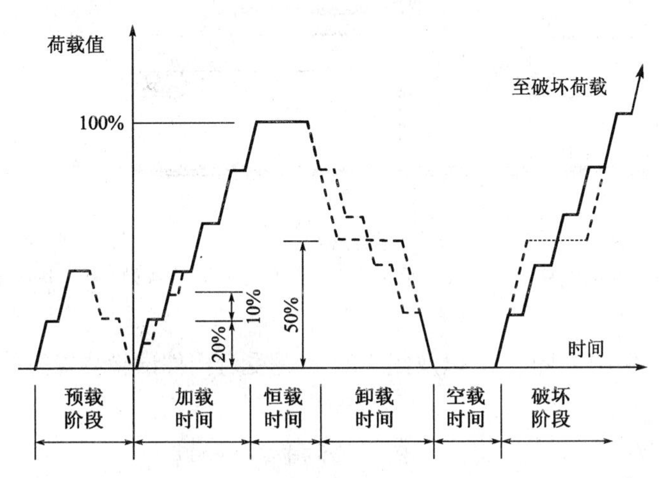

图5-1　单调静力荷载试验加载程序

有的试验只加到标准荷载，试验后试件还可使用，现场结构或构件试验常用此法进行；有的试验，当加载到标准荷载恒载后，不卸载即直接进入破坏阶段。

试验荷载分级加（卸）的目的主要是为了方便控制加（卸）载速度和观测分析结构的各种变化，也为了统一各点加载的步调。

2. 荷载大小

在试验的不同阶段有不同的试验荷载值。对于预载试验，通过预载可以发现一些潜在问题，并把它解决在正式试验之前，也是正式试验前进行的一次演习，对保证试验工作顺利具有重要意义。

预载试验一般分三级，每级不超过标准荷载值的20%。然后分级卸载，2～3级卸完。加（卸）一级，停歇10min。对混凝土等脆性材料，预载值应小于计算发裂荷载值。

对于标准荷载试验，每级加载值宜取标准荷载的20%，一般分五级加到标准荷载。

对于破坏试验，在标准荷载之后，每级荷载不宜大于标准荷载的10%；当荷载加到计算破坏荷载的90%后，为了求得精确的破坏荷载值，每级应取不大于标准荷载的5%；需要做抗裂检测的结构，加载到计算开裂荷载的90%后，也应改为不大于标准荷载的5%施加，直至第一条裂缝出现。

凡间断性加载的试验，均要有卸载的过程，让结构、构件有恢复弹性变形的时间。

卸载一般可按加载级距进行，也可以加载级距的2倍或分两次卸完。测残余变形应在第一次逐级加载到标准荷载完成恒载，并分级卸载后，再空载一定时间：钢筋混凝土结构应大于1.5倍标准荷载的加载恒载时间；钢结构应大于30min；木结构应大于24h。

对于预制混凝土构件，在进行质量检验评定时，可执行《预制混凝土构件质量检验评定标准》的规定。一般混凝土结构静力试验的加载程序可执行《混凝土结构试验与检测方法标准》的规定。对于结构抗震试验则可按《建筑抗震试验方法规程》的有关规定进行设计。

三、试 验 装 置

梁（板）或屋架等受弯构件以及柱（墙）等受压构件的试验装置简图如图 5-2 和图 5-3 所示。

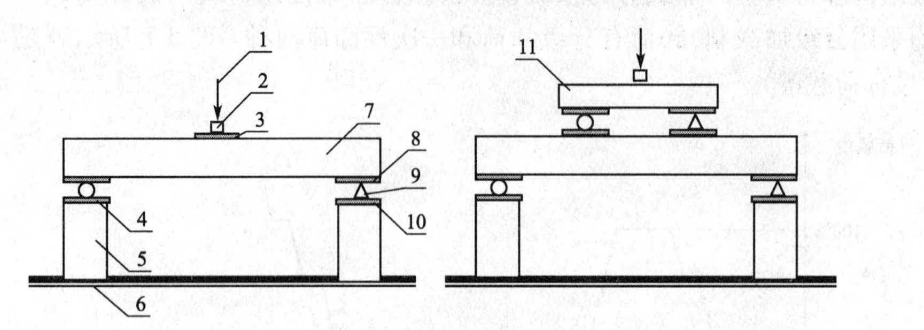

图 5-2　受弯构件试验装置示意图

1-荷载；2-荷载传感器；3、4、8、10-垫块；5-支墩；6-承载台；7-试件；9-支座；11-分配梁

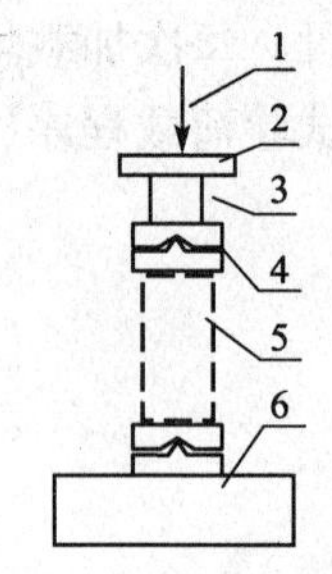

图 5-3　受压构件试验装置示意图

1-荷载；2-垫块；3-荷载传感器；4-支座；5-试件；6-承载台

图 3-1、图 3-2、图 3-19、图 3-22 以及图 3-23 都是受弯构件试验装置的示意图。

第二节　伪静力试验

进行结构低周反复加载静力试验的目的，首先是研究结构在地震荷载作用下的恢复力特性，确定结构构件恢复力的计算模型。通过低周反复加载试验所得的滞回曲线和曲线所包的面积求得结构的等效阻尼比，衡量结构的耗能能力。从恢复力特性曲线尚可得到与一次加载相接近的骨架曲线及结构的初始刚度和刚度退化等重要参数，其次是通过试验可以从强度、变形和能量等三个方面判别和鉴定结构的抗震性能，第三是通过试验研究结构构件的破坏机理，为改进现行抗震设计方法和修改规范提供依据。

采用低周反复加载静力试验的优点是在试验过程中可以随时停止下来，不定期观察结构的开裂和破坏状态，便于检验校核试验数据和仪器的工作情况，并可按试验需要修正和改变加载程序。其不足之处在于试验的加载程序是事先由研究者主观确定的，与地震记录不发生关系，由于荷载是按力或位移对称反复施加，因此与任一次确定性的非线性地震反应相差很远，不能反映出应变速率对结构的影响。

一、单向反复加载制度

目前国内外较为普遍采用的单向反复加载方案有控制位移加载、控制作用力加载以及控制作用力和控制位移的混合加载三种方法。

1. 控制位移加载法

控制位移加载法是目前在结构抗震恢复力特性试验中使用得最普遍和最多的一种加载方案。这种加载方案是在加载过程中以位移为控制值，或以屈服位移的倍数作为加载控制值。这里位移的概念是广义的，可以是线位移，也可以是转角、曲率或应变等参数。

当试验对象具有明确屈服点时，一般都以屈服位移的倍数为控制值。当构件不具有明确的屈服点时（如轴力大的柱子）或干脆无屈服点时（如无筋砌体），则只好由研究者主观制定一个认为恰当的位移标准值来控制试验加载。

对于变幅加载,控制位移的变幅加载如图5-4所示。图中纵坐标是延性系数μ或位移值,横坐标为反复加载的周次,每一周以后增加位移的幅值。当对一个构件的性能不太了解时,作为探索性的研究,或者在确定恢复力模型时,用变幅加载来研究强度、变形和耗能的性能。

对于等幅加载,控制位移的等幅加载如图5-5所示。这种加载制度在整个试验过程中始终按照等幅位移施加,主要用于研究构件的强度降低率和刚度退化规律。

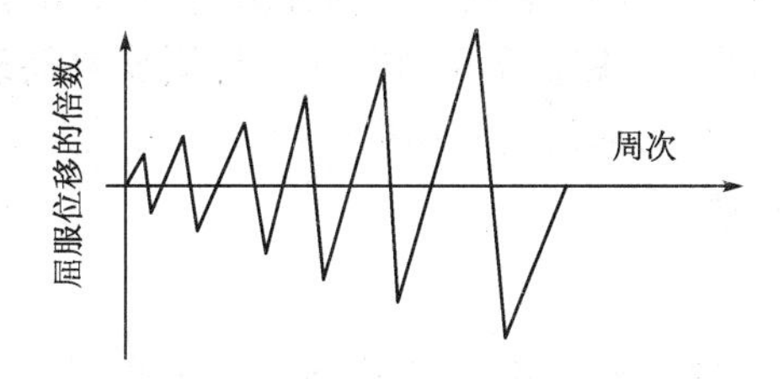

图5-4　控制位移的变幅加载制度

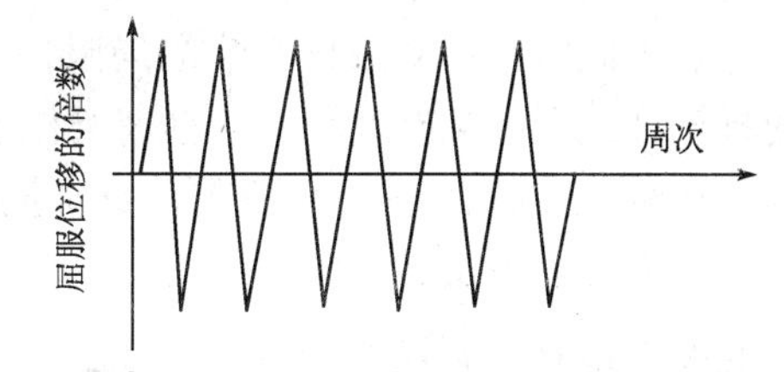

图5-5　控制位移的等幅加载制度

对于变幅等幅混合加载,位移混合加载制度是将变幅、等幅两种加载制度结合起来,如图5-6所示。这样可以综合地研究构件的性能,其中包括等幅部分的强度和刚度变化,以及在变幅部分特别是大变形增长情况下强度和耗能能力的变化。在这种加载制度下,等幅部分的循环次数可随研究对象和要求不同而异,一般可从2次到10次不等。

图5-7所示的也是一种位移混合加载制度,在两次大幅值之间有几次小幅值的循环,这是为了模拟构件承受二次地震冲击的影响,其中用小循环加载来模拟余震的影响。

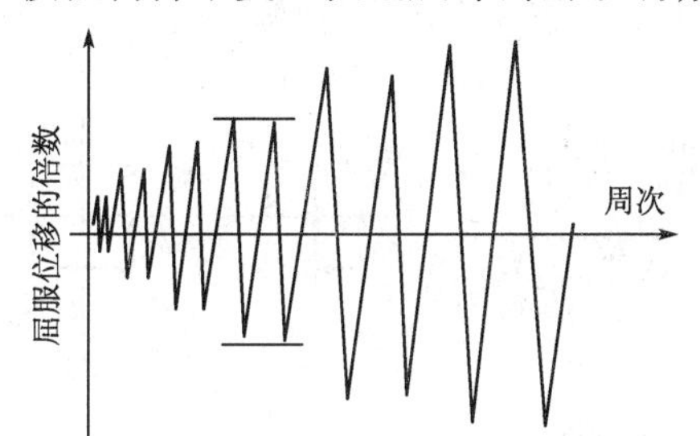

图5-6　控制位移的变幅等幅混合加载制度

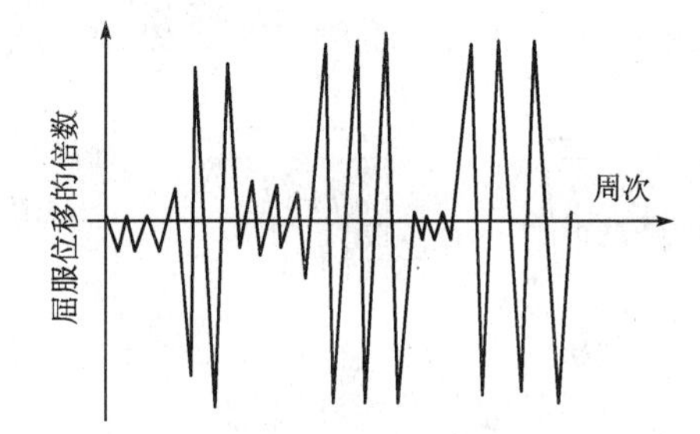

图5-7　一种专门设计的变幅等幅混合加载制度

由于试验对象、研究目的要求的不同,国内外学者在他们所进行的试验研究工作中采用了各种控制位移加载的方法,通过恢复力特性试验以研究和改进构件的抗震性能,在上述三种控制位移的加载方案中,以变幅等幅混合加载的方案使用得最多。

2. 控制作用力加载法

控制作用力的加载方法是通过控制施加于结构或构件的作用力数值的变化来实现低周反复加载的要求。控制作用力的加载制度如图5-8所示。纵坐标为施加的力的值,横坐标为加卸载的周数。由于它不如控制位移加载那样直观地可以按试验对象的屈服位移的4倍来研究结构的恢复特性,所以在实践中这种方法使用较少。

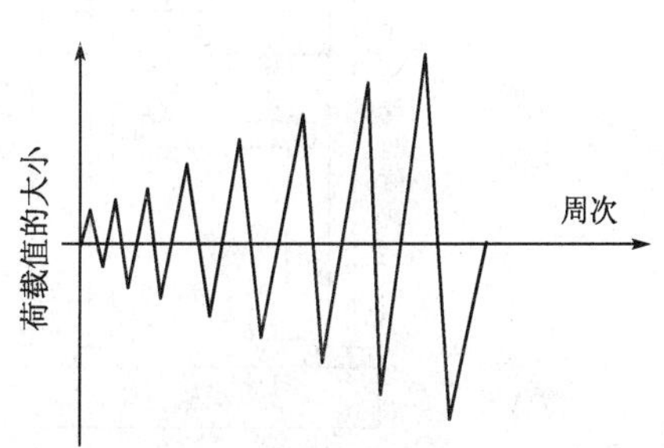

图5-8　控制作用力的加载方案

3. 控制作用力和控制位移的混合加载法

力和位移混合加载法是先控制作用力再控制位移加载。先控制作用力加载时,不管实际位移是多少，一般是结构开裂后才逐步加载，一直加到屈服荷载，再用位移控制。开始施加位移时要确定一标准位移，它可以是结构或构件的屈服位移，在无屈服点的试件中标准位移由研究者自定数值。在转变为控制位移加载开始，即按标准位移值的倍数 μ 值控制，直到结构破坏。

二、双向反复加载制度

为了研究地震对结构构件的空间组合效应，克服结构构件采用单方向加载时不考虑另一方向地震力同时作用对结构影响的局限性，可在 X、Y 两个主轴方向同时施加低周反复荷载。如对框架柱或压杆的空间受力和框架梁柱节点两个主轴方向所在平面内采用梁端加载方案施加反复荷载试验时，可采用双向同步或非同步的加载制度。

1. *X*、*Y* 轴双向同步加载

与单向反复加载相同，低周反复荷载作用在与构件截面主轴成 α 角的方向作斜向加载，使 X、Y 两个主轴方向的分量同步作用。

反复加载同样可以是控制位移、控制作用力和两者混合控制的加载制度。

2. *X*、*Y* 轴双向非同步加载

非同步加载是在构件截面的 X、Y 两个主轴方向分别施加低周反复荷载。由于 X、Y 两个方向可以不同步的先后或交替加载，因此，它可以有如图 5-9 所示的各种变化方案。图 5-9a）是在 X 轴不加载，Y 轴反复加载，或情况相反，即是前述的单向加载；图 5-9b）是 X 轴加载后保持恒定，Y 轴交替反复加载；图 5-9c）为 X、Y 轴先后反复加载；图 5-9d）为 X、Y 两轴交替反复加载；图 5-9e）的 8 字形加载或图 5-9f）的方形加载等。

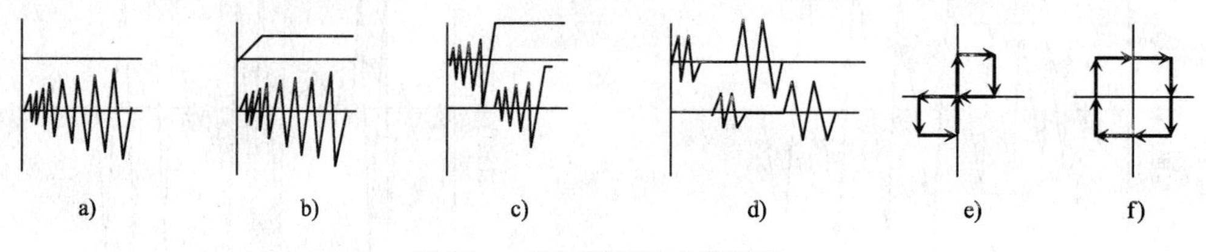

图 5-9　双向低周反复加载制度

当采用由计算机控制的电液伺服加载器进行双向加载试验时，可以对某一结构构件在 X、Y 轴两方向成 90°作用，实现双向协调稳定的同步反复加载。

三、试 验 装 置

几种比较典型的伪静力试验装置示意图如图 5-10 所示。

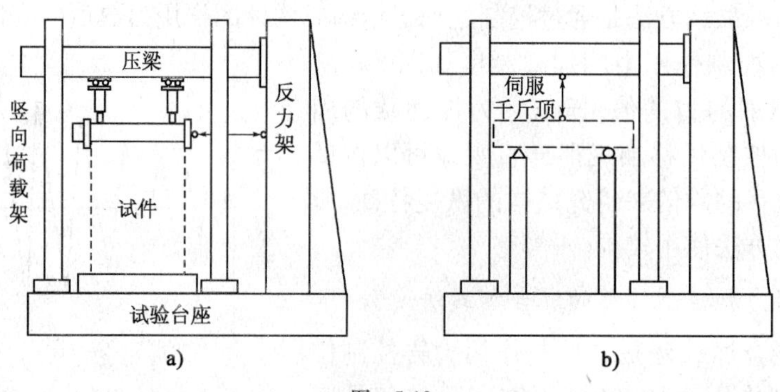

图　5-10

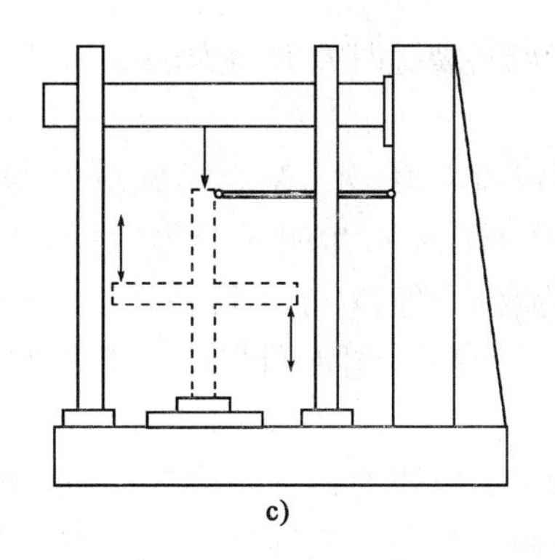

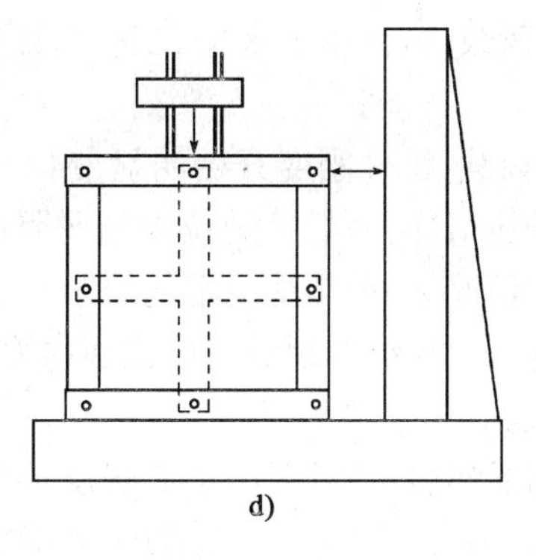

图 5-10　几种典型的伪静力试验加载装置

a)墙体试验装置;b)梁的试验装置;c)框架节点试验装置;d)测 $P—\Delta$ 效应的节点试验装置

四、几个常用的概念

结构伪静力试验的主要目的是研究结构在经受模拟地震作用的低周反复荷载后的力学性能和破坏机理。随着非线形地震反应分析的发展,特别要研究结构构件进入屈服和非线形阶段的有关性能。伪静力试验的结果通常是由荷载—变形的滞回曲线以及有关参数来表达的,它们是研究结构抗震性能的基本数据,可用以进行结构抗震性能的评定,也可以从结构的强度、刚度、延性、退化率和能量耗散等方面进行综合分析,判断结构构件是否具有良好的恢复力特性,是否有足够的承载能力和一定的变形及耗能能力来抵御地震作用。通过这些指标的综合评定,可以相对比较各类结构、各种构造和加固措施的抗震能力,建立和完善抗震设计理论,提出合适的设计方法。

1. 滞回曲线

滞回曲线是结构伪静力试验中,以试验荷载为纵坐标,以结构变形为横坐标的连续曲线。图 5-11 就是某结构的滞回曲线。

2. 结构荷载

结构强度也是伪静力试验的一项主要指标。结构构件的骨架曲线如图 5-12 所示,伪静力试验中各阶段强度指标包括如下 4 种:

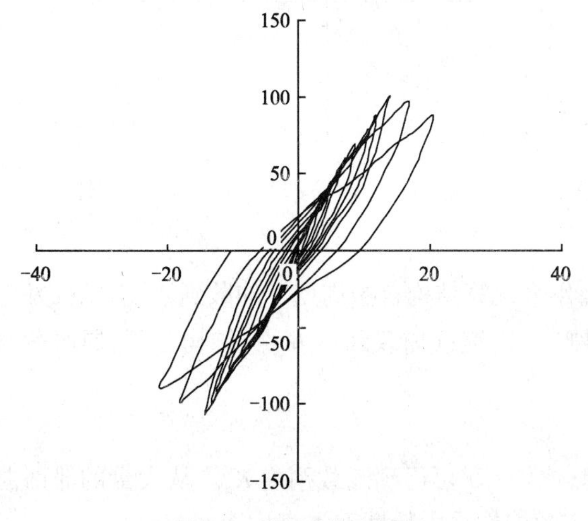

图 5-11　滞回曲线示意图

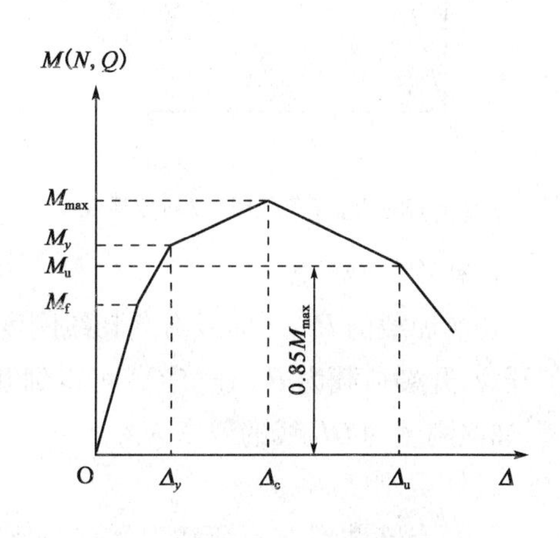

图 5-12　骨架曲线上各阶段荷载指标

(1)开裂荷载:试件出现水平裂缝、垂直裂缝或斜裂缝时截面内力(M_f,N_f,V_f)或应力(σ_f,τ_f)值。

(2)屈服荷载:试件刚度开始明显变化时的截面内力(M_y,N_y,V_y)或应力(σ_y,τ_y)值。对于受弯和大偏压情况,一般是受拉主筋屈服(曲率或挠度产生明显变化)时的截面内力值;对于受剪或受扭情况,一般是受力箍筋屈服时的截面内力值;对于小偏心受压或受轴压短柱,可以认为是混凝土出现纵向裂缝时的截面内力值;对于钢筋锚固,可以认为是出现纵向劈裂时的内力或应力值。

对于有明显屈服点的试件,屈服强度可由 $M—\Delta$ 曲线的拐点来确定。如果没有明显的屈服点,如图 5-13 所示,则 M_y 和 Δ_y 的坐标就很难确定。在非线形计算中可采用内力—变形曲线的能量等效面积法近似确定折算屈服强度。即从曲线原点作切线 OH 与通过最大荷载点 G 的水平线相交于 H 点,过 H 作垂直线在 $M—\Delta$ 曲线上交于点 I,连接 OI 延长后与 HG 相交于 H'点,过 H'点作垂线在 $M—\Delta$ 曲线上相交于 B 点,B 点即为假定的屈服点,由此确定 M_y 和 Δ_y。

(3)极限荷载:指试件达到最大承载能力时的截面内力(M_{max},N_{max},V_{max})或应力(σ_{max},τ_{max})值。

(4)破损荷载:试件经历最大承载力后,达到某一剩余承载能力时的截面内力(M_u,N_u,V_u)或应力(σ_u,τ_u)值。现今试验标准和规程规定可取极限荷载的 85%。

3. 结构刚度

从伪静力试验所得到的 $P—\Delta$ 曲线可以看到,刚度和位移及加载周次都有关系,并一直在变化之中。为了研究问题,可以用割线刚度替代切线刚度。在非线性恢复力特性中,由于有加载、卸载、反向加载及卸载以及重复加载等情况,再加上刚度退化等,问题要比一次加载复杂得多(见图 5-14)。

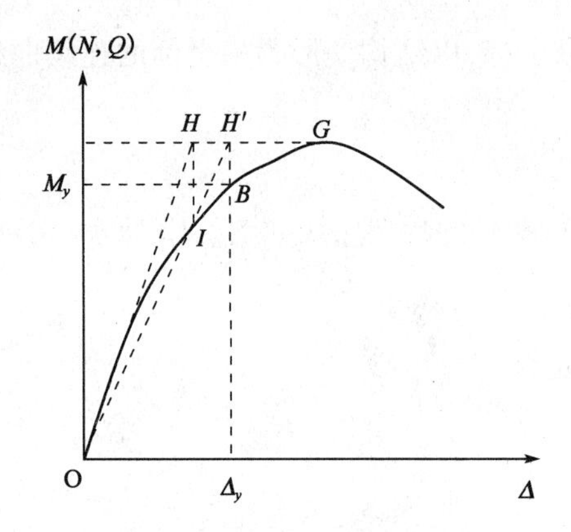

图 5-13　用能量等效面积法确定屈服强度

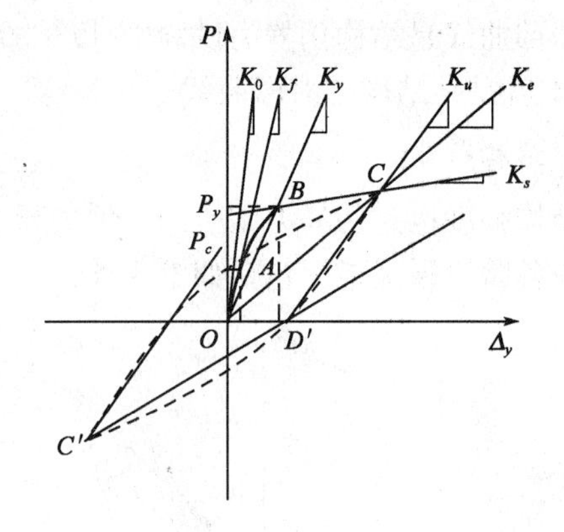

图 5-14　结构反复加载各阶段的刚度变化

1)初次加载速度

初次加载的 $P—\Delta$ 曲线有一切线刚度 K_0,用来计算结构自振周期。加载到 A 点,结构发生了开裂,开裂荷载为 P_c,连接 OA 可得到开裂刚度 K_f,继续加载到达 B 点,结构屈服,屈服荷载 P_y,屈服刚度为 OB 线的斜率 K_y。

2)卸载刚度

从 C 点卸载到 D 点荷载为零有一个过程,连接 CD 可得到卸载刚度 K_u。从大量的滞回曲线看,卸载刚度接近于开裂刚度或屈服刚度,它随构件受力特性和本身构造而变化。

3)反向加载、卸载刚度和重复加载刚度

(1)从 D 点到 C' 点反向加载刚度要受到许多因素的影响,如开裂受压后裂缝闭合,钢材的包辛格效应等,并且刚度随循环次数增加而不断降低。

(2)从 C' 点到 D' 点反向卸载,由于结构的对称性,和 CD 段刚度比较接近。

(3)从 D' 点正向反复加载时,构件刚度随循环次数增加而不断降低,具有和 DC' 段相似的特点。

4)等效刚度

在这一循环下,连接 OC,可以得到作为等效线性体系的等效刚度 K_e,等效刚度 K_e 随循环次数而不断降低。

4. 骨架曲线

在伪静力试验所得荷载—变形滞回曲线中,取所有每一级荷载第一次循环的峰点(卸载顶点)连接的包络线作为骨架曲线(见图 5-15),它是每次循环的荷载—变形曲线达到最大峰点的轨迹。从图上可以看出,骨架曲线的形状,大体上和单次加载曲线相似而极限荷载略低一些。

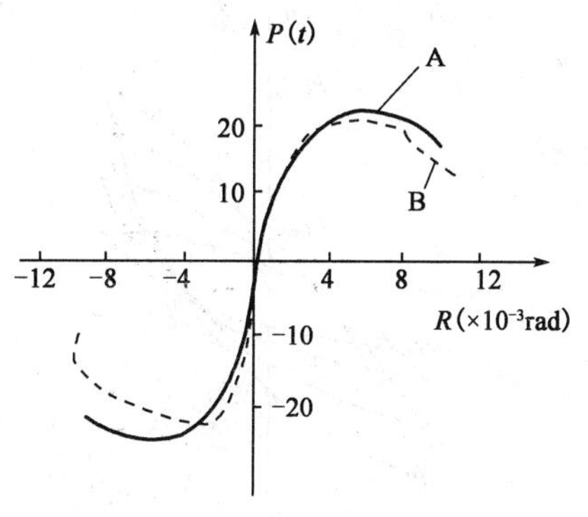

图 5-15 结构骨架曲线

A-一次加载;B-反复加载

5. 延性系数

延性系数反映结构构件的变形能力,是评价结构抗震性能的一个重要指标。在伪静力试验所得的骨架曲线上,结构破坏时的极限变形和屈服时的屈服变形之比称为延性系数,即:

$$\mu = \frac{\Delta_u}{\Delta_y}$$

这里指的是广义的变形,它可以是位移、转角或曲率。

砌体结构属于脆性结构,它不同于钢结构和钢筋混凝土结构,当出现裂缝后,虽然也有一定的变形,但其变形能力不是来自一般弹塑性结构的塑性变形,而是砌体的摩擦变形所致,严格地讲不能用“延性”来表示。这时,可以用变形能力来反映,即砌体极限荷载时的变形与初裂时的变形之比。当同样用 μ 来表示其变形能力时,有:

$$\mu = \frac{\Delta_{极}}{\Delta_{裂}}$$

由于结构抗震是利用屈服后的塑性变形来消耗地震作用的能量,所以,结构的延性越大,它的抗震能力越好。

6. 退化率

结构强度和刚度的退化率是指在控制位移作等幅伪静力时,每施加一周荷载后强度或刚度降低的速率(见图 5-16)。它反映结构在一定变形条件下,强度或刚度随反复荷载次数增加而降低的特性。退化率的大小反映了结构是否经受得起地震的反复作用,当退化率小时,说明结构有较大的耗能能力。强度退化率的计算公式如下:

$$\lambda_i = \frac{P^i_{j,\max}}{P^{i-1}_{j,\max}}$$

式中:$P^i_{j,\max}$ ——变形延性系数为 j 时,第 i 次加载循环的峰点荷载值;

$P^{i-1}_{j,\max}$ ——变形延性系数为 j 时,第 $i-1$ 次加载循环的峰点荷载值。

结构构件刚度退化的特性可用环线刚度来表示：

$$K_l = \frac{\sum_{i=1}^{n} P_j^i}{\sum_{i=1}^{n} \Delta_j^i}$$

式中：P_j^i——变形延性系数为 j 时，第 i 次循环的荷载峰值；

Δ_j^i——变形延性系数为 j 时，第 i 次循环的变形峰值。

7. 能量耗散

结构构件吸收能量的能力，可用滞回曲线所包围的滞回环面积和它的形状来描述。由滞回环的面积可以求得等效黏滞阻尼系数 h_c（图 5-17）：

$$h_c = \frac{1}{2\pi} \frac{ABC\text{ 图形面积}}{OBD\text{ 三角形面积}}$$

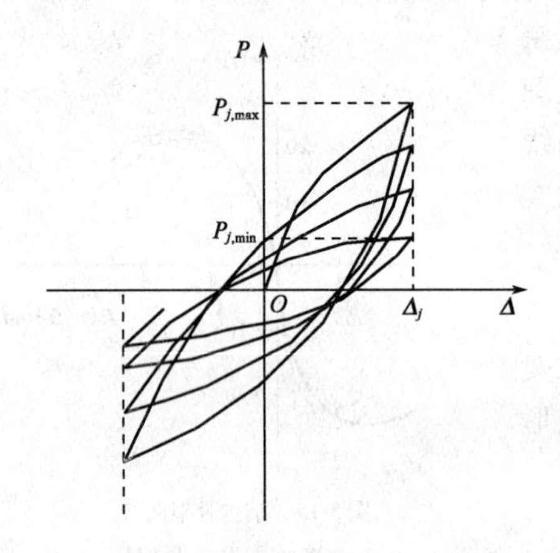

图 5-16　等位移反复加载时的刚度变化

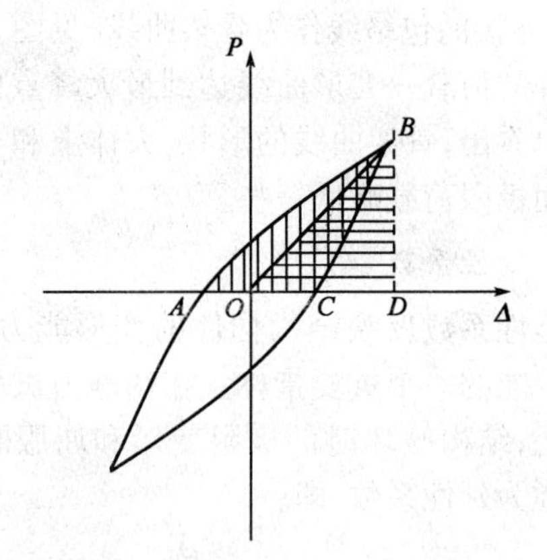

图 5-17　按滞回环面积计算等效黏滞阻尼系数

这也是结构抗震能力的一项指标。由图 5-17 可知，面积 ABC 越大，则 h_c 的值越大，结构的耗能能力就越强。

人们由伪静力试验都可以获得上述各个方面的指标和一系列具体参数，通过对这些量值的对比分析，可以判断各类结构抗震性能的优劣并作出适当的评价。

第三节　拟动力试验

由于地震是自然界中的一种随机现象，结构受到地震作用而产生非线性振动。前述低周反复加载历程是假设的，它与地震引起的实际反应就有很大差别。因此，理想的加载方案最好是按某一确定性的地震反应来制订相应的加载方案，使方案比较符合实际，但这种时程反映要事先进行理论计算，而计算时必须要知道结构的恢复力特性，如果不了解恢复力特性，没有计算模型，就无法计算，也就不可能按这种特定的方案进行加载。

一种较为先进的方法是先假定结构的恢复力模型，然后给定输入的地震加速度记录，由计算机完成非线性地震反应的动力分析，确定结构位移反应的时程，并作为试验加载的指令，对试件施加荷载，其过程如图 5-18 所示。

这种方法的主要问题在于结构的非线性特性，即恢复力与变形的关系必须在试验前进行假定，而假定的计算模型是否符合结构的实际情况，还有待于试验结果来验证。

为了弥补上述试验方法的不足，将计算机技术直接应用于控制试验加载，便产生了一种新的抗震试验加载方法，被称为伪动力试验或拟动力试验，或联机试验。它是用计算机检测和控制进行试验，使这种模拟试验方法更接近地震反应的真实状态。其特点是不需要事先假定结构的恢复力特性，可以由计算机来完成非线性地震反应微分方程的求解，而恢复力值是通过直接测量作用在试验对象上加载器的荷载值得到的，所以这种方法是把计算机分析与恢复力实测结合起来的一种半理论半试验的非线性地震反应分析方法。

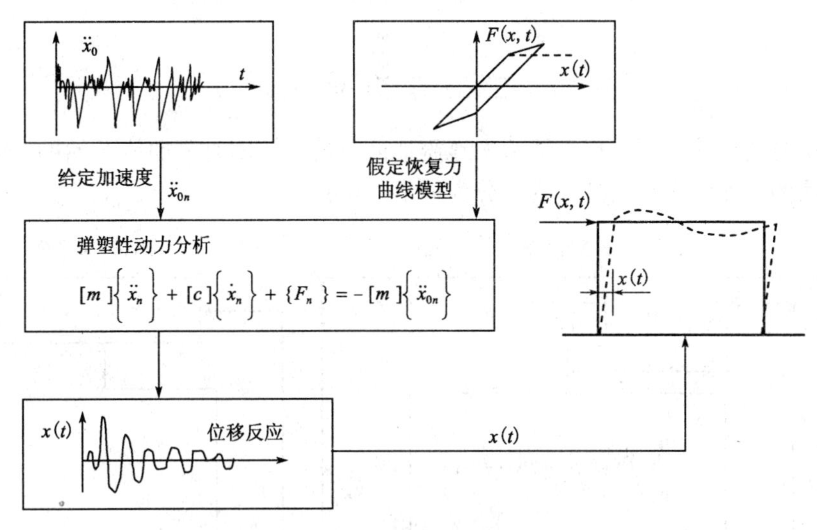

图 5-18　计算机数值分析控制试验加载

一、工 作 原 理

在拟动力试验加载中，首先是通过电子计算机将实际地震波的加速度转换成作用在结构或构件上的位移和此位移相应的加振力。随着地震波加速度时程曲线的变化，作用在结构上的位移和加振力也跟着变化，这样就可以得出某一实际地震波作用下的结构连续反应的全过程，并绘制出荷载—变形的关系曲线，也即是结构的恢复力特性曲线。

对比图 5-18 和图 5-19 可见，图 5-18 表明了拟动力试验系统的基本概念，而图 5-19 则为单纯采用计算机分析的方法，这里要求事先假定恢复力特性曲线，而在拟动力试验中正好由荷载试验来代替。

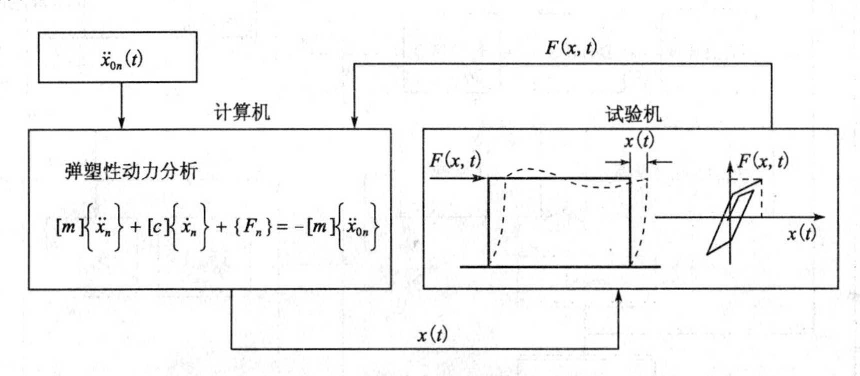

图 5-19　拟动力试验系统原理图

拟动力系统的试验设备由电液伺服加载器和电子计算机两大系统组成。它们不仅有各自的专门功能，而且还能结合起来完成整个系统的控制和操作功能。

电子计算机部分的功能是根据某一时刻输入的地面运动加速度计算结构的位移反应,并据此对加载系统发出施加位移量的指令,从而测得在该位移时的作用力。此外,还要完成试验数据的采集和处理。

加载控制系统包括电液伺服加载器和模控系统。它们的功能是根据某时刻由计算机传来的位移指令转换成电压信号,控制加载器对结构施加位移。

拟动力试验由专用软件系统通过数据库和运行系统来执行操作指令,进行整个系统的控制和运行。

二、工 作 流 程

拟动力试验的加载工作流程是从输入地震地面运动加速度时程曲线开始的,图 5-20 是拟动力试验方法的工作流程图。其过程可分为如下五步:

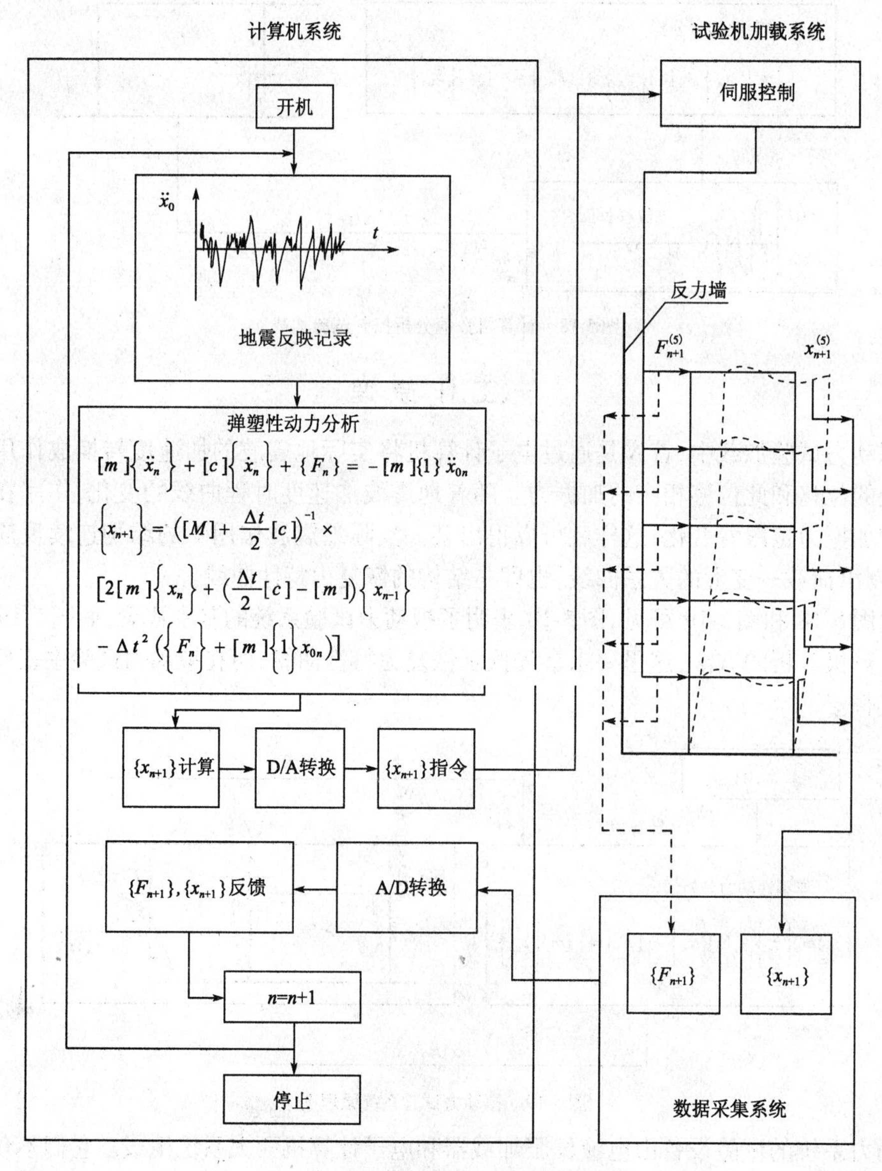

图 5-20　结构拟动力试验的工作流程图

1. 输入地震地面运动加速度

将某实际地震记录的加速度时程曲线按照一定时间间隔数字化，比如 $\Delta t = 0.05$ 或 $\Delta t = 0.01$，并用其来求解运动方程：

$$m\ddot{x}_n + c\dot{x}_n + F_n = -m\ddot{x}_{0_n}$$

式中 $\ddot{x}_{0_n}$、$\ddot{x}_n$ 和 $\dot{x}_n$ 分别为第 n 步时的地面运动加速度、结构的加速度和速度反应，F_n 为结构第 n 步时的恢复力。

2. 计算下一步的位移值

$$x_{n+1} = \left[m + \frac{\Delta t}{2}c\right]^{-1} \times \left[2mx_n + \frac{\Delta t}{2}(c - m)x_{n-1} - \Delta t^2 F_n - m\Delta t^2 \ddot{x}_{0_n}\right]$$

即由位移 x_{n-1}、x_n 和恢复力 F_n 值求得第 $n+1$ 步的指令位移 x_{n+1}。

3. 位移的转换

由加载控制系统的计算机将第 $n+1$ 步的指令位移 x_{n+1} 通过 A/D 转换成输入电压，再通过电流伺服加载系统控制加载器对结构加载。由加载器用准静态的方法对结构施加与 x_{n+1} 位移相对应的荷载。

4. 测量恢复力 F_{n+1} 及位移值 x_{n+1}

当加载器按指令位移值 x_{n+1} 对结构施加荷载时，通过加载器上的荷载传感器测得此时的恢复力 F_{n+1}，结构的位移反应值 x_{n+1} 由位移传感器测得。

5. 由数据采集系统进行数据处理和反应分析

将 x_{n+1} 和 F_{n+1} 的值连续输入数据处理和反应分析的计算机系统。利用位移 x_n、x_{n+1} 以及恢复力 F_{n+1}，按照同样方法重复下去，进行计算和加载，以求得位移 x_{n+2}，连续对结构进行试验，直到输入加速度时程的指定时刻。

整个试验工作的连续循环进行的，全部由计算机控制操作。

当每一步加载的实际时间大于1s时，结构的反应相当于静态反应，这时运动方程中与速度有关的阻尼力一项可以忽略，则运动方城能够简化为：

$$m\ddot{x}_n + F_n = -m\ddot{x}_{0_n}$$

这时，继续采用中心差分法计算，有：

$$x_{n+1} = 2x_n - x_{n-1} - \Delta t^2\left(\frac{F_n}{m} + \ddot{x}_{0_n}\right)$$

采用与前面所述同样的工程流程进行计算就能够控制试验。

三、试 验 装 置

拟动力试验的装置与伪静力试验的装置相似，详见图5-10。

第四节　结构动力特性试验

结构动力特性是反映结构本身所固有的动力性能。它的主要内容包括结构的自振频率、阻尼系数和振型等一些基本参数，也称动力特性参数或振动模态参数，这些特性是由结构形式、质量分布、结构刚度、材料性质、构造连接等因素决定，与外荷载无关。

测量结构动力特性参数是结构动力试验的基本内容,在研究建筑结构或其他工程结构的抗震、抗风或抵御其他动荷载的性能和能力时,都必须要进行结构动力特性试验,了解结构的自振特性。

在结构抗震设计中,为了确定地震作用的大小,必须了解各类结构的自振周期。同样,对于已建建筑的震后加固修复,也需要了解结构的动力特性,建立结构的动力计算模型,才能进行地震反应分析。

测量结构动力特性,了解结构的自振频率,可以避免和防止动荷载作用所产生的干扰与结构产生共振或拍振现象。在设计中可以使结构避开干扰源的影响,同样也可以设法防止结构自身动力特性对于仪器设备的工作产生的干扰,可以帮助寻找采取相应的措施进行防震、隔震或消震。

结构动力特性试验可以为检测、诊断结构的损伤积累提供可靠的资料和数据。由于结构受力作用,特别是地震作用后,结构受损开裂使结构刚度发生变化,刚度的减弱使结构自振周期变长,阻尼变大。由此,可以从结构自身固有特性的变化来识别结构物的损伤程度,为结构的可靠度诊断和剩余寿命的估计提供依据。

结构的动力特性可按结构动力学的理论进行计算。但由于实际结构的组成、材料和连接等因素,经简化计算得出的理论数据往往会有一定误差,对于结构阻尼系数,一般只能通过试验来加以确定。因此,结构动力特性试验就成为动力试验中的一个极为重要的组成部分,引起人们的关注和重视。

结构动力特性试验是以研究结构自振特性为主,由于它可以在小振幅试验下求得,不会使结构出现过大的振动和损坏,因此经常可以在现场进行结构的实物试验。当然随着对结构动力反应研究的需要,目前较多的结构动力试验,特别是研究地震、风振反应的抗震动力试验,也可以通过试验室内的模型试验来测量它的动力特性。

结构动力特性试验的方法主要有人工激振法和环境随机振动法。人工激振法又可分为自由振动法和强迫振动法。

一、频　率

结构自振频率常用的测量方法分为两大类:一为人工激振法测量,一为随机荷载激振法测量。人工激振法又有自由振动法和强迫振动法之分。

1. 自由振动法

在试验中采用初位移或初速度的突卸或突加载的方法,使结构受一冲击荷载作用而产生自由振动。在现场试验中可用反冲激振器对结构产生冲击荷载;在工业厂房产生垂直或水平的自由振动;在桥梁上则可用载重汽车越过障碍物或突然制动产生冲击荷载。在模型试验时可以采用锤击法激励模型产生自由振动。

试验时将测振传感器布置在结构可能产生最大振幅的部位,但要避开某些杆件可能产生的局部振动。

通过测量仪器的记录,可以得到结构的有阻尼自由振动曲线,如图 5-21 所示。在振动时程曲线上,可以根据记录纸带速度的时间坐标,量取振动波形的周期,由此求得结构的自振频率 $f = 1/T$ 。为精确起见,可多取几个波形,以求得其平均值。

2. 强迫振动法

强迫振动法也称共振法。通常情况下,一般都是采用惯性式机械离心激振器对结构施加周期性的简谐振动的，而在进行模型试验时可采用电磁激振器的振动，使结构的模型产生强迫振动。由结构动力学可知，当干扰力的频率与结构自振频率相等时，结构会产生共振。

利用激振器可以连续改变激振频率的特点，试验中结构产生共振、振幅出现极大值时激振器的频率即是结构的自振频率，由共振曲线（如图5-22所示）的振幅最大值（峰点）对应的频率，即可相应得到结构的第一频率（基频）和其他高阶频率。

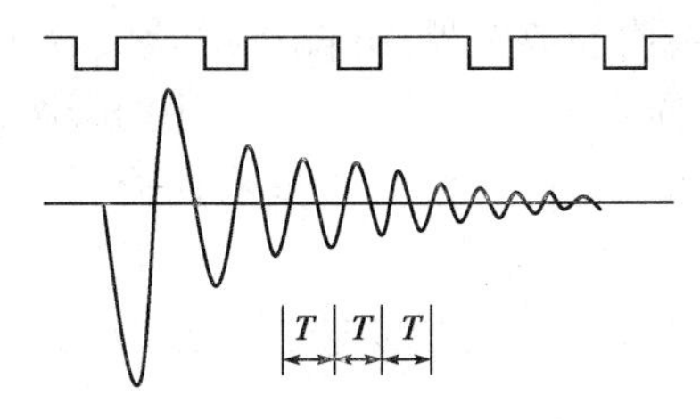

图5-21　有阻尼自由振动曲线

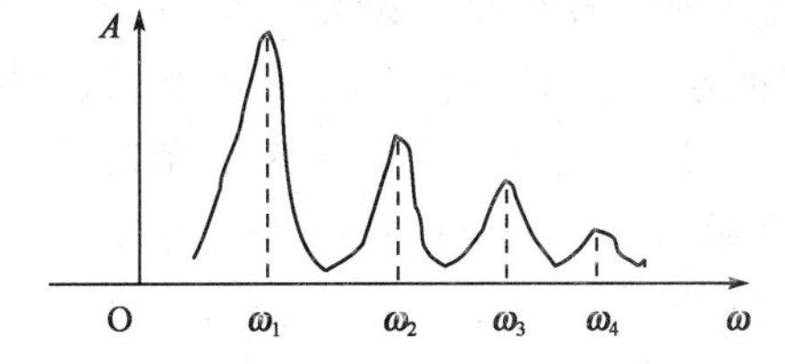

图5-22　结构受强迫振动时的共振曲线

采用离心式激振器时，由于干扰力 P 与激振转速 ω^2 成正比，即在不同转速时有不同大小的干扰力 P。为了进行比较，必须将振幅 A 折算为单位干扰力作用下的振幅值，即将振幅除以该时的干扰力，或者把振幅值换算为在相同干扰力作用下的振动幅值 A/ω^2。

由于阻尼的存在，结构实际的自振频率会稍低于其峰点的频率，但因阻尼值很小，所以，实际使用时可不考虑。

试验时激振器的激振方向和安装位置由试验要求而定。一般整体结构试验与检测时，多数安装在结构顶层作水平方向激振，对于梁板构件则大部分为垂直激振。将激振器的转速由低到高连续变换，称为频率扫描。由此测得各测点相应的共振曲线，在共振点前后进行稳定激振，以求得正确的共振频率数值。

连续改变激振频率的测试方法也叫做扫频法。“扫频”就是将试件安装在振动台上以后，使振动台做由低到高的连续而均匀的频率变化过程。扫频的目的就是使结构产生共振，测量共振频率。

利用偏心轮激振器也能够“扫频”，偏心轮激振器扫频的工作原理与振动台扫频的工作原理的区别在于：前者的频率变化是由高到低，后者的频率变化是由低到高。

3. 环境随机振动法

环境随机振动法又称为脉动法，它是通过量测由环境随机激振而产生的建筑物微小振动，即脉动来分析建筑物动力特性的方法。人们在试验观察中发现，建筑物由于受到外界环境的干扰而经常处于微小而不规则的振动之中，其振幅一般在0.01mm以下，这种环境随机振动称为脉动。

建筑物或桥梁的脉动与地面脉动、风动或气压变化有关，特别是受火车和机动车辆行驶设备开动等所产生的扰动及大风或其他冲击波传来的影响尤为显著，其脉动周期为0.1～0.8s。由于任何时候都存在环境随机振动，因此引起建筑物或桥梁结构的脉动是经常存在的。其脉动源不论是风动还是地面脉动，都是不规则和不确定的变量，在随机理论中称此变量为随机过程，它无法用一个确定的时间函数来描述。由于脉动源是一个随机过程，由此所产生的建筑物或桥梁结构的脉动也必然是一个随机过程。大量试验证明，建筑物或桥梁的脉动有一个重要性质，它能明显地反映出其本身的固有频率和其他自振特性。所以采用脉动法测量和分析结构动力特性成为目前最常用的试验方法。

我国早在20世纪50年代就开始应用此方法。但由于试验条件和分析手段的限制，一般只能获得第一振型及频率。70年代以来由于计算技术的发展和一些信号处理机或结构动态分析仪的应用，这一方法得到了迅速的发展，被广泛地应用于建筑物的动力分析研究中：可以从脉动信号中识别出结构物的固有频率、阻尼比、振型等多种模态参数，还可以用脉动法识别扭转空间振型。建筑物的脉动有两个来源，一个是地面脉动；另一个是大气变化即风和气压等引起的微幅振动。建筑物的脉动是经常存在的，但极其微弱，一般只有几微米到几十微米。因此为测量这种信号要使用低噪声和高灵敏度的拾振器和放大器，并配有记录仪器和信号分析仪，用这种方法进行实测，不需要专门的激振设备，而且不受结构形式和大小的限制，适用于各种结构。但是建筑物本身是一个复杂的体系，当振幅增大时，其刚度有所降低，所以，用脉动法在微幅振动条件下所得到的固有频率比用共振法所得要偏大一些，应用试验成果时应注意到这一因素。从分析建筑物的动力特性这个目的出发，量测建筑物的脉动时必须注意下列几点：

(1)建筑物的脉动是由于环境随机振动而引起的，从而可能带来各种频率分量，为得到正确的记录，要求记录仪器有足够宽的频带，使所需要的频率分量不失真。

(2)根据脉动分析原理，脉动记录中不应有规则的干扰或仪器本身带进的噪声，因此观测时应避开机器或其他有规则的振动影响，以保持脉动记录的"纯洁"性。

(3)为使每次记录的脉动均能反映建筑物的自振特性，每次观测应持续足够长的时间并且重复若干次。

(4)为使高频分量在分析时能满足要求的精度，减小由于时间分段带来的误差，记录仪的纸带应有足够快的速度，而且可变，以适应各种刚度的结构。

(5)布置测点时应将建筑物视为空间体系，沿竖直和水平方向同时布置仪器。如仪器数量不足可作多次测量。这时应有一台仪器保持位置不变作为各次测量比较标准。

(6)每次观测最好能记录下当时的天气、风向风速以及附近地面的脉动，以便分析这些因素对脉动的影响。

建筑物脉动记录的分析通常采用以下几种方法：

1)主谐量法

建筑物固有频率的谐量脉动是最主要的成分，在脉动图上可以直接量出来。凡是振幅大，波形光滑处的频率总是会多次重复出现的。如果建筑物各部位在同一频率处的相位和振幅符合振型规律，那么，就可以确定此频率就是建筑物的固有频率。通常基频出现的机会最多，比较容易确定。对一些较高的建筑物，有时第二、第三频率也可能出现，但比基频少。记录的时间长一些，分析结果的可靠性就大一些。在记录曲线比较规则的部分，确定是某一固有频率后，可以分析出振型来(同共振法)。

下面举一个用脉动法测量，用主谐量法分析的实例：

上海外滩某大厦是我国新中国成立前建成的一幢高层建筑，主楼为18层，顶楼最高处为25层，建筑立面和平面形状如图5-23a)所示，整个结构是对称的。由于建造历史已久，为了检查其结构的安全性，专门对该建筑物进行了动力特性的实测和分析。

测点布置见图5-23a)，主要在此楼的楼梯处安放测点，使用701拾振器测量水平振动。测点位于2.5层、5.5层、10.5层、17.5层和顶层。

大楼的固有频率和振型实测结果见图5-23。其中图5-23b)为脉动记录图中大楼长轴方向的水平振动波形。从时标线可以读出脉动周期为$T_1=0.88$s，即固有频率$f_1=1.14$Hz。并读出某一瞬时各测点记录图上的振幅值，根据各条测量通路的放大倍数值（由标定值和测试时的衰减挡得出），即可计算出各点的振幅值。各测点振幅计算如表5-1所示：

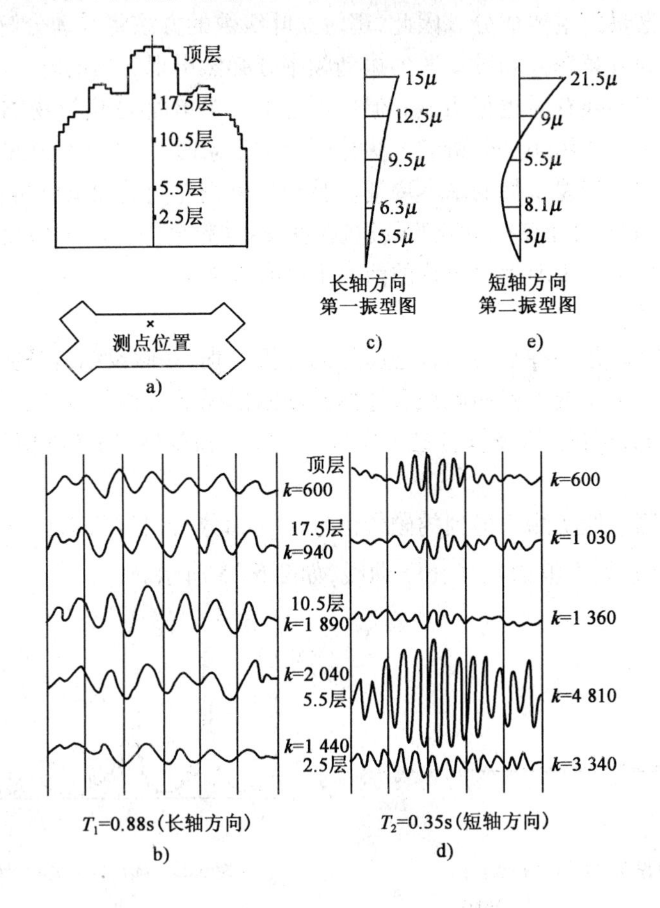

图5-23　随机振动法测试结构动力特性

各测点的振幅的计算值　　表5-1

测　点	记录图上各测点同一时刻的振幅值(mm)	放大倍数 k	计算振幅值 (μm)
顶层	9	600	15
17.5层	11	940	12.5
10.5层	18	1 890	9.5
5.5层	13	2 040	6.3
2.5层	8	1 440	5.5

根据各点的振幅值，可作出振幅曲线如图5-23c）所示。同样在测定建筑物短轴方向水平振动的记录曲线中，可算出 $T_1=1.15\text{s}, f_1=0.87\text{Hz}$。记录图中有一段出现了第二频率的振动形见图5-23d），在同一瞬时有几点相差180°，读得第二周期 $T_2=0.35\text{s}, f_2=2.9\text{Hz}$，同法可得出第二振型曲线图，如图5-23e）所示。

2）谐量分析法

在脉动法测量中采用主谐量法确定基频和主振型比较容易，测定第二频率及相应振型时，由于脉动信号在记录曲线中出现的机会少，振幅也小，所测得的误差较大，而且运用主谐量法无法确定结构的阻尼特性。因此常常采用谐量分析法。

将建筑物脉动记录图看成是各种频率的谐量合成的结果。而建筑物固有频率的谐量和脉动源卓越频率处的谐量为主要成分。因此,用傅立叶级数的方法将脉动分解并作出其频率谱,在频谱图上建筑物固有频率处和脉动源的振动频率处必然出现突出的峰。一般在基频处是非常突出的,而二频、三频处有时也很明显。但也不是所有的峰都是建筑物固有频率,需通过分析判断并区别之。确定要用频谱分析的方法分析脉动记录时,应采用较快的速度进行记录,所记录曲线的长度要远大于建筑物的基本周期。脉动分析用专门的频谱分析仪可得到建筑物的脉动频谱图。图 5-24 为用计算机得到的某建筑物的脉动频谱图。图上横坐标为频率,纵坐标为振幅。三个突出峰 1、2、3 即为建筑物的前三个固有频率。

3)功率谱分析法

假设建筑物的脉动是一种平稳的各态历经的随机过程,并假设结构各阶阻尼比很小,各阶固有频率相差较远。在比较平稳的风载和地面脉动的情况下上述假设是成立的。这样就可以利用脉动振幅谱(均方根谱)的峰值确定建筑物固有频率和振型,用各峰值处的半功率带宽确定阻尼比。

将建筑物各个测点处实测所得到的磁带信号输入到分析仪进行数据处理,就可以得到各个测点的脉动振幅谱(均方根谱)$\sqrt{G_g(f)}$ 曲线,如图 5-25 所示。

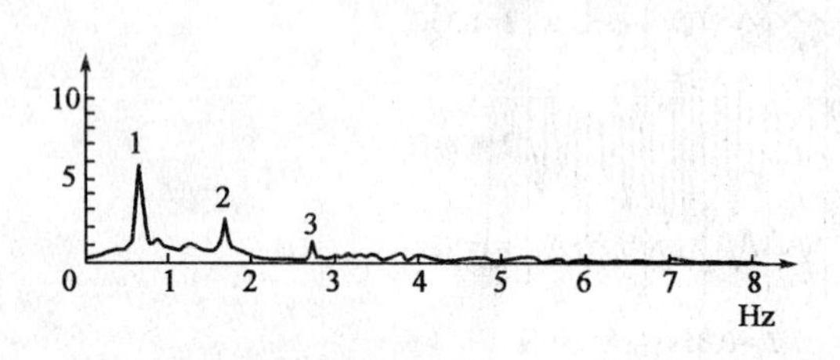

图 5-24　随机振动法实测结构频谱图

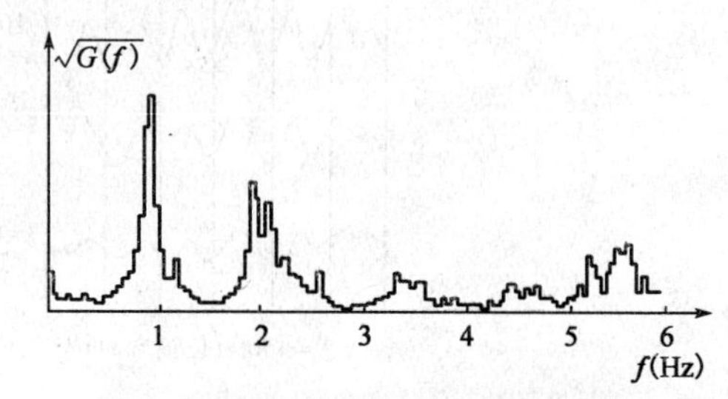

图 5-25　随机振动法实测结构振幅谱图

从而可根据振幅谱曲线图的峰值点对应的频率确定各阶固有频率 f_i。由于脉动源是由多输入系统而来,所以振幅谱曲线上的所有峰值并不是都是系统整体振动的固有频率,这就要从各测点振幅谱图综合分析才能判断,光凭一条曲线判断不了。一般说来,如果各测点的振幅谱图上都有某频率的峰值,而且幅值和相位(下面叙述)也符合振型规律就可以确定为该系统的固有频率。

根据振幅谱图上各峰值处的半功率带宽 Δf 确定系统的阻尼比 ξ_i

$$\xi_i = \frac{\Delta f_i}{2f_i} \qquad (i = 1,2,3)$$

一般对阻尼比 ξ_i 要测量准确比较困难。因为要求信号分析仪的频率分辨力高,尤其是对阻尼比比较小的振动系统,若频率分辨力不够高,测量得到的 ξ_i 误差会很大。

由振幅谱曲线图的峰值可以确定固有振幅值的相对大小,但还不能确定振幅值的正负号。由此可以将某一测点,例如建筑物顶层的信号作为标准,将各测点信号分别与标准信号作互谱分析,求出各个互谱密度函数的相频特性 $\theta_{kg}(f)$。若:

$$\theta_{kg}(f) = 0$$

则说明二点同相,若:

$$\theta_{kg}(f) = \pm \pi$$

则说明二点反相。这样就可确定振幅值的正负号了。

在确定相位时还要注意，只有两个信号是相关时，用互谱密度函数所做出相频特性 $\theta_{kg}(f)$ 值才能指示正确的相位值。所以在相位分析之前应先分析相干函数。如果在固有频率 f 处两信号的相干函数值接近于1，那么，两信号是同一激励状态的无干扰输出，这时就可以用 f_i 指示振型的相位，否则互谱分析没有意义。

随机荷载激振检测在我国已经普遍应用，特别在大型结构方面应用更多，比如大跨度桥梁结构检测，高层或超高层结构检测等。

随机荷载激振的测试原理不难理解，即在随机动荷载（风振动、大地脉冲振动、车辆行驶振动、地面噪声振动等及其各个成分地随机混合作用）的作用下，结构产生动态反应。测试方法是：用模拟技术或数字技术将结构产生的动态反应记录下来，再依靠谱分析理论和计算机手段把记录信号进行分析与处理，从而得到结构的动态参量。

随机荷载激振测试的特点是荷载技术简单，但需要采集和记录大量的数据。

二、振　　型

结构振动时，结构上各点的位移、速度和加速度都是时间的空间函数。在结构某一固有频率下，结构振动时各点的位移之间呈现出一定的比例关系，如果这时沿结构各点将其位移连接起来，即形成一定形式的曲线，这就是结构在对应某一固有频率下的一个不变的振动形式，称为对应该频率时的结构振型。为此要测定结构振型时必须对结构施加一激振力，并使结构按某一阶固有频率振动，当测得结构这时各点位移值并连成变形曲线，即可得到对应于该频率下的结构振型。

对于单自由度体系，对应于一个基本频率只有一个主振型。对于多自由度体系就可以有几个固有频率和相应的若干个振型。对应于基本频率的振型即为主振型或第一振型，对应于相应高阶频率的振型称之为高阶振型，即第二、第三振型等。

随着试验对象和试验加载条件不同等因素，往往只能在结构的一点或几点上用激振器对结构激振加力，这与结构自身质量所产生的惯性力并按比例关系分布在结构各点的实际情况有所不同，但是在工程上一般均采用前述激振方法来测量结构的振型。

在布置激振器或施加激振力时，为易于得到需要的振型，要使激振力作用在振型曲线上位移较大的部位，应注意防止将激振力作用在振型曲线的“节”点处，即是在某一振型上结构振动时位移为“零”的不动点。为此需要在试验前通过理论计算进行初步分析，对可能产生的振型大致做到心中有数，然后决定激振力量的作用点来安装激振器。

为了实测结构的振型曲线，需要沿结构高度或跨度方向连续布置水平或垂直方向的测振传感器，与静力试验一样，为了能将各测点的位移值连接形成振型曲线，一般至少要布置5个测点。对于整体结构试验与检测时经常在各层楼面及屋面上布置测点，对于高层建筑和高耸构筑物，测点的数量只要满足能获得完整的振型曲线即可。

试验时按振动记录曲线取某一固有频率下结构振动时各测点同一时刻的位移值的连线，以获得相应频率下的结构振型曲线。这时各测点仪器必须严格同步。在量取各点位移值时必须注意振动曲线的相位，以确定位移值的正负。

对于采用自由振动时，多数用初位移或初速度法在结构可能产生最大位移值的位置进行激振，随后在自由振动状态下测取结构振型，一般情况下自由振动法只能测得结构的基频与第一主振型。

用共振法测量振型时，要将若干个拾振器布置在结构的各个部位。当激振器使结构发生共振时，同时记录下结构各部位的振动图，通过比较各点的振幅和相位，即可给出该频率的振型图。图5-26为共振法测量某建筑物振型的具体情况，图5-26a)为拾振器和激振器的布置；图5-26b)为共振时记录下的振动曲线图；图5-26c)为振型曲线。绘制振型曲线时，要规定位移的正负值。在图5-26上规定顶层的拾振器的位移为正，凡与它相位相同的为正，反之则为负。将各点的振幅按一定的比例和正负值画在图上即是振型曲线。

拾振器的布置视结构形式而定，可根据结构力学原理初步分析或估计振型的大致形式，然后在控制点(变形较大的位置)布置仪器。例如图5-27所示框架，在横梁和柱子的中点、1/4处、柱端点共布置了1~6个测点。这样便能较好地连成振型曲线。

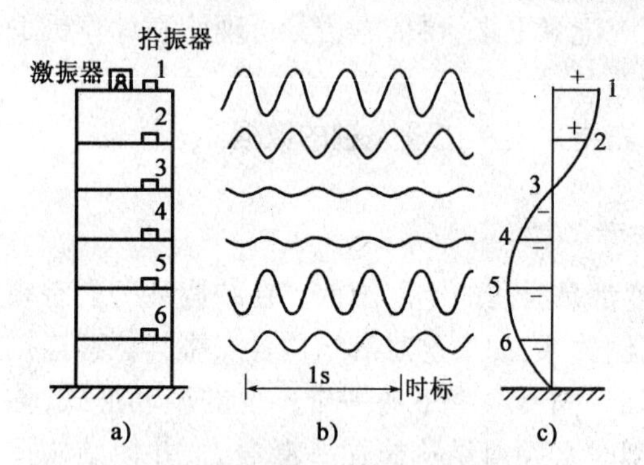

图5-26 共振法实测结构振型图

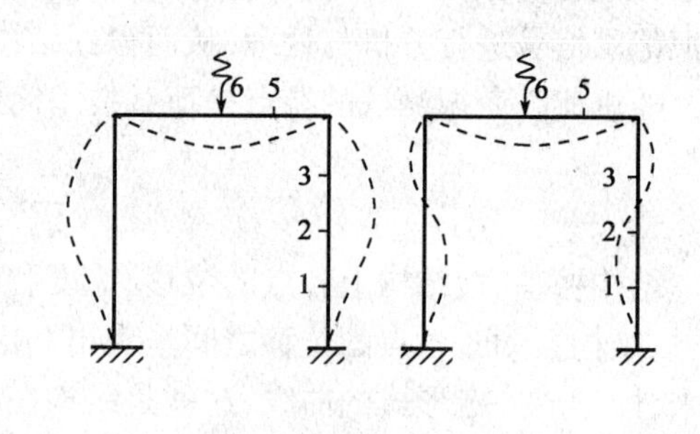

图5-27 共振法测试框架振型测点布置图

有时由于结构形式比较复杂，测点数超过已有拾振器数量或记录装置能容纳的点数，这时可以逐次移动拾振器，分几次测量，但是必须有一个测点作为参考点，各次测量中位于参考点的拾振器不能移动，而且各次测量的结果都要与参考点的曲线比较相位。参考点也应选在不是节点的部位。

楼板和桥梁结构的振型测量方法与上述基本相同，但楼板为平面结构，它的振型图用等振幅曲线表示。桥梁结构多数为梁、板结构，激振器一般布置在跨中位置，测点沿跨度方向(从跨中到两端支座处)连续布置垂直方向的测振传感器，视跨度大小一般不少于5个测点，以便将各测点的振幅(位移)连接形成振型曲线，亦可用自由振动法即采用载重汽车行驶到梁跨中位置紧急制动，使桥梁产生自由振动，但只能测量到结构的第一振型。

环境随机振动法也是测量结构振型的一种方法。

三、阻　尼

结构阻尼常用人工激振法测量。在研究结构振动问题中，阻尼对振动效应会产生很大影响，它与结构形式、材料性质、连接和支座等各种因素有关。在自由振动中，计算振幅(位移)时需要考虑阻尼的影响；在强迫振动中，当动荷载的干扰频率接近结构的自振频率时，阻尼在振幅(位移)计算中起着更为重要的作用，因为阻尼的变化对振幅值的大小有着明显的影响。

在结构抗震研究中，阻尼的大小对结构体系的地震反应也有直接影响，一般希望结构的阻尼越大越好，因为结构体系的阻尼越大时，结构的弹性反应越小，它能很快地耗散地震荷载产生的能量。

1. 自由振动法

按自由振动曲线确定结构的阻尼。单自由度自由振动运动方程：

$$m\ddot{x} + c\dot{x} + kx = 0 \quad (5\text{-}1)$$

$$\ddot{x} + 2n\dot{x} + \omega^2 x = 0 \quad (5\text{-}2)$$

$$x = Ae^{-nt}\sin(\omega' t + a) \quad (5\text{-}3)$$

$$x = Ae^{-\xi\omega t}\sin(\omega' t + a) \quad (5\text{-}4)$$

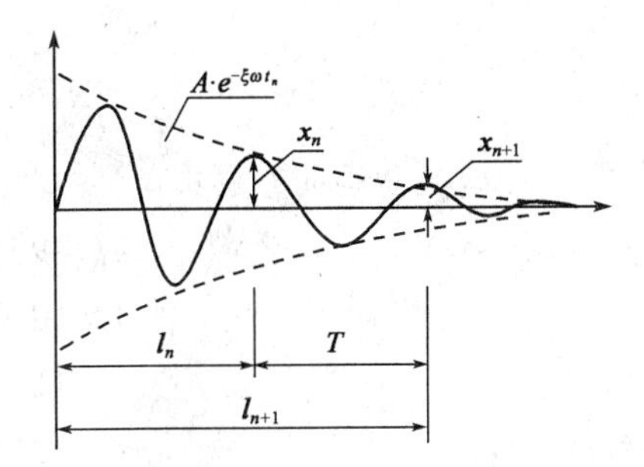

图 5-28　有阻尼自由振动波形图

式中：n——衰减系数，$n = \dfrac{c}{2m}$；

ω'——有阻尼时的圆频率，$\omega' = \omega\sqrt{1-\xi^2}$；

ω——不考虑阻尼时的圆频率，$\omega = \sqrt{\dfrac{k}{m}}$；

ξ——阻尼比，$\xi = \dfrac{n}{\omega}$。

图 5-28 为有阻尼的振动记录曲线确定结构阻尼系数的方法。

在 t_n 时刻的振幅为 $x_n = A\cdot e^{-\xi\omega t_n}$，经过一个周期 T 后，在 t_{n+1} 时刻的振幅为 $x_{n+1} = Ae^{-\xi\omega t_{n+1}}$。

则相邻周期振幅之比为：$\dfrac{x_n}{x_{n+1}} = \dfrac{Ae^{-\xi\omega t_n}}{Ae^{-\xi\omega t_{n+1}}} = e^{-\xi\omega(t_n - t_{n+1})} = e^{\xi\omega(t_{n+1}-t_n)} = e^{\xi\omega T}$

上式中周期 $T = \dfrac{2\pi}{\omega'}$，对上式两边取对数

$$\ln\frac{x_n}{x_{n+1}} = \ln e^{\xi\omega T} = \xi\omega T = \xi\omega\cdot\frac{2\pi}{\omega'} \approx 2\pi\xi \quad (5\text{-}5)$$

所以阻尼比 ξ 为：

$$\xi = \frac{1}{2\pi}\ln\frac{x_n}{x_{n+1}} \quad (5\text{-}6)$$

利用上式就可以由实测振动图形所得的振幅变化来确定阻尼比 ξ。

在上式中，$\ln\dfrac{x_n}{x_{n+1}}$ 又称为对数衰减率。令 $\lambda = nT = \ln\dfrac{x_n}{x_{n+1}} = 2\pi\xi$，则结构的阻尼系数为

$$c = 2mn = 2m\cdot\frac{2\pi\xi}{T} = 2m\omega\xi \quad (5\text{-}7)$$

在整个衰减过程中，n 的数值不一定是常数，有可能发生变化，即在不同的波段可以求得不同的 n 值。所以在实际工作中经常取振动图中 K 个整周期进行计算（如图 5-14 所示），以求得平均衰减系数，

$$n_0 = \lambda_0/T = \frac{1}{KT}\ln\frac{x_n}{x_{n+k}} \quad (5\text{-}8)$$

式中：K——计算所取的振动波数。

x_n、x_{n+k}——K 个整周期波的最初波和最终波的振幅值。

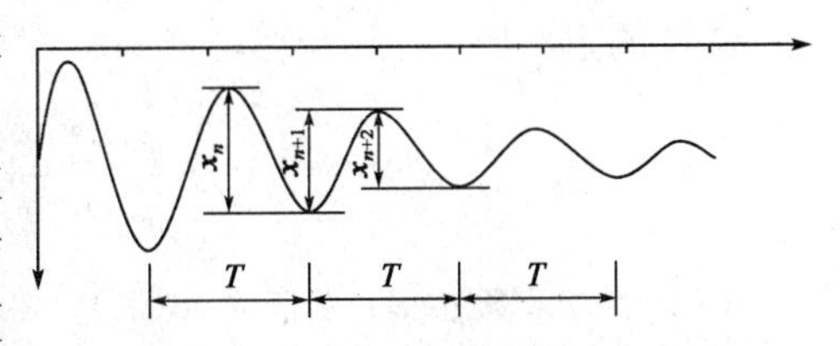

图 5-29　无零线的有阻尼自由振动波形图

由于试验实测得到的有阻尼自由振动记录波形图一般没有零线，如图 5-29 所示，所以在测量结构阻尼时可采用波形峰到峰的幅值，这样比较方便而且又比较正确。当对数衰减率为 λ 时，则：

$$\lambda = 2\frac{1}{K}\ln\frac{x_n}{x_{n+k}} = \frac{2}{K}\ln\frac{x_n}{x_{n+k}} \text{或} \lambda = 4.6052\frac{1}{K}\log\frac{x_n}{x_{n+k}}$$

所以阻尼比为：
$$\xi = \frac{\lambda}{2\pi}$$

式中：x_n、x_{n+k}——第 n 和 $n+k$ 个波的峰值。

2. 强迫振动法

按强迫振动的共振曲线确定结构的阻尼。单自由度有阻尼强迫振动运动方程：

$$m\ddot{x} + c\dot{x} + kx = p(t) \tag{5-9}$$

$$p(t) = p\sin\theta t \tag{5-10}$$

则
$$\ddot{x} + 2\xi\omega\dot{x} + \omega^2 x = p\sin\theta t/m \tag{5-11}$$

所以
$$x = Ae^{-\xi\omega x}\sin(\omega' t + \alpha) + B\sin(\theta t + \beta) \tag{5-12}$$

由于前项是自由振动很快消失，则稳态强迫振动的振幅值为：$x = B\sin(\theta t + \beta)$

式中 $B = \dfrac{p(t)/m}{\sqrt{(1-\dfrac{\theta^2}{\omega^2})^2 + (2\xi\dfrac{\theta}{\omega})^2}}$，$\tan\beta = \dfrac{-2\xi\omega\theta}{\omega^2 - \theta^2}$

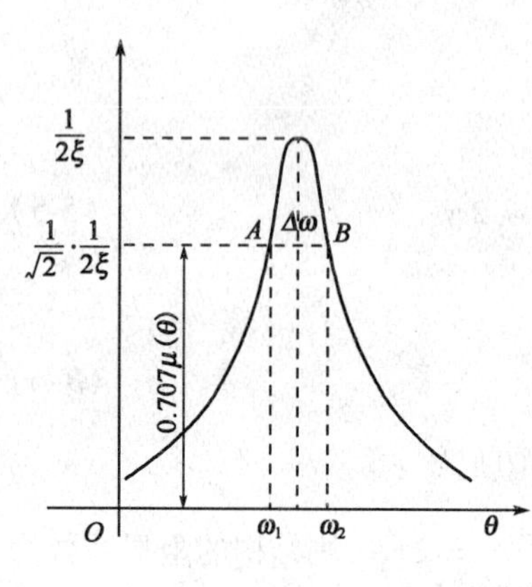

图 5-30　动力系数曲线图

由此可以得到动力系数（放大系数）$\mu(\theta)$ 为：

$$\mu(\theta) = \frac{1}{\sqrt{\left(1-\dfrac{\theta^2}{\omega^2}\right)^2 + (2\xi\dfrac{\theta}{\omega})^2}}$$

如果以 $\mu(\theta)$ 为纵坐标，以 θ 为横坐标，即可画出动力系数（共振曲线）的曲线，如图 5-30 所示。并由上式可知，如 $\xi = 0$，即无阻尼时，当 $\theta = \omega$，则发生共振，振幅趋向于无穷大，在有阻尼时，当 $\theta = \omega$，则 $\mu(\theta) = \dfrac{1}{2\xi}$，即共振曲线的峰值。

按照结构动力学原理，用半功率法（0.707 法）可以由共振曲线确定结构阻尼比 ξ。

在共振曲线图的纵坐标上取 $\dfrac{1}{\sqrt{2}}\cdot\dfrac{1}{2\xi}$ 值，即在该处作一水平线，使之与共振曲线相交于 A、B 两点，对应于 A、B 两点在横坐标上得 ω_1、ω_2，即可求得衰减数和阻尼比：

衰减系数

$$n = \frac{\omega_2 - \omega_1}{2} = \frac{\Delta\omega}{2}$$

结构的阻尼比

$$\xi = \frac{n}{\omega} = \frac{\omega_2 - \omega_1}{2\omega} = \frac{1}{2}\cdot\frac{\Delta\omega}{\omega}$$

3. 由动力系数 $\mu(\theta)$ 求阻尼比

当 $\theta = \omega$，结构共振，这时动力系数为：

$$\mu = \frac{1}{2\xi} \text{即}, \xi = \frac{1}{2\mu}$$

这里只要测得共振时的动力系数,即可求得阻尼比。动力系数(阻尼比)是指结构在动力荷载作用下产生共振时的最大振幅与静力作用时产生的最大位移的比值。

四、实测中应考虑的问题

以上实测结构自振特性时,无论采用哪种方法,都应考虑如下几个问题:

1. 关于拾振器在实测振型时的标定

在实测结构自振特性时,不需要知道其具体的振动位移、速度、加速度等,也就不必在振动台对拾振器做多少振幅值对应多少位移、速度、加速度等的具体标定。在结构自振特性的实测参数中,频率和阻尼参数与振幅无关,但振型是建筑物各高点振动幅值相对大小的形状(即各高点在某一时刻振幅之比),显然要使得各测点的拾振器的灵敏度相同,否则各测点无可比性,而造成实测的振型失真。由于拾振器生产厂家不可能将每个拾振器做成完全一样的灵敏度,故在实测振型时,必须对各拾振器进行标定。

具体的标定方法是:将若干个拾振器放在同一高度,且集中放在一起。用以上所述的脉动法测得各拾振器在同一时刻的振动幅值。如各拾振器的灵敏度是一样的,则此时各拾振器的振幅也一样。不一样则说明各拾振器的灵敏度不同,则记录下各自的幅值以便数据处理时进行修正,从而得到真实的振型。

2. 关于横向、纵向及空间振型

由于实际的建筑物是三维的,因此应分为横向、纵向及空间振型。

所谓横向即是沿建筑物短轴方向。纵向即是沿建筑物长轴方向,如图 5-31 所示。空间振型是将若干个拾振器(至少是三个)放在建筑物上依次排开,若各测点在同一时刻,振幅及方向相同,则为平动;若各测点在同一时刻,一部分振幅及方向相同,另一部分相反,呈反对称,则为扭转振动;若振幅同相而幅值不同,则可能是平、扭联动。同时也可以根据各测点同一时刻振幅的大小、相位初步判断建筑物整体性如何。

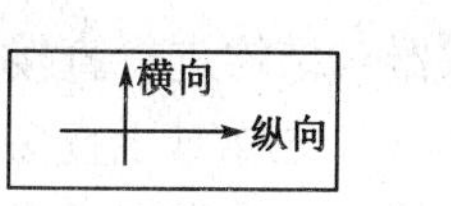

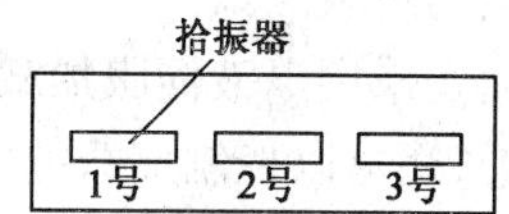

图 5-31　建筑物纵横方向示意图

3. 当拾振器数量少于实际测点数时的处理方法

遇到此情况可以采取分几次测量的方法(但至少要有两台拾振器)。其具体方法是:将某一层的拾振器固定不动,而使其他层的拾振器 与该台固定不动的拾振器在同一时刻测定即可。例如:只有两台拾振器,则将其中一台固定不动,另一台分别移到各层,得到各层相对于那一层固定不动的拾振器两两同时测定幅值之比及振型。

第五节　结构动力响应试验

结构动力响应试验可以分为周期性荷载试验和非周期性荷载试验两类。

周期性动力加载的方法有:偏心激振器、电液伺服加载器和单向周期性振动台等。

非周期性动力荷载试验的方法主要有模拟地震振动台试验、人工爆破试验和天然地震试验。目前,地震模拟振动台试验在结构动力荷载试验领域地位。

一、周期性动力荷载试验

1. 强迫振动共振加载

强迫振动共振加载按加载方法的不同,它又可分为稳态正弦激振和变频正弦激振。

稳态正弦激振是在结构上作用一个按正弦变化的单方向的力。具体做法是:先将频率精确地保持为一数值,这时对它所激起的结构振动进行测量。然后将频率调到另一数值上,重复测量。通过测量结构在各个不同频率下结构振动的振幅,可以得到结构的共振曲线。这种加载制度的目的是使激振频率固定在一段足够长的时间内,以便使全部的瞬态运动能够消除并建立起均匀的稳态的运动。

变频正弦激振是测量结构多阶振型的试验方法之一,由于上述稳态正弦激振要求激振频率能在一段时间内保持固定不变,在实际工作中有较大的困难,因为满足这种要求需要有比较复杂的控制设备,因此人们采用的是连续变化频率的正弦激振方法。做法是:采用一个偏心激振器激振,通过控制系统使其转速由小到大,达到比试验结构的任何一阶自振频率均要高的速度,然后关闭电源,让激振器的转速自由下降,对结构进行"扫频",如果激振器的摩擦很小,则自由下降的时间相对会长些,并在结构各个自振频率处由共振而形成较大振幅的时间也就长一些。

2. 有控制的逐级动力荷载测试

对于在试验室内进行的足尺或模型等结构构件的动力荷载测试试验,当采用电液伺服加载器或单向周期性振动台进行加载时,可以利用加载控制设备实现对结构进行有控制的逐级动力荷载测试。

采用电液伺服加载器对结构进行直接加载的试验中,除了控制力或控制位移的加载制度外,还可以控制加载的频率,这样对于直接对比静动试验的结果,以及更准确地研究应变速率对结构强度和变形能力的影响是很有意义的。

当用单向周期性振动台试验时,对于机械式振动台,由于激振方式主要是利用偏心质量的惯性力,所以加载制度性质与上述强迫振动的共振加载性质是一样的。当用电磁式或液压式振动台试验时,加载制度主要是由输入控制台设备的信号特性来确定,即振动幅值、加速度值和振动频率等。

二、非周期性动力荷载试验

1. 地震模拟振动台

模拟地震振动台试验是在试验室内进行的,通过输入加速度、速度或位移等随机的物理量,使振动台台面产生运动,它是一种人工再现地震的试验方法。与结构静力试验一样,地震模拟振动台试验的荷载设计和试验方法的拟定也是非常重要的。如果荷载选得太大,则试件可能很快进入塑性阶段甚至破坏倒塌,这就难以完整地量测和观察到结构的弹性和弹塑性荷载的全过程,甚至也可能发生安全事故。如果荷载太小,则可能达不到预期的目的,产生不必要的重复,影响试验进展,而且多次加载还可能对构件产生损伤积累。为了获得较为系统的试验资料,必须周密地进行荷载设计。

在进行结构抗震动力试验时,振动台台面的输入一般都选用加速度,主要是加速度输入时与计算动力荷载时的方程式相一致，便于对试验结构进行理论计算和分析。此外加速度输入时的初始条件比较容易控制，由于现有强震观测记录中加速度的记录比较多，便于按频谱需要进行选择。

2. 人工地震

人工地震试验是利用人工引爆炸药产生地面运动以模拟地震动力作用的试验。在没有室内振动试验技术的年代，人们采用地面或地下炸药爆炸的方法产生地面运动的瞬时动力效应，以此模拟某一烈度或某一确定性天然地震对结构的影响，被称为"人工地震"。

在现场安装炸药并引爆后，地面运动的基本特点是：

(1)地面运动加速度峰值随装药量的增加而增大并且离爆心距离越近而越高；

(2)地面运动加速度持续时间离爆心距离越远越长。

这样，要使人工地震接近天然地震，而又能对结构或模型产生类似于天然地震作用的效果，必然要求装药量大，离爆心距离远，才能取得较好的效果。

3. 天然地震

这种方法是利用天然地震，在频繁发生地震的地区等待天然地震以检测其对结构的动力影响。其特点是结构受地震作用的工作状态比其他试验方法更接近于真实，由于地震本身就是一种随机振动，所以不存在加载制度的设计问题。

第六节　结构疲劳试验

对于直接承受重复荷载的结构，如吊车梁和有悬挂吊车的屋架等，一般都要进行结构疲劳测试。因为结构物或构件在重复荷载作用下达到破坏时的应力比其静力强度要低得多，这种现象称为疲劳。结构疲劳检测的目的就是要了解在重复荷载作用下结构的疲劳性能及其变化规律，确定结构的疲劳极限值(包括疲劳极限荷载和疲劳极限强度)。

从图5-32所示的疲劳应力与反复荷载次数关系曲线可以看出，当疲劳应力小于某一值后，荷载次数增加不再引起破坏，这个疲劳应力值称为疲劳极限。对于承受重复荷载的结构，其控制断面的工作应力必须低于疲劳极限 σ_{np} 。下面以钢筋混凝土结构为例介绍疲劳检测的主要内容和方法。

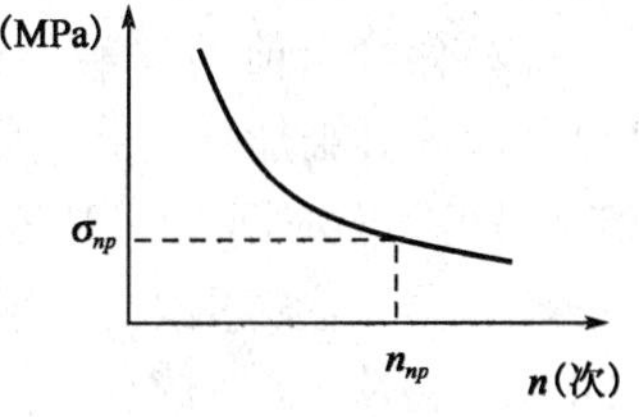

图5-32　疲劳应力与荷载次数关系图

一、疲劳测试项目

对于鉴定性疲劳检测，在控制疲劳次数内测取下述有关数据，同时应满足设计规范规定的强度、刚度、抗裂度的要求。

(1)抗裂性及开裂荷载；

(2)裂缝宽度及其发展；

(3)最大挠度及其变化幅度；

(4)疲劳极限值。

对于研究性疲劳检测，检测项目按研究目的和要求确定。

二、疲劳测试荷载

1. *疲劳测试荷载取值*

疲劳测试的上限荷载 P_{max} 是根据构件在标准荷载下最不利组合所产生的弯矩计算而得的。荷载下限则根据疲劳测试设备的要求而定。如瑞士 AMSLER 疲劳试验机取用的最小荷载不得小于脉冲千斤顶最大动负荷的 3%。

2. *疲劳测试的荷载频率*

为了保证构件在疲劳测试时不产生共振，构件的稳定振动范围应远离共振区，即使疲劳测试荷载频率 ω 满足条件

$$\frac{\omega}{\theta} < 0.5\text{，或}1.3 < \frac{\omega}{\theta}$$

式中：θ——结构的固有频率。

3. *疲劳循环次数*

对于鉴定性检测，构件经过下列控制循环次数的疲劳荷载作用后，抗裂度、刚度、强度必须满足设计规范中的有关规定。

即：

中级制吊车梁 $n=2\times10^6$ 次；

重级制吊车梁 $n=4\times10^6$ 次。

三、疲劳测试程序

一般等幅疲劳测试的程序如下：

(1)对构件施加小于极限承载力荷载 20% 的预加静荷载，消除松动、接触不良，压牢构件并使仪表运转正常。

(2)做疲劳前的静载检测(目的主要是为了对比构件经受反复荷载后受力性能有何变化)。荷载分级加到疲劳上限荷载，每级荷载可取上限荷载的 10%，临近开裂荷载时不宜超过 5%，每级间歇时间 10~15 分钟，记取读数，加满后，分两次卸载。

(3)调节疲劳机上、下限荷载，待示值稳定后读取第一次动载读数，以后每隔一定次数(30~50 万次)读取读数。

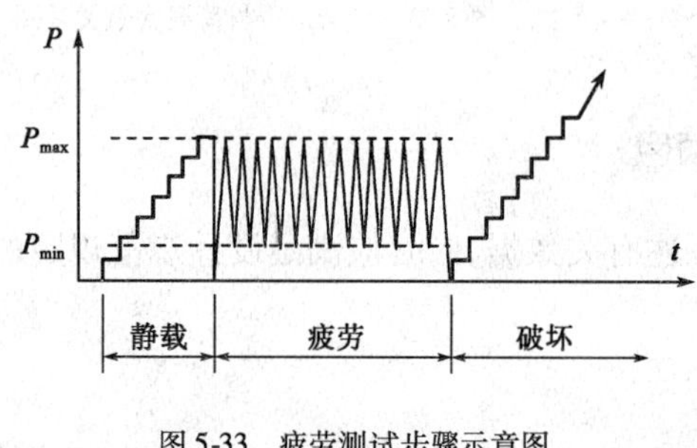

图 5-33　疲劳测试步骤示意图

(4)达到要求的疲劳次数后进行破坏加载。分两种情况：一种是继续施加疲劳荷载直至结构破坏；另一种是作静载加载直到结构破坏，这种方法同前，但荷载距可以加大。

上述疲劳测试程序可用图 5-33 表示。

实际的结构构件往往是受任意变化的重复荷载作用，疲劳检测应尽可能使用符合实际情况的变幅疲劳荷载。

四、疲劳试件安装要求

结构疲劳测试的时间长、振动量大，通常是脆性破坏，事先没有预兆，所以对试件的安装严

格要求做到以下两点：

(1)试件、千斤顶、分配梁等严格对中，并使试件平衡。用砂浆找平时，不宜铺厚，以免厚砂浆层被压酥。

(2)架设预防试件脆性破坏的安全墩。

钢结构的疲劳检测可以参考《钢结构设计规范》进行。

习　题

1. 名词解释：

荷载图式、等效荷载、荷载制度、使用荷载、标准荷载、极限荷载、破坏荷载、恒载时间。

2. 单调加载的静力试验为什么需要分级加载且需要恒载时间？

3. 结构理论发展到什么阶段以后才需要伪静力试验？

4. 结构理论发展到什么阶段以后才需要拟动力试验？

5. 静力试验、伪静力试验、拟动力试验、振动台试验有哪些区别与联系？

6. 结构的基本动力特性是什么？

7. 动力特性试验与动力荷载试验有何区别？

8. 为什么环境随机振动试验不属于动力荷载试验？

第六章 结构实验数据处理

DILIUZHANG

第一节　概　　述

把实验得到的数据进行整理换算、统计分析和归纳演绎，以得到代表结构性能的公式、图像、表格、数学模型和数值等的过程叫数据处理。通过采集得到的数据是数据处理过程的原始数据。例如，把位移传感器测得的应变换算成位移，把应变片测得的应变换算成应力，由测得的位移计算挠度，由结构的变形和荷载的关系可得到结构的屈服点、延性和恢复力模型等，对原始数据进行统计分析可以得到平均值等统计特征值，对动态信号进行变换处理可以得到结构的自振频率等动力特性，等等。

结构实验时采集得到的原始数据量大且有误差，有时杂乱无章，有时甚至有错误，所以，必须对原始数据进行处理，才能得到可靠的实验结果。

数据处理的内容和步骤为：

(1)数据的整理和换算；

(2)数据的误差分析；

(3)数据的表达。

第二节　数据整理和换算

把剔除不可靠或不可信数值和统一数据精度的过程叫实验数据的整理。把整理后的实验数据通过基础理论来计算另一物理量的过程叫实验数据的换算。

在数据采集时，由于各种原因，会得到一些完全错误的数据。例如，仪器参数设置错误造成数据出错，人工读、记错误造成数据出错，环境因素造成的数据失真，测量仪器的缺陷或布置错误造成数据出错，测量过程受到干扰造成数据出错，等等。这些数据错误中的部分错误可以通过复核仪器参数等方法进行整理，加以改正。

实验采集到的数据有时杂乱无章，如不同仪器得到的数据位数长短不一，应该根据实验要求和测量精度，按照国家《数值修约规则》标准的规定进行修约。数据修约应按下面的规则

进行:

(1)四舍五入,即拟舍数位的数字小于5时舍去,大于5时进1,等于5时,若所保留的末位数字为奇数则进1,为偶数则舍弃。

(2)负数修约时,先将它的绝对值按上述规则修约,然后在修约值前面加上负号。

(3)拟修约数值应在确定修约位数后一次性修约获得结果,不得多次连续修约。例如,将15.4546修约到1,正确的做法为15.4546→15,错误的做法为15.4546→15.455→15.46→15.5→16。

经过整理的数据还需要进行换算,才能得到所要求的物理量,如把应变仪测得的应变换算成相应的位移、转角、应力等。数据换算应以相应的理论知识为依据进行,这里不再赘述。

由实验数据经过换算得到的数据不是理论数据,而仍是实验数据。

第三节　数据误差分析

一、统计分析的概念

数据处理时,统计分析是一种常用的方法,可以用统计分析从很多数据中找到一个或若干个代表值,也可以通过统计分析对实验的误差进行分析。以下介绍常用的统计分析的概念和计算方法。

1.平均值

平均值有算术平均值、几何平均值和加权平均值等,按以下公式计算:

1)算术平均值$\bar{x}$

$$\bar{x} = \frac{1}{n}(x_1 + x_2 + \cdots + x_n) \tag{6-1}$$

实验数据的算术平均值在最小二乘法意义下是所求真值的最佳近似值,是最常用的一种平均值。

2)几何平均值$\bar{x}_a$

$$\bar{x}_a = \sqrt[n]{x_1 \cdot x_2 \cdot \cdots \cdot x_n}, \text{或} \lg \bar{x}_a = \frac{1}{n}\sum_{i=1}^{n}\lg x_i \tag{6-2}$$

当一组实验值x_i取常用对数($\lg x_i$)后所得曲线比x_i的曲线更为对称时,常用此法计算数据的平均值。

3)加权平均值$\bar{x}_w$

$$\bar{x}_w = \frac{w_1x_1 + w_2x_2 + \cdots + w_nx_n}{w_1 + w_2 + \cdots + w_n} \tag{6-3}$$

式中w_i是第i个实验值x_i所对应的权重,在计算用不同方法或不同条件观测的同一物理量的均值时,可以对不同可靠程度的数据给予不同的"权"。

2.标准差

对一组实验值$x_1, x_2, \cdots, x_n$,当它们的可靠程度相同时,其标准差σ为:

$$\sigma = \sqrt{\frac{1}{(n-1)}\sum_{i=1}^{n}(x_i - \bar{x})^2} \tag{6-4}$$

当它们的可靠程度不同时,其标准差σ_w为:

$$\sigma_w = \sqrt{\frac{1}{(n-1)\sum_{i=1}^{n} w_i} \times \sum_{i=1}^{n} w_i (x_i - \bar{x}_w)^2} \tag{6-5}$$

标准差反映了一组实验值在平均值附近的分散和偏离程度，标准差越大表示分散和偏离程度越大，反之则越小。它对一组实验值中的较大偏差反映比较敏感。

3. 变异系数

变异系数 C_v 通常用来衡量数据的相对偏差程度，它的定义为：

$$C_v = \frac{\sigma}{\bar{x}}, \text{或 } C_v = \frac{\sigma_w}{\bar{x}_w} \tag{6-6}$$

式中：$\bar{x}$、$\bar{x}_w$——平均值；

σ、σ_w——标准差。

4. 随机变量和概率分布

结构实验的误差及结构材料等许多实验数据都是随机变量，随机变量既有分散性和不确定性，又有规律性。对随机变量，应该用概率的方法来研究，即对随机变量进行大量的测量，对其进行统计分析，从中演绎归纳出随机变量的统计规律及概率分布。

为了对随机变量进行统计分析，得到它的分布函数，需要进行大量测试，由测量值的频率分布图来估计其概率分布。绘制频率分布图的步骤如下：

(1)按观测次序记录数据；

(2)按由小至大的次序重新排列数据；

(3)划分区间，将数据分组；

(4)计算各区间数据出现的次数、频率和累计频率；

(5)绘制频率直方图及累积频率图(图 6-1)。

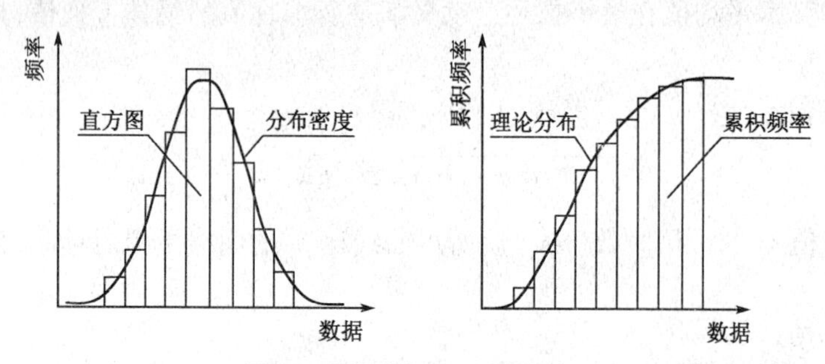

图 6-1　频率直方图和累计频率图

可将频率分布近似作为概率分布(概率是当测试次数趋于无穷大的各组频率)，并由此推断实验结果服从何种概率分布。

正态分布是最常用的描述随机变量概率分布的函数，由高斯(Gauss, K. F.)在 1795 年提出，所以又称为高斯分布。实验测量中的偶然误差，近似服从正态分布。

正态分布 $N(\mu, \sigma^2)$ 概率密度分布函数为：

$$P_N(x) = \frac{1}{\sqrt{2\pi} \cdot \sigma} e^{-\frac{(x-\mu)^2}{2\sigma^2}} \quad (-\infty < x < \infty) \tag{6-7}$$

其分布函数为：

$$N(x) = \frac{1}{\sqrt{2\pi} \cdot \sigma} \int_{-\infty}^{x} e^{-\frac{(t-\mu)^2}{2\sigma^2}} \cdot \mathrm{d}t \tag{6-8}$$

式中：μ——均值；

σ^2——方差。

它们是正态分布的两个特征参数。

对于满足正态分布的曲线族，只要参数 μ 和 σ 已知，曲线就可以确定。图 6-2 所示为不同参数和正态分布密度函数，从中可以看出：

(1) $P_N(x)$ 在 $x=\mu$ 处达到最大值，μ 表示随机变量分布的集中位置。

(2) $P_N(x)$ 在 $x=\mu \pm \sigma$ 处曲线有拐点。σ 值越小 $P_N(x)$ 曲线的最大值就越大，并且降落得越快，所以 σ 表示随机变量分布的分散程度。

(3) 若把 $x-\mu$ 称作偏差，可见小偏差出现的概率较大，大偏差出现的概率小。

(4) $P_N(x)$ 曲线关于 $x=\mu$ 是对称的，即大小相同的正负偏差出现的概率相同。

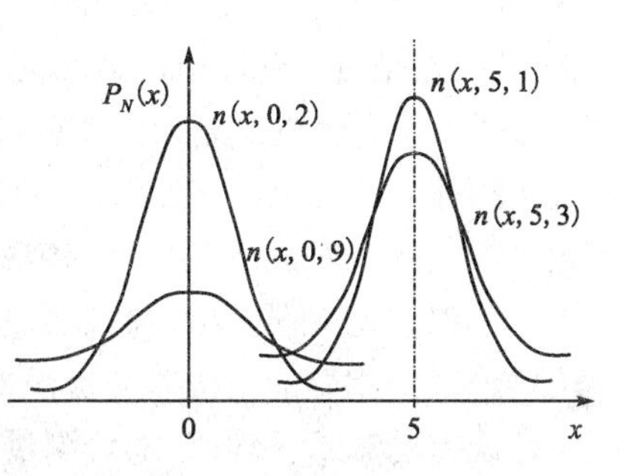

图 6-2　正态分布密度函数图

$\mu=0, \sigma=1$ 的正态分布称为标准正态分布，它的概率密度分布函数和概率分布函数如下：

$$P_N(t;0,1) = \frac{1}{\sqrt{2\pi}} \cdot e^{-\frac{t^2}{2}} \tag{6-9}$$

$$N(t;0,1) = \frac{1}{\sqrt{2\pi}} \int_{\infty}^{t} e^{-\frac{\mu^2}{2}} \mathrm{d}u \tag{6-10}$$

标准正态分布函数值可以从有关表格中取得。对于非标准的正态分布 $P_N(x;\mu,\sigma)$ 和 $N(x;\mu,\sigma)$ 可先将函数标准化，用 $t=\frac{x-\mu}{\sigma}$ 进行变量代换，然后从标准正态分布表中查取 $N(\frac{x-\mu}{\sigma};0,1)$ 的函数值。

其他几种常用的概率分布有：二项分布、均匀分布、瑞利分布、x^2 分布、t 分布以及 F 分布等。

二、误差的分类

被测对象的值是客观存在的，称为真值 x，每次测量所得的值 x_i $(i=1,2,3,\cdots,n)$ 称为测试值。真值和测试值的差值

$$\alpha_i = x_i - x \qquad (i = 1,2,3,\cdots,n) \tag{6-11}$$

称为测量误差，简称为误差，实际实验中，真值无法测试，常用平均值来代表。由于各种主观和客观的原因，任何测量数据不可避免地都包含一定程度的误差。只有了解了实验误差的范围，才有可能正确估价实验所得到的结果。同时，对实验误差进行分析将有助于在实验中控制和减少误差的产生。

根据误差产生的原因和性质，可以将误差分为系统误差、随机误差和过失误差三类。

1. 系统误差

系统误差是由某些固定原因所造成的，其特点是在整个测量过程中始终有规律地存在着，其绝对值和符号保持不变或按某一规律变化。系统误差的来源有：方法误差、工具误差、环境误差、操作误差和主观误差等。

系统误差的大小可以用准确度表示，准确度高表示测量的系统误差小。查明系统误差的原因，找出其变化规律，就可以在测量中采取措施减小误差，或在数据处理时对测量结果进行修正。

2. 随机误差

随机误差是由一些随机的偶然因素造成的，它的绝对值和符号变化无常；但如果进行大量的测量，可以发现随机误差的数值分布符合一定的统计规律，一般认为其服从正态分布。随机误差有以下特点：

(1)误差的绝对值不会超过一定的界线；

(2)小误差比大误差出现的次数多，近于零的误差出现的次数最多；

(3)绝对值相等的正误差与负误差出现的次数几乎相等；

(4)误差的算术平均值，随着测量次数的增加而趋向于零。

另外，要注意的是，实际实验中往往很难区分随机误差和系统误差，因此许多误差都是这两类误差的组合。

随机误差的大小可以用精密度表示，精密度高表示测量的随机误差小。对随机误差进行统计分析，或增加测量次数，找出其统计特征值，就可以在数据处理时对测量结果进行修正。

3. 过失误差

过失误差是由于实验人员粗心大意，不按操作规程办事等原因造成的误差。

三、误差计算

对误差进行统计分析时，同样需要计算三个重要的统计特征值即算术平均值、标准误差和变异系数。如进行了 n 次测量，得到 n 个测量值 x_i，则有 n 个测量误差 $\alpha_i(i=1,2,3,\cdots,n)$，误差的平均值为：

$$\overline{\alpha} = \frac{1}{n}(\alpha_1 + \alpha_2 + \cdots + \alpha_n) \tag{6-12}$$

式中：$\alpha_i = x_i - \overline{x}$，其中，$\overline{x} = \frac{1}{n}\sum_{i=1}^{n}x_i$

误差的标准值为：

$$\sigma = \sqrt{\frac{1}{n-1}\sum_{i=1}^{n}\alpha_i^2} \tag{6-13}$$

变异系数为：

$$c_v = \frac{\sigma}{\overline{\alpha}} \tag{6-14}$$

四、误差传递

在对实验结果进行数据处理时，常常需要若干个直接测量值计算某一些物理量的值，它们之间的关系可以用下面的函数形式表示：

$$y = f(x_1, x_2, \cdots, x_m) \tag{6-15}$$

式中,$x_i(i=1,2,\cdots,m)$为直接测量值,y为所要计算的物理量。若直接测量值的 x_i 最大绝对误差为 $\Delta x_i(i=1,2,\cdots,m)$,则 y 的最大绝对误差 Δy 和最大相对误差 δy 分别为:

$$\Delta y = \left|\frac{\partial f}{\partial x_1}\right|\Delta x_1 + \left|\frac{\partial f}{\partial x_2}\right|\Delta x_2 + \cdots + \left|\frac{\partial f}{\partial x_m}\right|\Delta x_m \tag{6-16}$$

$$\delta y = \frac{\Delta y}{|y|} = \left|\frac{\partial f}{\partial x_1}\right|\frac{\Delta x_1}{|y|} + \left|\frac{\partial f}{\partial x_2}\right|\frac{\Delta x_2}{|y|} + \cdots + \left|\frac{\partial f}{\partial x_m}\right|\frac{\Delta x_m}{|y|} \tag{6-17}$$

对一些常用的函数形式,可以得到以下关于误差估计的实用公式:

1. 代数和

$$\Delta y = \Delta x_1 + \Delta x_2 + \cdots + \Delta x_m,\text{而}\ \delta y = \frac{\Delta y}{|y|} = \frac{\Delta x_1 + \Delta x_2 + \cdots + \Delta x_m}{|x_1 + x_2 + \cdots + x_m|}$$

2. 乘法

$$\Delta y = |x_2|\Delta x_1 + |x_1|\Delta x_2,\text{而}\ \delta y = \frac{\Delta y}{|y|} = \frac{\Delta x_1}{|x_1|} + \frac{\Delta x_2}{|x_2|}$$

3. 除法

$$\Delta y = \left|\frac{1}{x_2}\right|\Delta x_1 + \left|\frac{x_1}{x_2^2}\right|\Delta x_2,\text{而}\ \delta y = \frac{\Delta y}{|y|} = \frac{\Delta x_1}{|x_1|} + \frac{\Delta x_2}{|x_2|}$$

4. 幂函数

$$\Delta y = |\alpha \cdot x^{\alpha-1}|\Delta x,\text{而}\ \delta y = \frac{\Delta y}{|y|} = \left|\frac{\alpha}{x}\right|\Delta x$$

5. 对数

$$\Delta y = \left|\frac{1}{x}\right|\Delta x,\text{而}\ \delta y = \frac{\Delta y}{|y|} = \frac{\Delta x}{|x\ln x|}$$

如 $x_1, x_2, \cdots, x_m$ 为随机变量,它们各自的标准误差为 $\sigma_1, \sigma_2, \cdots, \sigma_m$,令 $y = f(x_1, x_2, \cdots, x_m)$为随机变量的函数,则 y 的标准误差 σ 为:

$$\sigma = \sqrt{\left(\frac{\partial f}{\partial x_1}\right)^2\sigma_1^2 + \left(\frac{\partial f}{\partial x_2}\right)^2\sigma_2^2 + \cdots + \left(\frac{\partial f}{\partial x_m}\right)^2\sigma_m^2} \tag{6-18}$$

五、误差的检验

实际实验中,系统误差、随机误差和过失误差是同时存在的,实验误差是这三种误差的组合。通过对误差进行检验,尽可能地消除系统误差,剔除过失误差,才能使实验数据反映事实。

1. 系统误差的发现和消除

系统误差由于产生的原因较多、较复杂,所以,系统误差不容易被发现,它的规律难以掌握,也难以全部消除它的影响,从数值上看,常见的系统误差有"固定的系统误差"和"变化的系统误差"两类。

固定的系统误差是在整个测量数据中始终存在着的一个数值大小、符号保持不变的偏差。固定的系统误差往往不能通过在同一条件下的多次重复测量来发现,只有用几种不同的测量方法或同时用几种测量工具进行测量比较,才能发现其原因和规律,并加以消除。

变化的系统误差可分为积累变化、周期性变化和按复杂规律变化三种。

当测量次数相当多时，如率定传感器时，可从偏差的频率直方图来判别；如偏差的频率直方图和正态分布曲线相差较大，即可判断测量数据中存在着系统误差，因为随机误差的分布规律服从正态分布。

当测量次数不够多时，可将测量数据的偏差按测量先后次序依次排列，如其数值大小基本上作有规律地向一个方向变化（增大或减小），即可判断测量数据是有积累的系统误差；如将前一半的偏差之和与后一半的偏差之和相减，若两者之差不为零或不近似为零，也可判断测量数据是有积累的系统误差，将测量数据的偏差按测量先后次序依次排列；如其符号基本上作有规律的交替变化，即可认为测量数据中有周期性变化的系统误差。对变化规律复杂的系统误差，可按其变化的现象，进行各种试探性的修正，来寻找其规律和原因；也可改变或调整测量方法，如用其他的测量工具，来减少或消除这一类的系统误差。

2. 随机误差

通常认为随机误差服从正态分布，它的分布密度函数为：

$$y = \frac{1}{\sqrt{2\pi} \cdot \sigma} \cdot e^{-\frac{(x_i - x)^2}{2\sigma^2}} \tag{6-19}$$

式中：$x_i - x$——随机误差；

x_i——减去其他误差后的实测值，x 为真值。

实际实验时，常用 $x_i - \bar{x}$ 代替 $x_i - x$，$\bar{x}$ 为平均值即近似的真值。随机误差有以下特点：

（1）在一定测量条件下，误差的绝对值不会超过某一极限；

（2）小误差出现的概率比大误差出现概率大，零误差出现的概率最大；

（3）绝对值相等的正误差与负误差出现的概率相等；

（4）同条件下对同一量进行测量，其误差的算术平均值随着测量次数 n 的无限增加而趋向于零，即误差算术平均值的极限为零。

参照前面的正态分布的概率密度函数曲线图，标准误差 σ 越大，曲线越平坦，误差值分布越分散，精密度越低；σ 越小，曲线越陡，误差值分布越集中，精密度越高。

误差落在某一区间内的概率 $P(|x_i - x| \cdot \alpha_t)$ 如表 6-1 所示：

与某一误差范围对应的概率　　表 6-1

误差限 $\sigma \cdot \alpha_t$	0.32	0.67	1.00	1.15	1.96	2.00	2.58	3.00
概率 P(%)	25	50	68	75	95	95.4	99	99.7

在一般情况下，99.7% 的概率可以认为是代表测量次数的全体，所以把 3σ 叫做极限误差；当某一测量数据的误差绝对值大于 3σ 时，即可认为测量数据已属于不正常数据。

3. 异常数据的舍弃

在测量中，有时会遇到个别测量值的误差较大，并且难以对其合理解释，这些个别数据就是所谓的异常数据，应该把它们从实验数据中剔除，通常认为其中包含有过失误差。

根据误差的统计规律，绝对值越大的随机误差，其出现的概率越小；随机误差的绝对值不会超过某一范围。因此可以选择一个范围来对各个数据进行鉴别，如果某处数据的偏差超出此范围，则认为该数据中包含有过失误差，应予以剔除。常用的判别范围和鉴别方法如下：

1）3σ 方法

由于随机误差服从正态分布，误差绝对值大于 3σ 的测试数据出现的概率仅为 0.3%，即 370 多次才可能出现一次。因此，当某个数据的误差绝对值大于 3σ 时，应剔除该数据。

实际实验中，可用样本误差代替总体误差，σ 按(6-13)式进行计算。

2)肖维纳(Chauvenet)方法

进行 n 次测量，误差服从正态分布，当误差出现的概率小于0.5次时，可以根据概率 $1/2n$ 设定的判别误差的范围$[-\alpha\cdot\sigma, +\alpha\cdot\sigma]$，来计算测量值的鉴别值，当某一测量数据的绝对值大于鉴别值即误差出现的概率小于 $1/2n$ 时，就剔除该数据。判别范围由下式设定：

$$\frac{1}{2n} = 1 - \int_{-\alpha}^{\alpha} \frac{1}{\sqrt{2\pi}} e^{-\frac{t^2}{2}} \cdot dt \tag{6-20}$$

3)格拉布斯(Grubbs)方法

格拉布斯方法是以 t 分布为基础，根据数理统计按危险率 α(指剔错的概率，在工程问题中置信度一般取95%、$\alpha=5\%$ 和99%、$\alpha=1\%$ 两种)和子样容量 n(即测量次数 n)求得临界值 $T_0(n,\alpha)$，若某个测量数据 x_i 的误差绝对值满足下式时

$$|x_i - \bar{x}| > T_0(n,\alpha) \cdot s \tag{6-21}$$

即应剔除该数据，上式中，s 为样本的标准差。

下面以例题的形式加以说明：

【例题】 测定一批构件的承载能力，得4 520、4 460、4 610、4 540、4 550、4 490、4 680、4 460、4 500、4 830(单位：N·m)，问其中是否包含过失误差？

【解】 求平均值：

$$\bar{x} = \frac{1}{10}(4\,520 + 4\,460 + \cdots\cdots + 4\,830) = 4\,564(\text{N}\cdot\text{m})$$

$$\sum v_i^2 = (4\,520 - 4\,564)^2 + \cdots\cdots + (4\,830 - 4\,564)^2 = 120\,240(\text{N}\cdot\text{m})^2$$

$$s = \sqrt{\frac{\sum v_i^2}{n-1}} = \sqrt{\frac{120\,240}{10-1}} = 115.6(\text{N}\cdot\text{m})$$

(1)按 3σ 准则，如果符合 $|x_i - \bar{x}| > 3\sigma \approx 3s$ 则认为 x_i 包括过失误差而把它剔除，因为

$$3s = 3 \times 115.6 = 346.8$$

$$|x_i - \bar{x}| = |4\,830 - 4\,564| = 266 < 346.8$$

所以，数据4 830应保留。

(2)按肖维纳(Chauvenet)准则方法，如果符合 $|x_i - \bar{x}| > Z_\alpha \cdot s$ 则认为 x_i 包括过失误差而把它剔除，因为 $n=10$，查表6-2得 $Z_\alpha = 1.96$

n-Z_α 表 表6-2

n	Z_α	n	Z_α	n	Z_α	n	Z_α
5	1.65	14	2.10	23	2.30	50	2.58
6	1.73	15	2.13	24	2.32	60	2.64
7	1.80	16	2.16	25	2.33	70	2.69
8	1.86	17	2.18	26	2.34	80	2.74
9	1.92	18	2.20	27	2.35	90	2.78
10	1.96	19	2.22	28	2.37	100	2.81
11	2.00	20	2.24	29	2.38	150	2.93
12	2.04	21	2.26	30	2.39	200	3.03
13	2.07	22	2.28	40	2.50	500	3.29

$$Z_{\alpha} \cdot s = 1.96 \times 115.6 = 226.6$$

$$|x_i - \bar{x}| = |4\,830 - 4\,564| = 266 > 226.6$$

所以,数据 4 830 应剔除。

(3)按格拉布斯(Grubbs)准则方法,如果符合 $|x_i - \bar{x}| > g_0 \cdot s$ 则认为 x_i 包括过失误差而把它剔除,因为 $n=10$,取 $\alpha=0.05$,查表 6-3 得 $g_0=2.18$

$$g_0 \cdot s = 2.18 \times 115.6 = 252$$

$$|x_i - \bar{x}| = |4\,830 - 4\,564| = 266 > 252$$

所以,数据 4 830 应剔除。

g_0 表 表 6-3

α		0.05	0.01	α		0.05	0.01
n	3	1.15	1.16	n	17	2.48	2.78
	4	1.46	1.49		18	2.50	2.82
	5	1.67	1.75		19	2.53	2.85
	6	1.82	1.94		20	2.56	2.88
	7	1.94	2.10		21	2.58	2.91
	8	2.03	2.22		22	2.6	2.94
	9	2.11	2.23		23	2.62	2.96
	10	2.18	2.14		24	2.64	2.99
	11	2.23	2.48		25	2.66	3.01
	12	2.28	2.55		30	2.74	3.10
	13	2.33	2.61		35	2.81	3.18
	14	2.37	2.66		40	2.87	3.24
	15	2.41	2.70		50	2.96	3.34
	16	2.44	2.75		100	3.17	3.59

若取 $\alpha=0.01$,查表 6-3 得 $g_0=2.41$

$$g_0 \cdot s = 2.41 \times 115.6 = 279$$

$$|x_i - \bar{x}| = |4\,830 - 4\,564| = 266 < 279$$

所以,数据 4 830 应保留。

第四节 数据的表达

把实验数据按一定的规律、方式来表达,以便对数据进行分析。实验数据表达的方式有表格、图像和函数三种。

一、表格方式

表格按其内容和格式可分为汇总表格和关系表格两大类,汇总表格把实验结果中的主要内容或实验中的某些重要数据汇集于一个表格中,起着类似于摘要和结论的作用,表中的行与行、列与列之间一般没有必然的关系;关系表格是把相互有关的数据按一定的格式列于表中,表中列与列、行与行之间都有一定的关系,它的作用是使有一定关系的若干个变量的数据更加清楚地表示出变量之间的关系和规律。

表格的主要组成部分和基本要求如下：

(1)每个表格都应该有一个表格的名称，如果文章中有一个以上的表格时，还应该有表格的编号。表格名称和编号通常放在表的顶上。

(2)表格的形式应该根据表格的内容和要求来决定，在满足基本要求的情况下，可以对细节作变动，不拘一格。

(3)不论何种表格，每列都必须有列名，它表示该列数据的意义和单位；列名都放在每列的头部，应把各列名都放在第一行对齐，如果第一行空间不够，可以把列名的部分内容放在表格下面的注解中去。应尽量把主要的数据列或自变量列放在靠左边的位置。

(4)表格中的内容应尽量完全，能完整地说明问题。

(5)表格中的符号和缩写应该采用标准格式，表中的数字应该整齐、准确。

(6)如果需要对表格中的内容加以说明，可以在表格的下面、紧挨着表格加一注解，不要把注解放在其他任何地方，以免混淆。

(7)应突出重点，把主要内容放在醒目的位置。

表6-4反映了雀替简支木梁受力性能实验研究的部分实验结果，是汇总表格的示例，展示了当雀替长度发生变化时，试件在设计应力状态下的实验荷载值、挠度测试值和挠度理论值及其相对误差等。

设计应力状态下各试件的承载力及挠度 表6-4

试件代号	雀替长度(mm)	截面应力(MPa)	实验荷载(N)	实测挠度(mm)	计算挠度(mm)	相对误差(%)
S-0	0.0	10.0	88.0	1.34	1.33	1.0
S-1	75.0	10.0	99.0	1.19	1.47	-19.0
S-2	100.0	10.0	107.0	1.05	1.57	-33.0
S-3	150.0	10.0	118.0	0.93	1.69	-45.0

由表可知，当截面应力保持10.0MPa不变，而雀替长度由小变大时，试件的承载能力由小变大，试件挠度的实测值反而由大变小，但挠度的计算值由小变大。说明雀替简支木梁的理论计算方法有待于改进。

二、图像方式

实验数据还可以用图像来表现，图像表现形式有：曲线图、直方图、形态图和馅饼图等，其中最常用的是曲线图和形态图。

1.曲线图

曲线可以清楚、直观地显示两个或两个以上的变量之间关系的变化过程，或显示若干个变量数据沿某一区域的分布；还可以显示变化过程或分布范围中的转折点、最高点、最低点及周期变化的规律。对于定性分析和整体分析来说，曲线图是最合适的方法。曲线图的主要组成部分和基本要求为：

(1)每个曲线图必须有图名，如果文章中有一个以上的曲线图，还应该有图的编号。图名和图号通常放在图的底部。

(2)每个曲线应该有一个横坐标和一个或一个以上的纵坐标，每个坐标都应有名称；坐标的形式、比例和长度可根据数据和范围决定，但应该使整个曲线图清楚、准确地反映数据的规律。

(3)通常取横坐标作为自变量，取纵坐标作为因变量，自变量通常只有一个，因变量可以有若干个；一个自变量可以组成一条曲线，一个曲线图中可以有若干条曲线。

(4)有若干条曲线时，可以用不同线型（实线、虚线、点划线和点线等）或用不同的标记（○、□、△、+、×、*等）加以区别，也可以用文字说明来区别。

(5)曲线必须以实验数为根据，对实验时记录得到的连续曲线（如 X-Y 函数记录仪记录的曲线、光线示波器记录的振动曲线等），可以直接采用，或加以修整后采用；对实验时非连续记录得到的数据和把连续记录离散化得到的数据，可以用直线或曲线顺序相连，并应尽可能用标记标出实验数据点。

(6)如果需要对曲线图中的内容加以说明，可以在图中或图名下加写注解。

由于各种原因，实验直接得到的曲线上会出现毛刺、振荡等，影响了对实验结果的分析。对这种情况，可以对实验曲线进行修匀、光滑处理，常用的方法是直线滑动平均法。下面介绍三点滑动平均法的计算式：

$$y'_i = \frac{1}{3}(y_{i-1} + y_i + y_{i+1})$$

$$y'_0 = \frac{1}{6}(5y_0 + 2y_1 - y_2)$$

$$y'_m = \frac{1}{6}(-y_{m-2} + 2y_{m-1} + 5y_m)$$

还可以用六点滑动平均、二次抛物线或三次抛物线滑动平均法，对实验曲线进行修匀、光滑处理。

图 6-3 和图 6-4 就是两例曲线图，图中 *L*-0 是非预应力木梁，*L*-1、*L*-2、*L*-3 是预应力依次增大的预应力木梁。由图可知，预应力木梁的受力性能比非预应力的好，高预应力的木梁其受力性能比低预应力的好。随着预应力的增大，荷载—挠度曲线的线性特征显著增强。

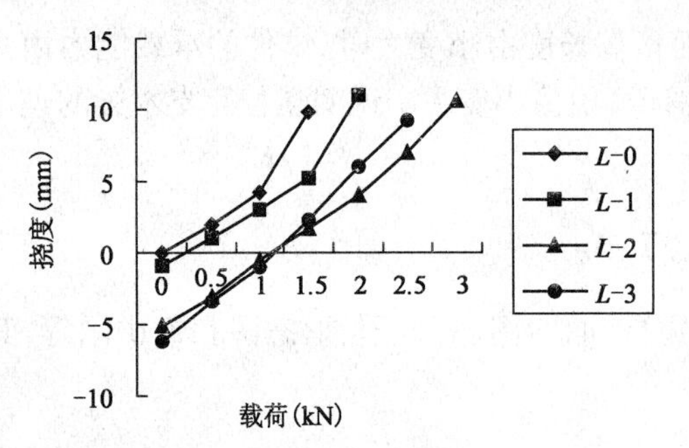

图 6-3　圆形截面预应力木梁荷载—挠度曲线

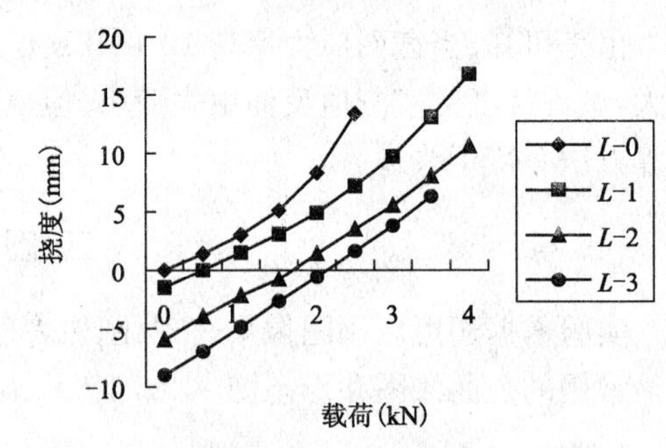

图 6-4　矩形截面预应力木梁荷载—挠度曲线

2. 形态图

把结构在实验时的各种难以用数值表示的形态，用图像表示，这类的形态如混凝土结构的裂缝情况、钢结构的屈曲失稳状态、结构的变形状态、结构的破坏状态等，这种图像就是形态图。

形态图有照片和手工画图两种，照片形式的形态图可以真实地反映实际情况，但有时却把一些不需要的细节也包括在内；手工画的形态图可以对实际情况进行概括和抽象，突出重点，更好地反映本质情况。制图时,可根据需要作整体图或局部图,还可以把各个侧面的形态图连成展开图。制图还应考虑各类结构的特点、结构的材料、结构的形状等。

形态图用来表示结构的损伤情况、破坏形态等,是其他表达方法不能代替的。

3. 直方图和馅饼形图

直方图的作用之一是统计分析,通过绘制某个变量的频率直方图和累积频率直方图来判断其随机分布规律。为了研究某个随机变量的分布规律,首先要对该变量进行大量的观测,然后按照以下步骤绘制直方图:

(1)从观测数据中找出最大值和最小值;

(2)确定分组区间和组数,区间宽度为 Δx,算出各组的中值;

(3)根据原始记录,统计各组内测量值出现的频数 m_i;

(4)计算各组的频率 $f_i(f_i = m_i/\sum m_i)$ 和累积频率;

(5)绘制频率直方图和累积频率直方图,以观测值为横坐标,以频率密度($f_i/\Delta x$)为纵坐标,在每一分组区间,作以区间宽度为底、频率密度为高的矩形,这些矩形所组成的阶梯形称为频率直方图;再以累积频率为纵坐标,可绘出累积频率直方图。从频率直方图和累积频率直方图的基本趋向,可以判断随机变量的分布规律。

直方图的另一个作用是数值比较,把大小不同的数据用不同长度的矩形来代表,可以得到一个更加直观的比较。

馅饼图中,用大小不同的扇形面积来代表不同的数据,得到一个更加直观的比较。

三、函数方式

由于实验数据之间存在着一定的关系,所以实验数据还可以用函数方式来表达。利用实验数据之间的关系建立一个函数要两项工作:一是确定函数形式,二是求函数表达式中的系数。实验数据之间的关系是复杂的,很难找到一个真正反映这种关系的函数,但可以找到一个最佳的近似函数。常用来建立函数的方法有回归分析、系统识别等方法。

1. 确定函数形式

由实验数据建立函数,首先要确定函数的形式,函数的形式应能反映各个变量之间的关系,有了一定的函数形式,才能进一步利用数学手段来求得函数式中的各个系数。

函数形式可以从实验数据的分布规律中得到,通常是把实验数据作为函数坐标点画在坐标纸上,根据这些函数点的分布或由这些点连成的曲线的趋向,确定一种函数形式,在选择坐标系和坐标变量时,应尽量使函数点的分布或曲线的趋向简单明了,如呈线性关系;还可以设法通过变是代换,将原来关系不明确的转变为明确的,将原来呈曲线关系的转变为线性关系。常用的函数形式以及相应的线性转换见表 6-5。还可以采用多项式如:

$$y = \alpha_0 + \alpha_1 x + \alpha_2 x^2 + \cdots + \alpha_n x^n \tag{6-22}$$

确定函数形式时,应该考虑实验结构的特点,考虑实验内容的范围和特性,如是否经过原点,是否有水平或垂直,或沿某一方向的渐进线、极值点的位置等,这些特征对确定函数形式很有帮助。严格来说,所确定的函数形式,只是在实验结果的范围内才有效,只能在实验结果的范围内使用;如要把所确定的函数形式推广到实验结果的范围以外,应该要有充分的依据。

2. 求函数表达式的系数

对某一实验结果,确定了函数形式后,应通过数学方法求其系数,所求得的系数使得这一函数与实验结果尽可能相符。常用的数学方法有回归分析和系统识别。

常见函数形式以及相应的线性变换 表 6-5

序 号	图形及特征	名称及方程
1	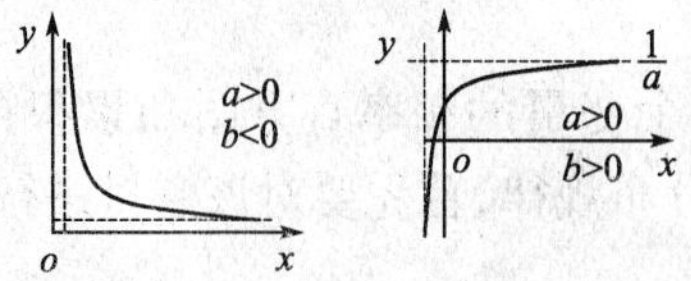 $a>0$, $b<0$；$a>0$, $b>0$，渐近线 $\frac{1}{a}$	双曲线 $\frac{1}{y}=a+\frac{b}{x}$；令 $y'=\frac{1}{y}$， $x'=\frac{1}{x}$ 则 $y'=a+bx'$
2	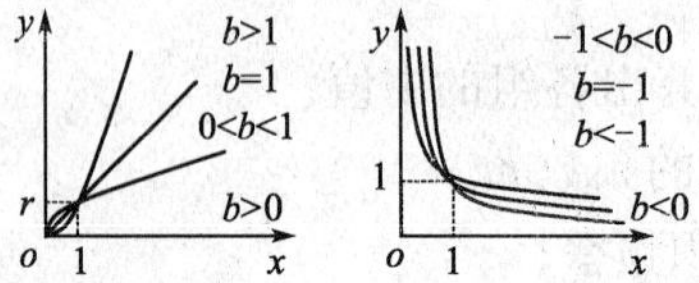 $b>1$, $b=1$, $0<b<1$, $b>0$；$-1<b<0$, $b=-1$, $b<-1$, $b<0$	幂函数曲线 $y=rx^{b}$；令 $y'=\lg y$， $x'=\lg x$， $a=\lg r$ 则 $y'=a+bx'$
3	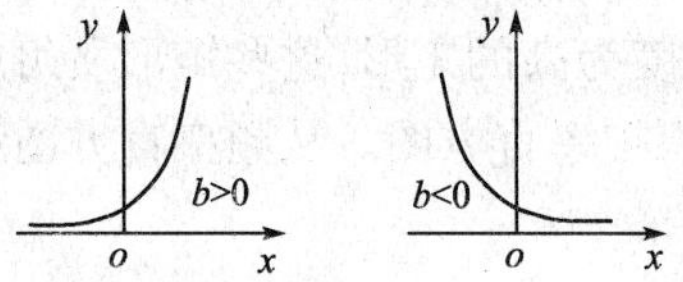 $b>0$；$b<0$	指数函数曲线 $y=re^{bx}$；令 $y'=\ln y$， $a=\ln r$ 则 $y'=a+bx$
4	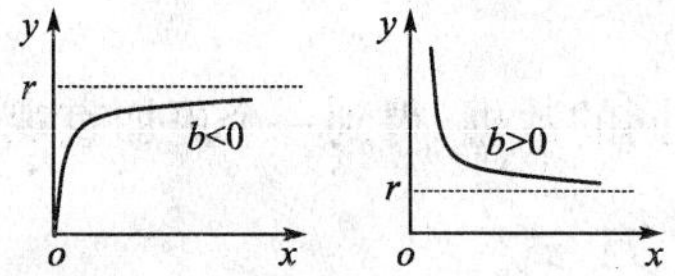 $b<0$；$b>0$	指数函数曲线 $y=re^{\frac{b}{x}}$；令 $y'=\ln y$， $x'=\frac{1}{x}$， $a=\ln r$ 则 $y'=a+bx'$
5	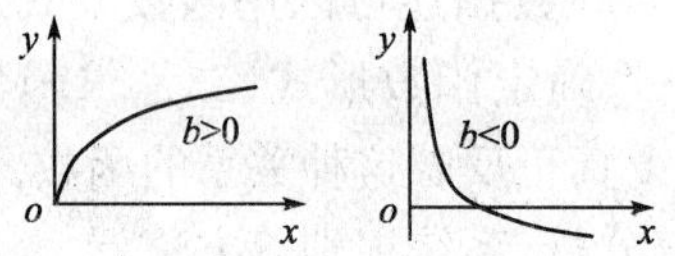 $b>0$；$b<0$	对数曲线 $y=a+b\lg x$；令 $x'=\lg x$ 则 $y=a+bx'$
6	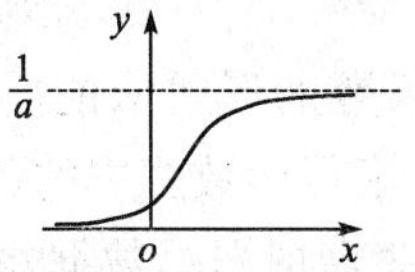 渐近线 $\frac{1}{a}$	S 形曲线 $y=\frac{1}{a+be^{-x}}$；令 $y'=\frac{1}{y}$， $x'=e^{-x}$ 则 $y'=a+bx'$

1）回归分析

设实验结果为$(x_i,y_i)(i=1,2,\cdots,m)$，用一函数来模拟 x_i 与 y_i 之间的关系，这个函数中有待定系数 $\alpha_j(j=1,2,\cdots,m)$，可写为

$$y=f(x,\alpha_j)(j=1,2,\cdots,m) \tag{6-23}$$

上式中的 α_j 也可称为回归系数。求这些回归系数所遵循的原则是：将所求到的系数代入函数式中，用函数式计算得到的数值应与实验结果呈最佳近似。通常用最小二乘法来确定回归系数 α_j。

所谓最小二乘法，就是使由函数式得到的回归值与实验的偏差平方之和 Q 为最小，从而确定回归系数 α_j 的方法。Q 可以表示为 α_j 的函数：

$$Q=\sum_{i=1}^{n}[y_i-f(x_i,\alpha_j)]^2(j=1,2,\cdots,m) \tag{6-24}$$

式中，(x_i, y_i) 为实验结果。根据微分学的极值定理，要使 Q 为最小的条件是把 Q 对 α_j 求导数并令其为零，如

$$\frac{\partial Q}{\partial \alpha_j} = 0 \qquad (j = 1,2,\cdots,m) \tag{6-25}$$

求解以上方程组，就可以解得使 Q 值为最小的回归系数 α_j。

2）一元线性回归分析

设实验结果 x_j 与 y_j 之间存在着线性关系，可得直线方程如下：

$$y = a + bx \tag{6-26}$$

相对的偏差平方之和 Q 为：

$$Q = \sum_{i=1}^{n}(y_i - a - bx_i)^2 \tag{6-27}$$

把 Q 对 a 和 b 求导并令其等于零，可解得 a 和 b 如下：

$$b = \frac{L_{xy}}{L_{xx}} \quad 及 \quad a = \bar{y} - b\bar{x} \tag{6-28}$$

式中，$\bar{x} = \frac{1}{n}\sum_{i=1}^{n}x_i$，$\bar{y} = \frac{1}{n}\sum_{i=1}^{n}y_i$，$L_{xx} = \sum_{i=1}^{n}(x_i - \bar{x})^2$，$L_{xy} = \sum(x_i - \bar{x})(y_i - \bar{y})$。

设 r 为相关系数，它反映了变量 x 和 y 之间线性相关的密切程度，r 由下式定义

$$r = \frac{L_{xy}}{\sqrt{L_{xx}L_{yy}}} \tag{6-29}$$

式中，$L_{yy} = \sum(y_i - \bar{y})^2$，显然 $|r| \leqslant 1$。当 $|r| = 1$，称为完全线性相关，此时所有的数据点 (x_i, y_i) 都在直线上；当 $|r| = 0$，称为完全线性无关，此时数据点的分布毫无规则；$|r|$ 越大，线性关系好；$|r|$ 很小时，线性关系很差，这时再用一元线性回归方程来代表 x 与 y 之间的关系就不合理了。表 6-6 为对应于不同的 n 和显著性水平 α 下的相关系数的起码值，当 $|r|$ 大于表中相应的值，所得到的直线回归方程才有意义。

3）一元非线性回归分析

若实验结果 x_i 和 y_i 之间的关系不是线性关系，可以利用表 6－3 进行变量代换，转换为线性关系，再求出函数式中的系数；也可以直接进行非线性回归分析，用最小二乘法求出函数式中的系数。对变量 x 和 y 进行相关性检验，可以用下列的相关指数来表示：

$$R^2 = 1 - \frac{\sum(y_i - y)^2}{\sum(y_i - \bar{y})^2} \tag{6-30}$$

式中，$y = f(x_i)$ 是把 x_i 代入回归方程得到的函数值，y_i 是实验结果，$\bar{y}$ 是实验结果的平均值。相关指数 R^2 的平方根 R 称为相关系数，但它与前面的线性相关系数不同。相关指数 R^2 和相关系数 R 都是表示回归方程或回归曲线与实验结果的拟合程度的，R^2 和 R 趋近于 1 时，表示回归方程的拟合程度好，R^2 和 R 趋近于零时，表示回归方程的拟合程度不好。

4）多元线性回归分析

当所研究的问题有两个以上的自变量时，就应该采用多元回归分析。另外，由于许多非线性问题都可以化为多元线性回归问题，所以，多元线性回归分析是最常用的分析方法之一。

相关系数检验表　　表 6-6

α		0.05	0.01	α		0.05	0.01
$n-2$	1	0.997	1.000	$n-2$	21	0.413	0.526
	2	0.950	0.990		22	0.404	0.515
	3	0.878	0.959		23	0.396	0.505
	4	0.811	0.917		24	0.388	0.496
	5	0.754	0.874		25	0.381	0.487
	6	0.707	0.834		26	0.374	0.478
	7	0.656	0.798		27	0.367	0.470
	8	0.632	0.765		28	0.361	0.463
	9	0.602	0.735		29	0.355	0.456
	10	0.576	0.708		30	0.349	0.449
	11	0.553	0.684		35	0.325	0.418
	12	0.532	0.661		40	0.304	0.393
	13	0.514	0.641		45	0.288	0.372
	14	0.497	0.623		50	0.273	0.354
	15	0.482	0.606		60	0.25	0.325
	16	0.468	0.59		70	0.232	0.302
	17	0.456	0.575		80	0.217	0.283
	18	0.444	0.561		90	0.205	0.267
	19	0.433	0.549		100	0.195	0.256
	20	0.423	0.537		200	0.138	0.181

设实验结果 $x_{ji}(j=1,2,3,\cdots,m;i=1,2,3,\cdots,n)$ 是 $y_i(i=1,2,3,\cdots,n)$ 的自变量，则 y_i 与 x_{ji} 的关系式为

$$y_i = a_i + \sum_{j=1,i=1}^{j=m,i=n} b_{ji}x_{ji} \tag{6-31}$$

式中的 a_i 和 b_{ji} 为多元线性回归系数，用最小二乘法求得。

5）系统识别方法

在结构动力实验中，常把结构看作一个系统，结构的激励为输入，结构的反应为系统的输出，结构的刚度、阻尼和质量就是系统的特征。系统识别就是用数学的方法，由已知的系统输入和输出，来找出系统的特性或特性最优的近似解。

第五节　学术论文写作格式

任何事物都具有自身特定的活动规律和表现形式，文字语言的表达也不例外，比如，人们所熟悉的“通知”的写作，其内容必须由标题、被通知对象、通知内容、通知发布单位和日期等五个部分组成。这五项内容不但不能缺少其中任意一项，而且要严格按照上述顺序依次完成。这就是“通知”写作所具有的规律性。科技论文的写作也是如此，下面就工程实验研究类科技期刊学术论文的写作格式作一介绍。

一、实验研究的特点

1. 实验研究的含义

实验是指为了察看某事物的结果或事物的性能或事物的变化规律而从事的专门活动。实验有生产性实验和研究性实验之分。通常把为了检验某产品工作性能是否合格而进行的实验叫生产性实验,或鉴定性实验;把为了专门解决某种悬而未决的难题进行的实验叫做研究性实验。研究性实验又分为验证型实验和探索型实验。验证型实验的特点在于其实验对象的变化规律已知,实验的目的在于证实实验对象规律的存在或核查理论与实际的吻合程度;探索型实验则不同,对实验对象在实验过程中的变化规律没有确定性的理论指导、缺乏规律性认识,实验的目的在于先揭示现象,再分析规律。

2. 实验研究的共性

尽管各类实验的目的有所不同,但由于实现实验目的的途径有相同之处,所以各类实验研究拥有下列共性:

(1)离不开实验研究三要素,即实验对象、实验设备和实验技术。

(2)实验结果作为科学研究工作中实验环节的产品,是科学研究的重要依据,其表示方式有文字、数表、图片和曲线等四种形式。

二、论文的组成及其功能

一篇完整的科技期刊学术论文一般有题目、署名、提要、关键词、分类代号、主体、致谢、参考文献等八个部分组成。有些科技期刊对学术论文的组成不作严格要求。

论文题目就是文章的主题或命题,是对正文内容的高度概括,是文章的命脉。要求既朴实又有新意,有一定的研究高度,一般在20个字以内。

文章署名是文责自负和拥有版权的标志,其内容有作者姓名、工作单位、所在城市及其邮政编码等内容。

提要又叫摘要,是论文主体的中心思想,主要回答论文研究和探讨了哪些问题,有何意义、作用或目的。要求语言精练,采用第三人称,以400字为宜,以200字左右为佳。

关键词是对论文主体起控制作用的坐标点,是反映论文主体核心内容的术语。若把关键词串起来,一般能够回答什么事物通过什么途径(或方法)能解决什么问题(或达到什么效果)。论文题目中常有2~3个或更多关键词。

分类代号是论文分门别类的国际通用代码,各期刊编辑部及出版单位有相应手册。

主体是论文躯体的主干部分(详见下一小节的内容)。

致谢是作者对帮助或指导过实验研究的个人或集体表示的谢意。

参考文献是论文所参考过的主要文献的目录表,是论文的论据之一,它表明论文的时代性和学术水平的前沿性。参考文献的表达格式分期刊、书籍、论文集等,形式有所不同,目前已趋于规范化。

三、主体的组成及其功能

论文的主体分为引言、正文和结论三部分。

1. 引言部分

(1)主要功能:阐述立题的必要性和迫切性。

(2)标题形式:用“引言、前言、前导、导言、导论、引论、引语、导语、问题的提出、问题的引出”等形式,有些期刊对这部分内容要求不带标题。

(3)主要内容:题目的来源,立题的原因、目的,实验研究的作用和意义,研究方法和预期效果等。要求开门见山,言简意赅。

引言内容是为引言的主要功能服务的,要反映的核心内容是“题目”的必要性和迫切性,若所组织的引言内容能给读者留下“该文值得一读”的效果则为最佳。

2. 正文部分

正文是论文的核心(详见下一小节的内容)。

3. 结论部分

(1)主要功能:总结和结束全文。

(2)标题形式:用“结论、小结、总结、结尾、结束语、结语、尾语、几点建议、几点注意的问题、实验研究小结、实验结论”等。有的文章边叙述边总结,不采用全文集中总结的方式,而以建议、意见或体会的方式来结束文章。

(3)主要内容:与引言内容相呼应,写实验研究所得到的收获或对后续工作有益的内容,即阐述文章正反两个方面的结果。

四、正文的组成及其功能

论文主体的正文部分由实验概况、实验结果、结果分析三部分组成。

1. 实验概况

(1)主要功能:阐述实验的组织过程、证明实验手段可靠、说明实验结果有效,即整个实验能够为主题服务。

(2)标题形式:用“实验概况、实验概述、实验简介、实验介绍、实验过程、实验方法、实验组织、实验条件”等。

(3)主要内容:实验概况的主要内容有:

①实验材料:介绍材料的名称、规格及其与实验有关的基本性能。

②试件制作:介绍试件的设计、制作、编号以及注意事项。

③实验方法:介绍实验工艺要求、加荷程序和方法。

④实验装置:介绍实验设备、仪器仪表的作用及其与实验对象的空间关系。一般要与实验装置示意图相配合。

⑤实验技术:介绍实验测试方案,即测点布置的特点和所用仪器仪表的名称、规格,可与实验装置内容结合或对测点编号后列表表示,则一目了然。

这五点内容可以视文章内容特点进行不同程度离合增减的应用。

2. 实验结果

(1)主要功能:实验结果是实验过程中实验对象各观测点发生的一系列变化的记录,其功能在于充分地揭示主题所要揭示的现象,或充分地表现主题所要表现的规律。

(2)标题形式:用“实验结果、实验成果、实验数据、实验记录”等。

(3)主要内容:摘录对主题具有控制作用的实验结果(即能够为主题服务、经过整理的实验记录)。内容组织的基本原则是:语言精练、短小精悍,服务主题、论证有力。

(4)表现方式:图片、表格、曲线和文字。

(5)叙述手法:边叙边议,叙实验结果,议实验所揭示的现象或实验所表现规律的特点、作用和意义,充分地证明主题成立。

3. 结果分析

(1)主要功能:寻求所揭示现象或所表现规律的理由和依据。

(2)标题形式:用“结果(或成果)分析(或讨论)、数据(或数值)分析(或讨论)、实验分析(或讨论)”等。对实验内容较少的文章,常把“实验结果”和“结果分析”合二为一,以“实验结果及分析、实验结果及讨论”的标题形式出现。

(3)主要内容:对于以揭示事物现象的论文,首先分析所揭示现象产生的原因和产生原因的根据;其次寻求相应的对策,以达到揭示现象的目的。对于以寻求事物发展规律的论文,首先分析影响规律的因素,其次寻求解决问题的方法,以达到寻求规律的目的。对于需要进行理论计算的论文,则应先陈述理论依据,然后进行理论与实测对比,再分析产生误差的主要原因、分析相应量的影响因素,以达到立题的目的。

五、论文写作格式小结

综上所述,一般地,一篇工程实验研究类的科技期刊论文的结构组成如图6-5表示。

世上没有一成不变的事物。科技期刊学术论文的写作,应在图6-5的基础上针对论文主题的特点可变可调,可增可减,可分可合,灵活应用。

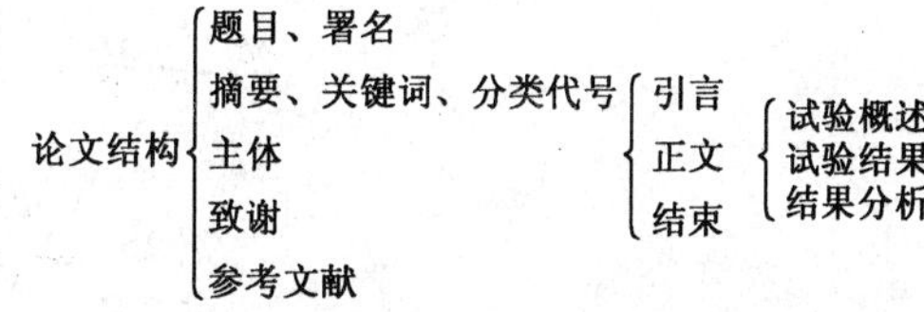

图6-5 科技期刊学术论文的结构组成关系示意图

习 题

1. 为什么要对结构实验采集到的原始数据进行处理?数据处理的内容和步骤主要有哪些?

2. 进行误差分析的作用和意义何在?

3. 误差有哪些类别?是怎样产生的?应如何避免?

4. 实验数据的表达方式有哪些?各有什么基本要求?

5. 习图6-1所示为钢筋混凝土试件的截面应变测点布置图,各测点应变值($\mu\varepsilon$)如习表6-1所示,试画出截面应变分布图。

6. 学术论文结构特点分析(要求学生结合第五节的学习内容,任读一篇有关实验研究的学术论文,着重对论文的结构特点进行分析)。

习表6-1

测点	1	2	3	4	5
荷载	测量应变($\mu\varepsilon$)				
A级	-10	-5	0	+5	+10
B级	-15	-7	+3	+8	+11
C级	-20	-8	+5	+19	+32

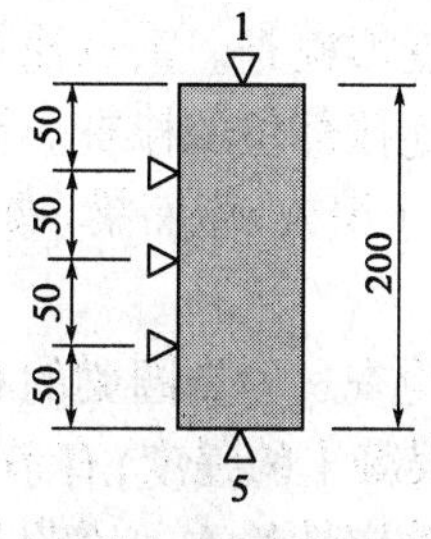

习图6-1 习题5

第七章 建筑结构检测技术

DIQIZHANG

第一节 砌体结构检测

一、概 述

1.检查内容

(1)材料物理力学性能检查。砌体结构施工时,应定时对其原材料按照国标或部颁建材标准进行随机抽样检查。对于已建砌体结构,应对砌筑材料砖、砌块、石料、砂浆的强度及其腐蚀、风化与冻融损坏情况进行检查,取样检测或实地进行检测,特别对于墙基、柱脚以及经常处于潮湿、腐蚀条件下的外露砌体,应进行重点检查和检测。

(2)结构裂缝检查。应重点对墙、柱受力较大的部位(如梁支座下的砌体、墙和柱的变截面处、地基不均匀沉降以及产生明显变形的部位)进行检查。对于已产生裂缝的部位,应仔细测定其裂缝宽度、长度及其分布状况。

(3)结构损伤检查。对于已出现损伤的部位,应测绘其损伤面积大小和分布状况。特别对于承重墙、柱及过梁上部砌体的损伤应严格进行检测。另外,对于非正常开窗、打洞和墙体超载、砌体的通缝、局部受压等情况也应认真检查。

(4)结构变形检查。重点检查承重墙、高大墙体、柱的凸、凹变形和倾斜变位等变形情况。

(5)结构连接部位的检查。检查墙体的纵横连接,垫块设置及连接件的滑移、松动、损坏情况。特别对于屋架、屋面梁、楼面板与墙、柱的连接点,吊车梁与砖墙的连接点,应重点进行严格检查。

(6)圈梁检查。检查圈梁的布置、拉接情况及其构造要求是否合理。检查其原材料的材质情况,比如混凝土的强度,有条件的情况下对圈梁钢筋位置、直径及强度可进行复查。

(7)墙体稳定性检查。检测其支承约束情况和高厚比,对于独立的填充墙应注意其连接情况。

(8)施工质量检查。主要指砌筑质量,砂浆的饱满程度、砂浆与砌块的黏结性能,检查组砌方式是否得当,墙面平整度等指标。另外,还应对圈梁、墙梁、托梁等重要构件混凝土施工质量进行检查。

2. 砌体结构检测的工作程序及准备

1）砌体结构检测工作程序

接受委托→调查并确定检测目的、内容和范围→确定检测方法→设备、仪器标定→检测→计算、分析、推定→检测报告。

2）调查阶段工作内容

（1）收集被检工程的原设计图纸、施工验收资料、砖与砂浆的品种及有关原材料的试验资料。

（2）现场调查工程的结构形式、环境条件、使用期间的变更情况、砌体质量及其存在问题。

（3）进一步明确检测原因和委托方的具体要求。

3）选择检测方法

根据调查结果和检测目的、内容和范围，选择一种或数种检测方法。砌体强度检测方法见表7-1。

砌体强度检测方法一览表　　表7-1

序号	检测方法	特　点	用　途	限制条件
1	取样法	①属于取样检测，在墙体上取出符合要求的砌体试样，在实验室进行力学指标试验； ②直观性、准确性强受外界影响因素小； ③取样、运输困难； ④检测部位局部破损	检测普通砖砌体的抗压强度	①取样尺寸有一定限制； ②同一墙体上的测点数量不宜多于1个； ③取样、运输时不能使试件受损
2	轴压法	①属原位检测，直接在墙体上检测，检测结果能综合反映材料质量和施工质量； ②直观性、可比性强； ③设备较重； ④检测部位局部破损	检测普通砖砌体的抗压强度	①槽间砌体每侧的墙体不应大于1.5m； ②同一墙体上的测点数量不宜多于1个；测点数量不宜太多； ③限用于240mm
3	扁顶法	①属原位检测，直接在墙体上检测，检测结果能综合反映材料质量和施工质量； ②直观性、可比性强； ③扁顶重复率较低； ④砌体强度较高或轴向变形较大时，难以测出抗压强度； ⑤设备较轻便； ⑥检测部位局部破损	①检测普通砖砌体的强度； ②检测古建筑和重要建筑的实际应力； ③检测具体工程的砌体弹性模量	①槽间砌体每侧的墙体不应大于1.5m； ②同一墙体上的测点数量不宜多于1个；测点数量不宜太多
4	原位单剪法	①属原位检测，直接在墙体上检测，检测结果能综合反映施工质量和砂浆质量； ②直观性强； ③检测部位局部破损	检测各种砌体的抗剪强度	①测点宜选在窗下墙部位，且承受反作用力的墙体应有足够长度； ②测点数量不宜太多
5	原位单砖双剪法	①属原位检测，直接在墙体上检测，检测结果能综合反映施工质量和砂浆质量； ②直观性强； ③检测部位局部破损	检测烧结普通砖砌体的抗剪强度；其他墙体应经试验确定有关换算系数	当砂浆强度低于5MPa时，误差较大

续上表

序号	检测方法	特点	用途	限制条件
6	推出法	①属原位检测,直接在墙体上检测,检测结果能综合反映施工质量和砂浆质量; ②设备较轻便; ③检测部位局部破损	检测普通砖墙体的砂浆强度	当水平灰缝的砂浆饱满度低于65%时,不宜选用
7	筒压法	①属取样检测; ②仅需利用一般混凝土试验室的常用设备; ③取样部位局部破损	检测烧结普通砖墙体中的砂浆强度	测点数量不宜太多
8	砂浆片剪切法	①属取样检测; ②专用的砂浆强度仪和其标定仪,较为轻便; ③试验工作较简便; ④取样部位局部破损	检测烧结普通砖墙体中的砂浆强度	
9	回弹法	①属原位无损检测,测区选择不受限制; ②回弹仪有定型产品,性能较稳定,操作简便; ③检测部位的装饰面层仅局部损伤	①检测烧结普通砖墙体中的砂浆强度; ②适宜于砂浆强度均质性普查	砂浆强度不应小于2MPa
10	点荷法	①属取样检测; ②试验工作较简便; ③取样部位局部破损	检测烧结普通砖墙体中的砂浆强度	砂浆强度不应小于2MPa
11	射钉法	①属原位无损检测,测区选择不受限制; ②射钉枪、子弹、射钉有配套定型产品,设备较轻便; ③墙体装饰面层仅局部损伤	烧结普通砖、多孔砖砌体中,砂浆强度均质性普查	①定量推定砂浆强度,宜与其他检测方法配合使用; ②砂浆强度不应小于2MPa; ③检测前,需要用标准靶检校

4)划分检测单元

检测单元是指受力性质相似或结构功能相同的同一类构件的集合。将一个或若干个可以独立分析的结构单元作为检测单元,每一结构单元划分为若干个检测单元。

5)确定测区

测区是检测样的集合,是检测单元的子集。一个测区能够独立的产生一个强度代表值(或推定强度值),这个子集必须具有一定的代表性。一个检测单元内,应随机选择6个构件(单片墙体、柱),作为6个测区。当检测单元中没有6个构件时,应将每个构件作为一个测区。

6)执行规范规定的测点数

测点是独立产生强度换算值的最小单元,这个强度换算值是强度代表值的计算依据之一。强度换算值与强度代表值的区别在于前者没有经过概率保证而后者则有。各种检测方法的测点数,应符合下列要求:

(1)原位轴压法、扁顶法、原位单剪法、筒压法的测点数不应少于1个。

(2)原位单砖双剪法、推出法、砂浆片剪切法、回弹法、点荷法、射钉法测点数不少于5个。

7)其他事项

(1)检测前应检查设备、仪器,并应进行标定。

(2)计算分析过程中,若发现检测数据不足或出现异常情况,应组织补充检测。

(3)现场检测结束时,应立即修补因检测造成的砌体局部损伤部位。修补后的砌体,应满足原构件承载能力的要求。

(4)从事检测和强度推定的人员,应经专门培训,合格者方能参加检测和撰写报告。

8)完成检测报告

检测工作完毕,应及时提出符合检测目的的检测报告。

3.砌体结构的强度检测技术分类

1)按照对墙体的损伤程度

(1)非破损检测方法:在检测过程中,对砌体结构的既有性能没有影响。

(2)局部破损检测方法:在检测过程中,对砌体结构的既有性能有局部的、暂时的影响,但可修复。一般来说局部破损法检测得到的数据要比非破损法准确一些。砖柱和宽度小于2.5m的墙体,不宜选用有局部破损的检测方法。

2)按照检测内容

(1)检测砌体抗压强度:原位轴压法、扁顶法;

(2)检测砌体工作应力、弹性模量:扁顶法;

(3)检测砌体抗剪强度:原位单剪法、原位单砖双剪法;

(4)检测砌筑砂浆强度:推出法、筒压法、砂浆片剪切法、回弹法、点荷法、射钉法。

3)按照得到砖砌体强度的方法

(1)直接法

直接测定砌体的某一单项强度指标(如抗压强度、抗剪强度或弯拉强度)。当需要砖砌体其他强度指标时,需根据已测定的指标推断并计算砌体砂浆的强度等级,并测定砌筑砖或砌块的强度等级,最后推断砌体的其他强度指标。如:原位轴压法、扁顶法、原位单砖双剪法等。

(2)间接法

分别测定砌体砂浆的强度等级以及砖的强度等级,并用检测得到的数据评定砌体的多项强度指标。目前已有的间接法有筒压法、点荷法、回弹法等。

4)按测定数据的场所分

(1)原位法

原位法是在现场砌体上直接测定砌体或砂浆的强度。

(2)取样法

取样法是从砖砌体中取得不同的试样,在脱离砌体的情况下测定所需的参数。两者相比原位法测定较快,有一些影响因素不易排除,取样法的取样过程比较麻烦。

为避免混淆,本章中砌筑块材的强度用f_1表示,砂浆强度用f_2表示,砌体强度用f表示。

二、砌筑块材检测

(1)检测内容。砌筑块材的检测内容有强度等级、尺寸偏差、外观质量、抗冻性能、块材品种等检测项目。本节以黏土砖为例重点介绍块材的强度检测,关于其他品种的块材以及其他检测项目读者可以参考相应的试验方法标准和相应的产品标准。

(2)检测方法。砌筑块材的强度检测技术以取样法为主,还有回弹法、取样结合回弹法或钻芯法等方法。钻芯法与混凝土钻芯法的检测方法类似;取样结合回弹法的原理就是用取样的检测结果对回弹法进行修正以弥补回弹法离散性大的缺点。

1. 取样法测定砌块强度

对既有建筑砌块强度测定。从砌体上取样,清理干净后,按照常规方法进行试验,需要注意的是如果需要依据块材的强度和砂浆强度确定砌体强度时,块材的取样位置应与砌筑砂浆的检测位置相对应。取样后的块材试验方法如下:

取10块砖作抗压强度试验,制作成10个试样。将砖样锯成两个半砖(每个半砖长度不小于100mm),放入室温净水中浸10~20min后取出,以断口方向相反叠放,两者中间以厚度不超过5mm的用强度等级32.5的普通硅酸盐水泥调制成稠度适宜的水泥净浆粘牢,上下面用厚度不超过3mm的同种水泥浆抹平,制成的试件上下两面须相互平行并垂直于侧面。在不低于10℃的不通风室内条件下养护三天后进行压力试验。

加荷前测量试件两半砖叠合部分的面积A(mm^2),将试件平放在加压板的中央,垂直于受压面加荷载,应均匀平稳,不得发生冲击或振动,加荷速度4~5kN/s为宜,加荷至试件全部破坏,最大破坏荷载为P(N),则试件i的抗压强度$f_{1,i}$按式(7-1)计算,并精确至0.01MPa。

$$f_{1,i}=P/A \tag{7-1}$$

然后再按式(7-2)和式(7-3)分别计算10块试样的强度变异系数和标准差:

$$\delta=\frac{s}{\bar{f}_1} \tag{7-2}$$

$$s=\sqrt{\frac{1}{9}\sum_{i=1}^{10}(f_{1,i}-\bar{f}_1)^2} \tag{7-3}$$

式中:δ——砖强度变异系数,精确至0.01;

s——10块试样的抗压强度标准差(MPa),精确至0.01;

$\bar{f}_1$——10块砖的抗压强度平均值(MPa),$\bar{f}_1=\frac{1}{10}\sum_{i=1}^{10}f_{1,i}$,精确至0.01。

砖强度标准值应按以下公式计算:

$$f_{1,k}=\bar{f}_1-1.8s \tag{7-4}$$

按照变异系数$\delta\leqslant0.21$或$\delta>0.21$,根据表7-2确定砌块的强度。

黏土砖的强度指标 表7-2

强度等级	抗压强度平均值 $\bar{f}_1$	变异系数$\delta\leqslant0.21$	变异系数$\delta>0.21$
		强度标准值$f_{1,k}\geqslant$	单块最小抗压强度值$f_{1,\min}\geqslant$
MU30	30.0	22.0	25.0
MU25	25.0	18.0	22.0
MU20	20.0	14.0	16.0
MU15	15.0	10.0	12.0
MU10	10.0	6.5	7.5

2. 回弹法测定砌块强度

砌块回弹法的基本原理与混凝土回弹法的检测原理相同,此处不再详述。按《建筑结构检测技术标准》(GB/T 50344—2004)所规定的方法检测时应遵循以下条件和步骤:

(1)应使用 HT75 型回弹仪；

(2)检测的测批、单元、块材的数量均应满足检测样本容量的要求和该规范中的推定区间的要求；

(3)回弹测点应布置在外观质量合格的砖的条面上，每块砖的条面上布置5个测点，测点应避开气孔等缺陷位置，且测点之间应留有一定距离；

(4)对于黏土砖，可以采用式(7-5)进行计算强度换算值，且经过试验验证；

(5)以式(7-5)求出的换算强度为代表值按该标准确定推定区间；

(6)回弹的结果宜配合取样检验验证。

$$f_{1,i} = 1.08R_{m,i} - 32.5 \tag{7-5}$$

式中：$R_{m,i}$——第 i 块砖回弹检测平均值；

$f_{1,i}$——第 i 块砖抗压强度换算值。

回弹法检测数据处理时需要查《建筑结构检测技术标准》(GB/T 50344—2004)的相关表格。

三、砂浆强度检测

测定砖砌体砂浆强度的方法可以分为取样法和原位法两大类。

(1)取样法

取样法属于间接检测，又分为筒压法、点荷法、剪切法和抗折法等。取样的部位一般在砌体角部、窗台、门口、女儿墙等比较容易取样的部位，或对砌体承载能力影响小的其他部位。

取样法的优点是检测结果精度较高。原因是，第一，可通过选择试件排除局部缺陷对检测结果的影响(局部的坑、气泡、裂纹及不饱满的影响)；第二，可消除砌体对砂浆强度检测结果的影响(如上部砖的压力及周围砖的约束力)；第三，可消除环境因素的影响(如砂浆含水率的影响)，原位法通常很难消除这些因素的影响。

(2)原位法

原位法属于直接法检测，包括回弹法、压入法和黏结法。原位法的优点是在现场直接测定，缺点是检测结果离散性大，有时还有系统误差。此外，由于砂浆硬化后表面硬度明显提高，因此与表面硬度有关的回弹法和压入法的检测结果也会存在系统偏差，而且这两种方法的测点小，局部缺陷的影响显著，检测结果的偏差大。从检测方法来看，回弹法最简单。

(一)砂浆强度检测方法

1. 回弹法

1)检测原理

回弹法是根据砂浆表面硬度推断砌筑砂浆立方体抗压强度的一种检测方法，是一种非破损的原位技术。砂浆强度的回弹法的原理与混凝土强度回弹法的原理基本相同，即应用回弹仪检测砂浆表面硬度，用酚酞试剂检测砂浆碳化深度，并以这两项指标换算为砂浆强度，所使用的砂浆回弹仪也与混凝土回弹仪相似。

2)回弹法特点

操作简便，检测速度快，仪器便于携带，准备工作不多等是回弹法的优点，其缺点是检测结果有一定的偏差。测位宜选在承重墙的可测面上，并避开门窗洞口及预埋件等附近的墙体。

墙面上每个测位的面积宜大于 0.3m²。回弹法不适用于推定高温、长期浸水、化学侵蚀、火灾等情况下的砂浆抗压强度。

3)设备的技术要求

砂浆回弹仪的主要技术性能指标应符合表 7-3 的要求,其示值系统为指针。

砂浆回弹仪技术性能指标 表 7-3

项　目	指　标	项　目	指　标
冲击动能(J)	0.196	弹击球面曲率半径(mm)	25
弹击锤冲程(mm)	75	钢砧上率定平均回弹值 R	74 ±2
指针滑块的静摩擦力(N)	0.5 ±0.1	外形尺寸(mm)	60 ×280

砂浆回弹仪每半年应校验一次,而且在工程检测前后,均应对回弹仪在钢砧上做率定。

4)检测方法

在测定前应将砖墙上的抹灰铲除露出灰缝,用小砂轮将灰缝的砂浆磨平,当清水墙灰缝有水泥砂浆勾缝时,应将勾缝砂浆清除(包括原浆勾缝)。应仔细选择测点,砌筑砂浆应与砖黏结良好,缝厚适度(9 ~11mm)。每个测位内均匀布置 12 个弹击点。选定弹击点应避开砖的边缘、气孔或松动的砂浆。相邻两弹击点的间距应不小于 20mm。

在每个弹击点上,使用回弹仪连续弹击 3 次,第 1、2 次不读数,仅读取第 3 次回弹值,精确至 1 个刻度。检测过程中,回弹仪应始终处于水平状态,其轴线应垂直于砂浆表面,且不得移位。在每一测位内,选择 1 ~3 处灰缝,用游标尺和 1% 的酚酞试剂测量砂浆炭化深度,读数应精确至 0.5mm。

从每个测位的 12 个回弹值中,分别剔除最大值、最小值,将余下的 10 个回弹值计算算术平均值,以 R 表示。每个测位的平均炭化深度,应取该测位各次测量值的算术平均值,以 d 表示,精确至 0.5mm。平均碳化深度大于 3mm 时,取 3.0mm。

第 i 个测区第 j 个测位的砂浆强度换算值,应根据该测位的平均回弹值和平均碳化深度值,分别按下列公式计算:

当平均炭化深度 $d \leqslant 1.0$mm 时:

$$f_{2ij} = 13.97 \times 10^{-5} R^{2.57} \tag{7-6}$$

当平均炭化深度 1.0mm $< d <$ 3.0mm 时:

$$f_{2ij} = 4.85 \times 10^{-4} R^{3.04} \tag{7-7}$$

当平均炭化深度 $d \geqslant 3.0$mm 时:

$$f_{2ij} = 6.34 \times 10^{-5} R^{3.60} \tag{7-8}$$

式中:f_{2ij}——第 i 个测区第 j 个测位的砂浆强度值(MPa)。

2. 筒压法

(1)适用范围

本方法适用于推定烧结普通砖墙中砌筑砂浆的强度。检测时,应从砖墙中抽取砂浆试样,在试验室内进行筒压荷载试验,检测筒压比,然后换算为砂浆强度。砂浆品种及其强度范围,应符合下列要求:

①中、细砂配制的水泥砂浆,砂浆强度为 2.5 ~20MPa;

②中、细砂配制的水泥石灰混合砂浆(以下简称混合砂浆),砂浆强度为 2.5 ~15.0MPa;

③中、细砂配制的水泥粉煤灰砂浆(以下简称粉煤灰砂浆),砂浆强度为 2.5 ~20MPa;

④石灰质石粉砂与中、细砂混合配制的水泥石灰混合砂浆和水泥砂浆(以下简称石粉砂

浆),砂浆强度为2.5~20MPa。

本方法不适用于推定遭受火灾、化学侵蚀等砌筑砂浆的强度。

(2)筒压法检测设备

筒压法的主要检测设备有:承压筒(图7-1),可用普通碳素钢或合金钢自行制作,也可用测定轻集料筒压强度的承压筒代替;50~100kN压力试验机或万能试验机;砂摇筛机;干燥箱;孔径为5mm、10mm、15mm的标准砂石筛(包括筛盖和底盘);水泥跳桌;称量为1000g、感量为0.1g的托盘天平。

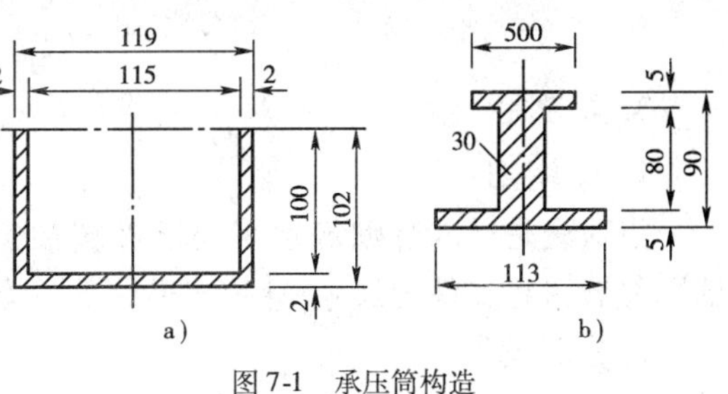

图7-1 承压筒构造

a)承压筒剖面;b)承压盖剖面

(3)筒压法检测方法

在每一测区,从距墙表面20mm以内的水平灰缝中凿取砂浆约4000g,其最小厚度不得小于5mm。取样的具体数量,可视砂浆强度而定,高者可少取,低者宜多取,以足够制备3个标准试样并略有富余为准。各个测区的砂浆样品应分别放置并编号,不得混淆。

使用手锤击碎样品,筛取5~15mm的砂浆颗粒约3000g,在105±5℃的温度下烘干至恒重,待冷却至室温后备用。

每次取烘干样品约1 000g,置于孔径5mm、10mm、15mm标准筛所组成的套筛中,机械摇筛2min或手工摇筛1.5min。称取粒级5~10mm和10~15mm的砂浆颗粒各250g,混合均匀后即为一个试样。共制备三个试样。每个试样应分两次装入承压筒。每次约装1/2,在水泥跳桌上跳振5次。第二次装料并跳振后,整平表面,安上承压盖。如无水泥跳桌,可按照砂、石紧密体积密度的试验方法颠击密实。

将装料的承压筒置于试验机上,盖上承压盖,开动压力试验机,应于20~40s内均匀加荷至下面规定的筒压荷载值后,立即卸荷。

不同品种砂浆的筒压荷载值分别为:水泥砂浆、石粉砂浆为20kN;水泥石灰混合砂浆、粉煤灰砂浆为10kN。将施压后的试样倒入由孔径为5mm和10mm标准筛组成的套筛中,装入摇筛机摇筛2min或人工摇筛1.5min,筛至每隔5s的筛出量基本相等。称量各筛筛余试样的重量(精确至0.1g),各筛的分计筛余量和底盘剩余量的总和,与筛分前的试样重量相比,相对差值不得超过试样重量的0.5%;当超过时,应重新进行试验。

(4)数据处理

标准试样的筒压比,应按(7-9)式计算:

$$T_{ij}=\frac{t_1+t_2}{t_1+t_2+t_3} \tag{7-9}$$

式中:T_{ij}——第i个测区中第j个试样的筒压比,以小数计;

t_1、t_2、t_3——分别为孔径5mm、10mm筛的分计筛余量和底盘中剩余量。

测区的砂浆筒压比,应按(7-10)式计算:

$$T_i=\frac{T_{i1}+T_{i2}+T_{i3}}{3} \tag{7-10}$$

式中:　T_i——第i个测区的砂浆筒压比平均值,以小数计,精确至0.01;

T_{i1}、T_{i2}、T_{i3}——分别为第i个测区三个标准砂浆试样的筒压比。

根据筒压比,测区的砂浆强度平均值应按下列公式计算:

$$f_{2,i} = 34.58(T_i)^{2.06}\text{（水泥砂浆）} \tag{7-11}$$

$$f_{2,i} = 6.1(T_i) + 11(T_i)^2\text{（水泥石灰混合砂浆）} \tag{7-12}$$

$$f_{2,i} = 2.52 - 9.4(T_i) + 32.8(T_i)^2\text{（粉煤灰砂浆）} \tag{7-13}$$

$$f_{2,i} = 2.7 - 13.9(T_i) + 44.9(T_i)^2\text{（石粉砂浆）} \tag{9-14}$$

3. 点荷法

1）基本原理

点荷法是通过对砌筑砂浆层试件施加集中的“点式”荷载，测定试样所能承受的“点荷值”，结合考虑试件的尺寸，计算出砂浆的立方体强度。

2）检测设备

此方法需要自制加载头两个。点荷法的加载头是一圆锥体，锥顶部为半径 $r=5$mm 的截球体，如图 7-2 所示。

$$f_{2,i} = \frac{1}{n}\sum_{j=1}^{n} f_{2,ij} \tag{7-15}$$

试件尺寸对“点荷法”检测精度有一定的影响，当试件半径接近 25mm 时，检测结果较好。

砌筑砂浆抗拉强度与抗压强度存在一定关系，点荷法是通过砂浆的抗拉强度换算其抗压强度的检测方法，也可以发展成脆性材料强度的检测方法。

4. 剪切法

用剪切法检测时，应先从砖墙中抽取砂浆片试样，采用砂浆测强仪检测其抗剪强度，然后换算为砂浆强度。砂浆测强仪的工作状况如图 7-3 所示。从每个测点处，宜取检测与备用两个砂浆片。砂浆测强仪的力值应每半年校验一次。

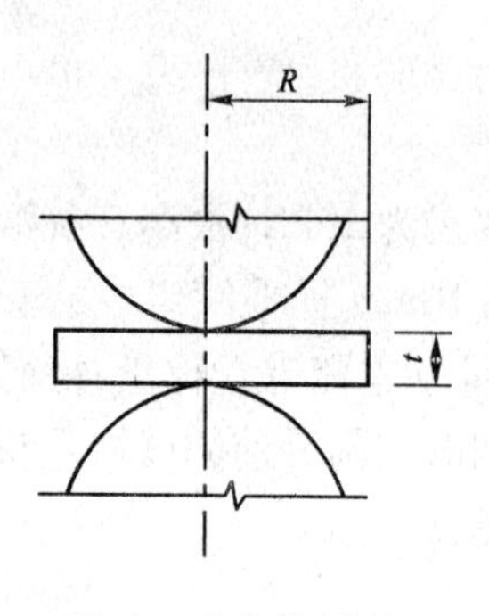

图 7-2　点荷载法加载

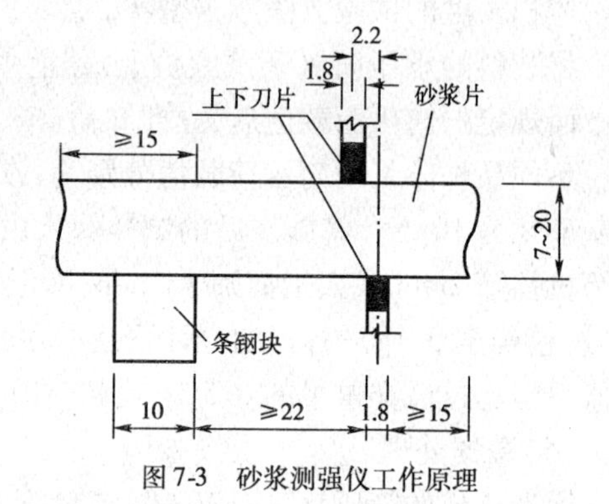

图 7-3　砂浆测强仪工作原理

5. 推出法

推出法适用于推定 240mm 厚普通砖墙中的砌筑砂浆强度，所测砂浆的强度等级宜为 M1 ~ M15。检测时，将推出仪安放在墙体的孔洞内。推出仪由反力机构、传感器、推出力峰值测定仪等组成。推出法操作难度大，数值分析繁琐，这里不详细叙述。

6. 射钉法

射钉法用于推定烧结普通砖和多孔砖砌体的砂浆强度。检测时用射钉枪将射钉射入墙体的灰缝中，根据射钉的射入量推定砂浆的强度，采用的仪器有射钉、射钉器、射钉弹和游标卡尺。

7. 抗折法

抗折法是综合点荷法和抗剪法而成的新方法。检测时，将砌筑砂浆试件放置在支座上，施加线荷载，至试件破坏，记录试件破坏时的荷载 P 和破坏截面的厚度 t 和长度 l，进而求出砌筑砂浆的立方体抗压强度。

8. 压入法

压入法是原位法的一种。其测定原理是：用均匀的速度将标准直径的钢针（棒）压入砌体砂浆之内，测定压至规定深度时所施加的力（或功）。然后，依据已建立的公式求出砂浆强度。

（二）砂浆强度值的推定

以上方法得到的是某测区砂浆的强度值和平均值，要得到砂浆强度标准值还应进行强度推定：

当测区数 $n_2 \geqslant 6$ 时：

$$f_{2,m} > f_2 \tag{7-16}$$

$$f_{2,\min} > 0.75 f_2 \tag{7-17}$$

式中：$f_{2,m}$——同一检测单元，按测区统计的砂浆抗压强度平均值（MPa）；

f_2——砂浆推定强度等级所对应的立方体抗压强度值（MPa）；

$f_{2,\min}$——同一检测单元，测区砂浆抗压强度的最小值（MPa）。

当测区数 $n_2 < 6$ 时：

$$f_{2,\min} > f_2 \tag{7-18}$$

当检测结果的变异系数 $\delta > 0.35$ 时，应检查检测结果离散性较大的原因，若系检测单元划分不当，宜重新划分，并可增加测区数进行补测，然后重新推定。变异系数的计算方法与砖强度测定中变异系数计算方法一致，即：

$$\delta = \frac{s}{f_{2,m}} \tag{7-19}$$

$$s = \sqrt{\frac{1}{n_2 - 1}\sum_{i=1}^{n_2}(f_{2,m} - f_{2,i})^2} \tag{7-20}$$

有了砌筑砂浆的强度等级，就可依据《砌体结构设计规范》得到砖砌体的轴心抗拉（沿齿缝）强度，弯曲抗拉强度（沿齿缝和沿通缝）和抗剪强度的设计值。当砖的强度等级知道后就可得到砖砌体抗压强度的设计值。

当遇到砌筑砂浆不饱满时，应考虑因砂浆不饱满造成的设计强度折减。砌体强度设计值折减系数见表 7-4。当砂浆不饱满程度介于表中给定值之间时，可按线性插值法计算相应的折减系数。

砌体强度设计值折减系数　　表 7-4

砂浆饱满度（%）	50	75	80
折减系数	0.60	0.97	1.00

四、砌体强度的直接检测

（一）砌体强度检测方法

1. 实物取样试验

首先在墙体适当部位选取试件，取样时不得给原有结构或构件造成安全问题，为此宜采用无振动的切割方法。取样的一般截面尺寸为240mm×370mm或370mm×490mm，高度为较小边长的2.5~3倍，试件样围四周的砂浆必须剔去。在墙长方向（即试件长边方向）可按原竖缝自然分离，不要敲断条砖，留有马齿槎，只要核心部分长370mm或490mm即可。然后将试样四周暂时用角钢包住，小心取下，注意不要让试样松动。最后在加压面用1:3砂浆坐浆抹平，养护7天后加压。加压前要先估计其破坏荷载。加压时的第一级加破坏荷载的20%，以后每级加破坏荷载的10%，直至破坏。设破坏荷载为N，试件面积为A，则砌体的实际抗压强度为：

$$f_m = \frac{N}{A} \tag{7-21}$$

其强度设计值近似为：

$$f = 0.48f_m \tag{7-22}$$

砌体强度的抗压强度测定法是一种典型的取样检测方法，其显著的优点是检测结果准确，缺点是试样大，且加工比较费事。试样取得大，对被测砌体的危害大，对于截面尺寸较小的砖柱来说，此法不宜。

2. 原位轴压法

本方法适用于推定240mm厚普通砖砌体的抗压强度。检测时，需要在墙体上开凿两条水平槽型孔安放原位压力机。

所选择的检测部位应具有代表性，并应符合下列要求：

(1)宜在墙体中部距楼、地面1m左右的高度处；槽间砌体每侧的墙体宽度不应小于1.5m。

(2)同一墙体上，测点不宜多于1个，且宜选在沿墙体长度中间部位；多于1个时，水平净距不得小于2.0m。

(3)检测部位不得选在挑梁下、应力集中部位以及墙梁的墙体计算高度范围内。

3. 扁顶法

扁顶法除了能推定普通砖砌体的抗压强度外还能对砌体的实际受压工作应力和弹性模量进行测定。因此本方法对检测砌体的工作性能以及可靠程度有着比较积极的意义。本方法由于使用扁千斤顶所以又叫扁千斤顶法。

检测时应首先选择适当的检测位置，其选择方法与原位轴压法相同。检测时，需在墙体的水平灰缝处开凿两条槽孔，安放扁顶，油泵等检测设备。

4. 原位单剪法(顶出法)测抗剪强度

本方法适用于推定砖砌体沿通缝截面的抗剪强度。检测时，检测部位宜选在窗洞口或其他洞口下三皮砖范围内，将试验区取L(370~490mm)长一段，两边凿通、齐平，加压面坐浆找平，加压用千斤顶，受力支承面要加钢垫板，逐步施加推力。

检测设备包括螺旋千斤顶或卧式液压千斤顶、荷载传感器及数字荷载表等。试件的预估破坏荷载值应在千斤顶、传感器最大测量值的20%~80%之间。检测前，应标定荷载传感器及数字荷载表，其示值相对误差不应大于3%。

设备准备好后应对试件进行加工，试件的加工过程中，应避免扰动被测灰缝。具体方法是：首先在选定的墙体上，采用振动较小的工具加工切口，现浇钢筋混凝土传力件；测量被测灰缝的受剪面尺寸，精确至1mm；安装千斤顶及检测仪表，将千斤顶的加力轴线与被测灰缝顶面应对齐(图7-4);匀速施加水平荷载,并控制试件在2~5min内破坏;当试件沿受剪面滑动、千斤顶开始卸荷时,即判定试件达到破坏状态;记录破坏荷载值,结束试验。在预定剪切面(灰缝)破坏方为有效试验。加荷试验结束后,翻转已破坏的试件,检查剪切面破坏特征及砌体砌筑质量,并详细记录。

根据检测仪表的校验结果,进行荷载换算,精确至10N。根据试件的破坏荷载和受剪面积,应按下式计算砌体的沿通缝截面抗剪强度:

$$f_{v_{ij}} = N_{v_{ij}}/A_{v_{ij}} \tag{7-23}$$

式中:$f_{v_{ij}}$——第i个测区第j个测点的砌体沿通缝截面抗剪强度(MPa);

$N_{v_{ij}}$——第i个测区第j个测点的抗剪破坏荷载(N);

$A_{v_{ij}}$——第i个测区第j个测点的受剪面积(mm^2)。

测区的砌体沿通缝截面抗剪强度平均值,应按下式计算:

$$f_{vi} = \frac{1}{n_1}\sum_{j=1}^{n_1} f_{v_{ij}} \tag{7-24}$$

式中:f_{vi}——第i个测区的砌体沿通缝截面抗剪强度平均值(MPa)。

5. 原位单砖双剪法

本方法与单剪法原理相同,适用于推定烧结普通砖砌体的抗剪强度。检测时应将原位剪切仪的主机安放在墙体的槽孔内,其工作状况如图7-5所示。

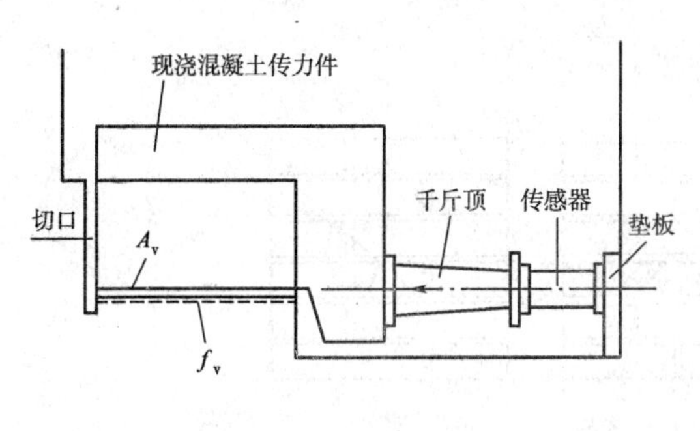

图7-4 检测装置

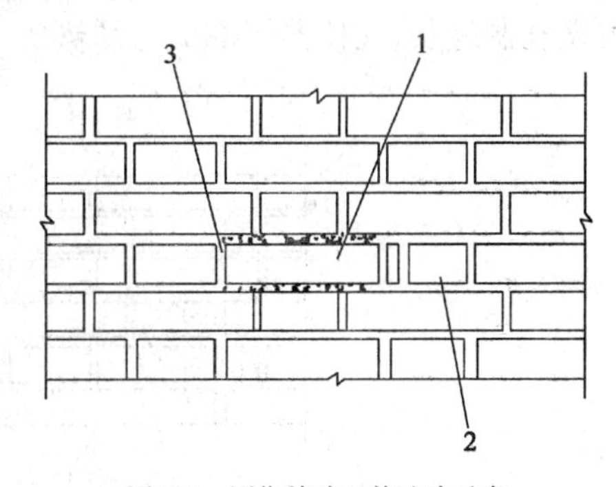

图7-5 原位单砖双剪试验示意

1-剪切试件;2-剪切仪主机;3-掏空的竖缝

检测时剪切面为两个,而且有上部荷载作用,所以本方法优先选择的检测位置为窗下墙,可以忽略上部压应力σ_0,或者可以采取其他方法释放上部压应力σ_0,如果受到条件限制不能忽略或释放上部压应力时则应当准确计算上部压应力σ_0。

测点的选择应符合下列规定:

(1)每个测区随机布置的n_1个测点,在墙体两面的数量宜接近或相等。以一块完整的顺砖及其上下两条水平灰缝作为一个测点(试件)。

(2)试件两个受剪面的水平灰缝厚度应为8~12mm。

(3)下列部位不应布设测点:门、窗洞口侧边120mm范围内;后补的施工洞口和经修补的砌体;独立砖柱和窗间墙。

(4)同一墙体的各测点之间,水平方向净距不应小于0.62m,垂直方向净距不应小于0.5m。

原位剪切仪的主机为一个附有活动承压钢板的小型千斤顶,其成套设备如图7-6所示。

原位剪切仪的主要技术指标应符合表7-5的规定,且应每半年校验一次。

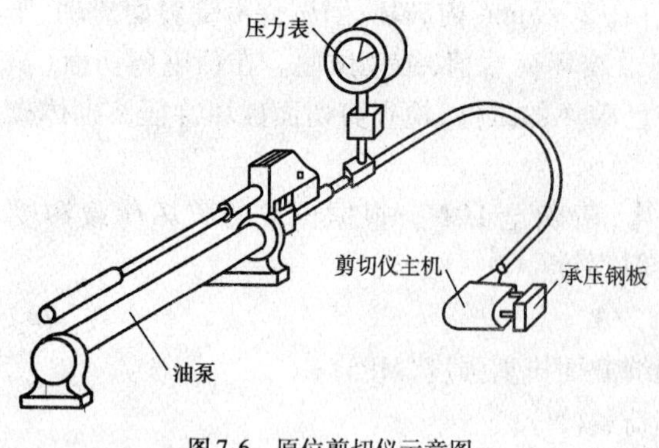

图 7-6　原位剪切仪示意图

原位剪切仪主要技术指标　　表 7-5

项　目	指　标	
	75 型	150 型
额定推力(kN)	75	150
相对测量范围(%)	20~80	
额定行程(mm)	>20	
示值相对误差(%)	±3	

当采用带有上部压应力 σ_0 作用的试验方案时，应按图 7-5 的要求，将剪切试件相邻一端的一块砖掏出，清除四周的灰缝，制备出安放主机的孔洞，其截面尺寸不得小于 115mm × 65mm，掏空、清除剪切试件另一端的竖缝；当采用释放试件上部压应力 σ_0 的试验方案时，尚应按图 7-7 所示，掏空水平灰缝，掏空范围由剪切试件两端向上按 45°角扩散至灰缝 4，掏空长度应大于 620mm，深度应大于 240mm。试件两端的灰缝应清理干净。开凿清理过程中，严禁扰动试件；如发现被推砖块有明显缺棱掉角或上、下灰缝有明显松动现象时，应舍去该试件。被推砖的承压面应平整，如不平时应用扁砂轮等工具磨平。将剪切仪主机(图 7-7)放入开凿好的孔洞中，使仪器的承压板与试件的砖块顶面重合，仪器轴线与砖块轴线吻合。若开凿孔洞过长，在仪器尾部应另加垫块。

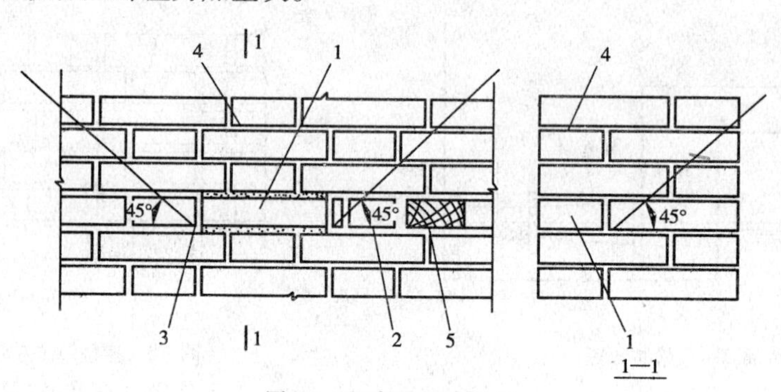

图 7-7　释放 σ_0 方案示意

1-试样；2-剪切仪主机；3-掏空竖缝；4-掏空水平缝；5-垫块

匀速施加水平荷载，直至试件和砌体之间相对位移，试件达到破坏状态。加荷的全过程宜为 1~3min。记录试件破坏时剪切仪测力计的最大读数，精确至 0.1 个分度值。采用无量纲指示仪表的剪切仪时，尚应按剪切仪的校验结果换算成以 N 为单位的破坏荷载。

试件沿通缝截面的抗剪强度，应按下式计算：

$$f_{v_{ij}} = \frac{0.64N_{v_{ij}}}{2A_{v_{ij}}} - 0.7\sigma_{0_{ij}} \tag{7-25}$$

式中：$A_{v_{ij}}$——第 i 个测区第 j 个测点单个受剪截面的面积(mm^2)。

测区的砌体沿通缝截面抗剪强度平均值，与单剪法相同，即：

$$f_{v_i} = \frac{1}{n_1}\sum_{j=1}^{n_1} f_{v_{ij}} \tag{7-26}$$

6. 黏结法测定弯曲抗拉强度

此方法原为宁夏建筑工程研究所提出，测定的是砖砌体沿通缝的弯曲抗拉强度。具体的测定方法是:先将待测砌体丁砖上面及两侧灰缝中的砂浆清除,并将砖下灰缝清出20mm的槽,然后将仪器插入槽中向上撬动该砖,记录撬动丁砖所需的力 P。最后从 P 计算砌体的沿通缝抗拉强度 $f_{tm,m}$。

$$f_{tm,m}=0.00833\sqrt{0.0143P^{1.5}+8.8} \tag{7-27}$$

有了弯曲抗拉强度(沿通缝)f_{tm} 就可查出砌筑砂浆的强度等级以及沿齿的抗拉和弯曲抗拉强度设计值和抗剪强度的设计值,并可依据砖的强度等级,确定砌体的抗压强度设计值。

黏接法是一种原位测定法,与顶出法和抗压法相比,黏接法对砌体造成的损伤极小,修复比较容易。但检测数据的离散性较前面方法略大一些。

(二)检测数据的处理

每一检测单元的砌体抗压强度标准值或砌体沿通缝截面的抗剪强度标准值,应分别按以下方法进行推定:

(1)当测区数 n_2 不小于6时:

$$f_k=f_m-k\cdot s \tag{7-28}$$

$$f_{v,k}=f_{v,m}-k\cdot s \tag{7-29}$$

式中:f_k——砌体抗压强度标准值(MPa);

f_m——同一检测单元的砌体抗压强度平均值(MPa);

$f_{v,k}$——砌体抗剪强度标准值(MPa);

$f_{v,m}$——同一检测单元的砌体沿通缝截面的抗剪强度平均值(MPa);

k——与 α、C、n_2 有关的强度标准值计算系数,见表7-6;

α——确定强度标准值所取的概率分布下分位数,本标准取 $\alpha=0.05$;

C——置信水平,取 $C=0.60$。

计 算 系 数 表7-6

n_2	5	6	7	8	9	10	12	15	18	20	25	30	35	40	45	50
k	2.005	1.947	1.908	1.880	1.858	1.841	1.816	1.790	1.773	1.764	1.748	1.736	1.728	1.721	1.716	1.712

注:$C=0.60$,$\alpha=0.05$。

(2)当测区数 n_2 小于6时:

$$f_k=f_{mi,\min} \tag{7-30}$$

$$f_{vk}=f_{vi,\min} \tag{7-31}$$

式中:$f_{mi,\min}$——同一检测单元中,测区砌体抗压强度的最小值(MPa);

$f_{vi,\min}$——同一检测单元中,测区砌体抗剪强度的最小值(MPa)。

(3)每一检测单元的砌体抗压强度或抗剪强度,当检测结果的变异系数 δ 分别大于0.2或0.25时,不宜直接按式(7-28)或式(7-29)计算。此时应检查检测结果离散性较大的原因,若查明系混入不同总体的样本所致,宜分别进行统计,并分别按式(7-28)~式(7-31)确定标准值。各种检测强度的最终计算或推定结果,均应精确至0.01MPa。

(三)砌体结构其他项目的检验

除强度外,砌体的质量还有许多检测项目,《砌体结构施工质量验收规范》(GB 50203—2002)中都有明确的规定。

五、砌体结构的可靠性评定

1. 砌体结构裂缝的检验与评定

砌体构件在各种荷载作用下，由于受压、局部承压、受弯、受剪等原因而产生的裂缝为受力裂缝。由于温度、收缩变形、地基不均匀沉降等原因而引起的裂缝为变形裂缝。根据裂缝发生的构件、部位、形状和分布，经分析和验算判别其性质，按变形裂缝和受力裂缝进行评定等级，如表 7-7、表 7-8 所示。裂缝宽度可用读数显微镜或钢板尺来测定。

在变形裂缝评定中还应注意：对裂缝有严格要求的房屋，应按其影响使用的严重程度适当调整级别。其次，由于裂缝有效截面削弱，还应按承载能力进行验算和评定；对有振动影响的房屋，还应考虑振动对砌体结构的不利影响。

《工业厂房可靠性鉴定标准》（GB J144—90）中对砌体变形裂缝的规定如表 7-7 所示：

砌体变形裂缝分级标准 表 7-7

构件	级别			
	a	b	c	d
墙	无	墙体产生轻微裂缝，裂缝宽度 <1.5mm	墙体开裂较严重，裂缝宽度 1.5 ~ 10mm	墙体裂缝严重，最大裂缝宽度 >10mm
柱	无	无	柱截面出现水平裂缝缝宽小于 1.5mm 且未贯通柱截面	柱断裂，或产生水平错动

注：本表仅适用于黏土砖硅酸盐砖及粉煤灰砖砌体。

砌体受力裂缝分级标准 表 7-8

构件	级别			
	a	b	c	d
墙	—	非主要受力部位砌体产生局部轻微裂缝	主要受力部位砌体产生肉眼可见的竖向裂缝，或墙体产生未贯通的斜裂缝	出现下列情况之一即属此级： (1) 主要受力部位产生宽度 >0.1mm 的多条，或贯通数皮砖的竖向裂缝； (2) 墙体产生基本贯通的斜裂缝； (3) 出现水平弯曲裂缝砌体出现宽度为 >0.1mm 的多条或贯通数皮砖的竖向裂缝或出现水平错位裂缝
柱			砌体出现个别竖向肉眼可见微裂缝	
过梁	—	过梁砌体出现轻微裂缝	出现 ≤0.4mm 的垂裂缝或出现较严重的斜裂缝	出现下列情况之一即属此级： (1) 跨中出现 >0.4mm 竖向裂缝； (2) 出现基本贯通断面全高的斜裂缝； (3) 支承过梁的墙体出现剪切裂缝； (4) 过梁出现不允许变形

2. 砌体变形的检验与评定

在变形评定中，墙、柱倾斜度按表 7-9、表 7-10 限制值要求评定。

单层厂房墙、柱变形（倾斜度）分级标准 表 7-9

级别 / 墙柱	倾斜值（总高小于 10m）（mm）			
	a	b	c	d
无吊车厂房	≤10mm	≤30mm	≤60mm 且 ≤*H*/150	>60mm 且 >*H*/150
有吊车厂房	≤*H*/1 250	有倾斜但不影响使用	影响吊车运行但可调整	影响吊车运行但可调整
独立柱	≤10mm	≤15mm	≤40mm 且 ≤1/170*H*	>40mm 且 >1/170*H*

多层厂房墙、柱倾斜度分级标准　　表 7-10

级别 墙柱	层间倾斜值(mm)				总倾斜值(总高小于 10m)(mm)			
	a	b	c	d	a	b	c	d
墙、带壁柱墙	≤5	≤20	≤40 且≤H/70	>40 且>H/70	≤10	≤30	≤60 且≤H/120	>60 且>H/120
独立柱	≤5	≤15	≤30 且≤H/80	>30 且>H/80	≤10	≤20	≤45 且≤H/150	>45 且>H/150

注:1. 表中 H 为柱脚底到吊车梁或吊车桁架上顶面的高度;

2. 房屋总高度大于 10mm 时,总高度每增加 1m,总倾斜值可增大 10%,但不能超过表中的控制值。

3. 砌体结构构造的检验与评定

砌体结构的构造要求一般包括:墙、柱高厚比,梁、柱节点的构造处理,垫块设置,墙的拉结等。

房屋砌体结构构造按下列要求评定:

a 级:设计合理,施工质量好,各项构造均符合设计和规范要求。

b 级:墙、柱高厚比大于现行设计规范容许值,但不超过 10%。圈梁设置或其他构造有局部缺陷,但不影响结构的安全使用。

c 级:墙、柱高厚比大于现行设计规范容许值,但不超过 20%,圈梁及其他构造有严重缺陷,已影响到结构的安全使用。

d 级:墙、柱高厚比大于现行设计规范容许值的 20% 以上,圈梁及其他构造有严重缺陷,已危及结构的安全。

对承载能力、裂缝状态、变形、构造四个方面分别评定后,取各项结果的最低等级来综合评定。

第二节　钢筋混凝土结构检测

一、概　　述

钢筋混凝土结构检测的内容很广,凡是影响结构可靠性的因素都可以成为检测的内容,从这个角度看,检测内容根据其属性可以分为:

(1)几何量检测。如结构几何尺寸、变形、混凝土保护层厚度、钢筋位置和数量、裂缝宽度等。

(2)物理力学性能检测。如材料强度、结构的承载力、结构自振周期和结构振型等。

(3)化学性能检测。如混凝土碳化、钢筋锈蚀等。

混凝土结构检测的方法可分为以下四大类:

1. 非破损检测

1)混凝土材料强度检测

非破损法用于对混凝土材料强度的检测,是以混凝土立方体试块强度与某些物理量之间的相关性为基础,在不影响混凝土结构或构件任何性能的前提下对相关物理量进行测试的。常用的方法有回弹法、超声脉冲法、射线吸收法等。

2)混凝土材料内部缺陷检测

这类方法主要有超声脉冲法、脉冲回波法、雷达扫描法、红外热谱法、声发射法等。

除了用于强度和缺陷检测外，还用于混凝土的弹性性能、非弹性性能、耐久性、受冻层深度、含水率、钢筋位置与钢筋锈蚀、水泥含量等的检测，常用的方法有共振法、敲击法、磁测法、电测法、微波吸收法、渗透法等。

2. 半破损检测

半破损法以不影响结构或构件的承载力为前提，在结构或构件上直接进行局部破坏性试验，或直接钻取芯样进行微破坏性试验。属于这类方法的有钻芯法、拔出法、射击法等。这类检测法的特点是以局部破坏性试验获得混凝土的实际抵抗破坏的能力，因而不宜用于大面积的全面检测。

3. 破损检测

破损检测就是在力的作用下，按照有关规定，观测所检对象受力全过程的试验。

对于一些建筑用产品或半成品，在使用之前必须要了解其真实的受力性能。比如混凝土空心楼板，混凝土水管等。为了确保建设工程质量，按照一定比例要求对其进行抽样做破损性检测是很必要的。

4. 综合法

所谓综合法就是采用两种或两种以上的检测方法，获取多种物理参量，并建立所检对象的相关性能与多项物理量的综合相关关系，以便从不同的角度评价所检对象的相关性能。

对于混凝土强度而言，由于综合法采用多项物理参数，能较全面地反映构成混凝土强度的各种因素，并且还能抵消部分影响强度与物理量相关关系的因素，因而比单一物理量的检测方法具有更高的准确性和可靠性。目前常用的综合法有超声回弹综合法、超声钻芯综合法、声速衰减综合法等。其中超声回弹综合法在我国已得到广泛应用，并制定了相应的技术规程(CECS 02:88)。

二、混凝土强度检测

(一)回弹法

混凝土的强度是决定混凝土结构和构件受力性能的主要因素，回弹法测定混凝土强度属于非破损检测方法。1948 年瑞士施米特(E. Schmidt)发明了回弹仪，由于该仪器构造简单、方法简便，在一定的条件下测试值与混凝土强度有较好的相关性，并能较好地反映混凝土的均匀性，该方法在国内外得到了广泛的推广和使用。我国制定了《回弹法评定混凝土抗压强度技术规程》(JGJ/T 23—2001)。

1. 回弹仪的基本原理

回弹法是根据混凝土的表面硬度与抗压强度存在一定的相关性而发展起来的一种混凝土强度测试方法。测试时，用具有规定动能的重锤弹击混凝土表面，使初始动能发生重分配，一部分能量被混凝土吸收，剩余的能量则回传给重锤。被混凝土吸收的能量取决于混凝土表面的硬度，混凝土表面硬度低，受弹击后表面塑性变形和残余变形大，被混凝土吸收的能量就多，回传给重锤的能量就少；相反，混凝土表面硬度高，受弹击后塑性变形小，吸收的能量少，回传给重锤的能量多，因而回弹值就高，从而间接地反映了混凝土的抗压强度。图 7-8 为回弹法的原理示意图。

2. 回弹仪的基本构造

随着回弹仪用途日益广泛及现代科学技术的发展，回弹仪的型号不断增加。我国自20世纪50年代中期，相继投入生产N型、L型、NR型及M型等回弹仪，以N型应用最为广泛。这种中型回弹仪是一种指针直读的直射锤击式仪器，其冲击能量为2.21J，构造如图7-9所示。

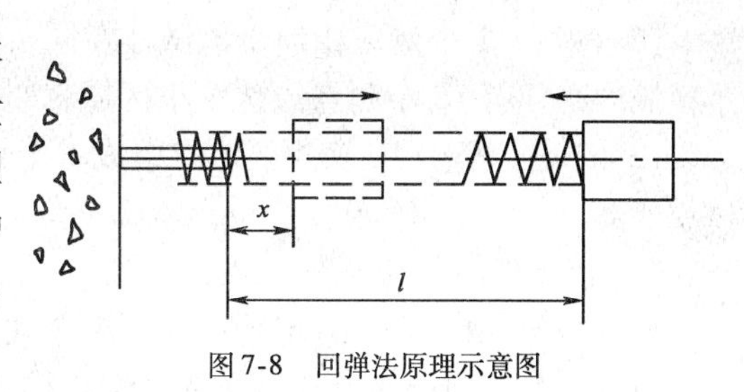

图7-8 回弹法原理示意图

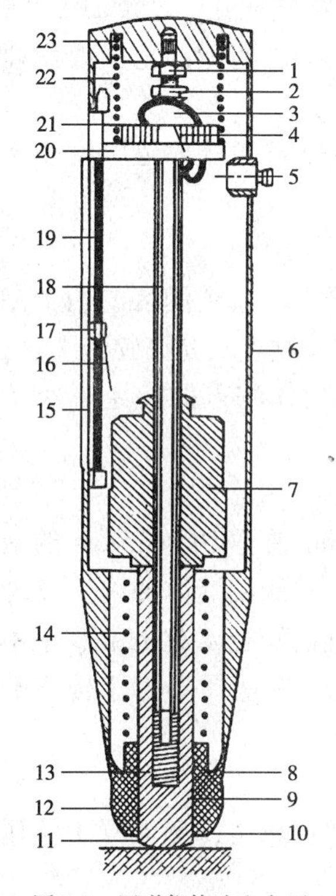

图7-9 回弹仪构造和主要零件名称

1-紧固螺母；2-调零螺钉；3-挂钩；4-挂钩销子；5-按钮；6-机壳；7-弹击锤；8-拉簧座；9-卡环；10-密封毡圈；11-弹击杆；12-盖帽；13-缓冲压簧；14-弹击拉簧；15-刻度尺；16-指针片；17-指针块；18-中心导杆；19-指针轴；20-导向法兰；21-挂钩压簧；22-压簧；23-尾盖

3. 测强曲线

回弹法测定混凝土的抗压强度，是建立在混凝土的抗压强度与回弹值之间具有一定相关性的基础上的，这种相关性可通过一系列大量试验所建立的回弹值与混凝土强度之间的关系曲线（f_{cu}—R 关系曲线）表示，称为测强曲线。

测强曲线根据制定曲线的条件和使用范围可分为三类：统一曲线、地区曲线和专用曲线（见表7-11）。

4. 回弹法的适用范围

由于受回弹法所必需的测强曲线的代表性的限制，回弹法只适用于龄期为14～1000d范围内自然养护、评定强度在10～60MPa的普通混凝土，不适用于内部有缺陷或者遭化学腐蚀、火灾、冰冻的混凝土和其他品种混凝土。

5. 回弹法检测混凝土强度的基本步骤

1）检测准备

检测前，一般需要了解工程名称、设计、施工和建设单位名称；结构构件名称、外形尺寸、数量及混凝土设计强度等级；水泥品种、安定性、强度等级；砂石种类；外加剂或掺和料品种；结构或构件所处环境条件及存在的问题。其中以了解水泥的安定性最为重要，若水泥的安定性不合格，则不能采用回弹法检测。

一般检测混凝土结构或构件有两类方法，一类为全部检测，另一类是抽样检测。

全检主要用于有怀疑的独立结构或构件以及某些有明显质量问题的结构或构件。

抽样检测主要用于在相同的生产工艺条件下，强度等级相同、原材料和配合比基本一致且龄期相近的混凝土结构或构件。被检测的试件应随即抽取不少于同类结构或构件总数的30%，还要求测区总数不少于100个。

统一曲线、地区曲线和专用曲线比较 表7-11

曲线名称	代 表 性	适用范围	平均相对误差	相对标准差
统一曲线	全国具有代表性	该地区无任何曲线	$\delta \leqslant \pm 15\%$	$e_r \leqslant \pm 18\%$
地区曲线	本地区	无专用曲线	$\delta \leqslant \pm 14\%$	$e_r \leqslant \pm 17\%$
专用曲线	与被测构件相同	与构件相同条件	$\delta \leqslant \pm 12\%$	$e_r \leqslant \pm 14\%$

(1)测点。回弹 1 次有 1 个读数值,这个读数值就叫 1 个测点。

(2)测区。1 个测区相当于该试样在同条件下的 1 组试块。规定在的 200mm × 200mm 的小区域内必须有 16 个测点。这个小区域就叫做 1 个测区。

(3)评点。至少 10 个测区才能组成 1 个评点,1 个评点相当于该试样在同条件下的 1 组试块。

2)测区的布置

规程规定,取一个结构或构件作为 1 个评点时,每个构件的测区数不少于 10 个,并尽可能均匀布置。测区最好布置在试样的两个对称的测试面,如不能满足也可选择在一个测面上;测区应优先考虑布置在混凝土浇注的侧面;测区必须避开位于混凝土保护层附近的钢筋或预埋铁件;测区表面应清洁、平整、干燥,不应留有残余粉末。

测试的构件必须具有一定的刚度和稳定性,对于体积小、刚度差以及测试部位厚度小于 100mm 的构件,应设置临时支撑加以固定。

3)回弹值的测定

测试时回弹仪应始终与测试面垂直,并不得打在气孔和外露石子上。每个测区的两个测面用回弹仪各弹击 8 点,如一个测区只有一个测面,则需测 16 点。同一测点只允许弹击 1 次,测点宜在测面范围内均匀分布,每个测点的回弹值读数准确至 1°,相邻测点的净距不小于 20mm,测点距构件边缘或外露钢筋、预埋铁件的距离不得小于 30mm。

4)混凝土碳化深度的测定

用电锤或其他工具在混凝土检测位置凿孔,测孔直径为12 ~ 25mm,深度约为 15mm 的缺口(但不应小于碳化深度,否则应加深),清除缺口中的粉末和碎屑后(不能用液体冲洗),立即用 1% 的酚酞酒精溶液滴在缺口内壁的边缘处,未炭化的混凝土变为红色,已炭化的混凝土不变色,用钢尺测量不变色的深度若干次,精确到 0. 5mm,取其平均值。应选择不少于构件的 30% 测区数,在有代表性的位置上,测量混凝土的碳化深度。

5)数据处理及回弹值的修正

数据处理及回弹值的修正必须严格执行相应规程,现行规程是《回弹法检测混凝土抗压强度技术规程》(JGJ/T 23—2001)。

(1)求测区平均回弹值。从每一测区的 16 个回弹值中剔除其中 3 个最大值和 3 个最小值,取余下的 10 个回弹值的平均值作为该测区的平均回弹值,取一位小数。

(2)回弹仪角度修正。将测区平均回弹值,再根据回弹仪轴线与水平方向的角度,按相应规程查出其修正值进行修正。

(3)浇注面修正。当回弹仪水平方向测试混凝土浇注顶面或底面时,应将测得的数据参照相关规程进行修正。

(4)强度换算。根据修正后的测区平均回弹值和碳化深度,查阅测强曲线,即可得到该测区的混凝土强度换算值。

(5)计算推定强度。

(二)超声回弹综合法

超声回弹综合法检测混凝土的强度,是 1966 年由罗马尼亚建筑及建筑经济科学院提出的,此后在国内外得到长足的发展和应用,我国已经制定了《超声—回弹综合法检测混凝土强度技术规程》(CECS02:88)。

与单一的回弹法或超声法相比，综合法具有以下特点：减少龄期和含水率的影响；弥补互相不足；提高测试精度。

超声回弹综合法是指采用超声仪和回弹仪，在结构同一测区分别测量声速值及回弹值，然后根据建立起来的测强公式推算该测区混凝土强度的一种方法。这两个参数同时与混凝土强度建立相关关系。规程中采用的相关曲线为：

$$f_{cu}^{c} = A(v_a)^B(R_a)^C \tag{7-32}$$

式中：f_{cu}^{c}——混凝土强度换算值（MPa），精确至0.1MPa；

v_a——修正后的超声声速值（km/s），精确至0.01km/s；

R_a——修正后的回弹值；

A、B、C——由对比试验测得的系数，规程推荐的系数值与集料的品种有关，详见表7-12。

混凝土粗骨料系数 表7-12

集料品种	A	B	C
碎石	0.008	1.72	1.57
卵石	0.038	1.23	1.96

用超声回弹法综合检测混凝土强度时，测区布置同回弹法。测区内先进行回弹测试，再进行超声测试。在每个测区内相对测试面上，各布置三个超声测试点（图7-10），发射和接受换能器的轴线应在同一轴线上。测试的声时值应精确至0.1μs，声速值应精确至0.01km/s，超声测距的测量误差应不大于±1%。测区声速按下式计算：

$$v = \frac{3l}{t_1 + t_2 + t_3} \tag{7-33}$$

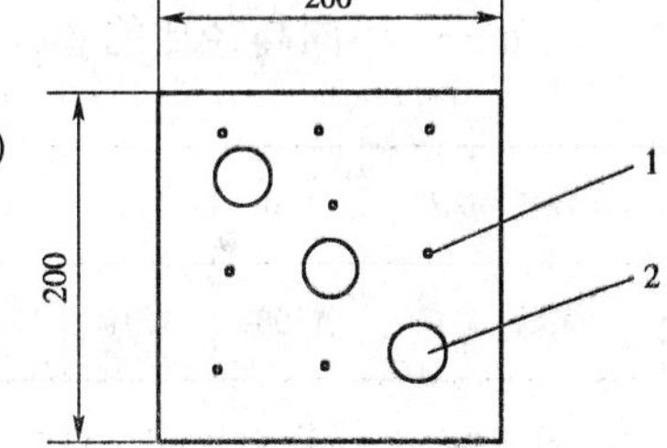

图7-10 测区测点分布
1-回弹测点；2-超声测点

式中：v——测区声速值（km/s）；

l——超声测距（mm）；

t_1、t_2、t_3——测区三个测点的声时值。

当测试面是混凝土浇注的顶面或底面时，测区声速值按下式进行修正：

$$v_a = \beta v \tag{7-34}$$

式中：v_a——修正后的测区声速值；

β——超声测试面修正系数，在混凝土浇注顶面或底面测试时，$\beta = 1.034$，在混凝土浇注测面测试时，$\beta = 1.0$。

每个测区根据修正后的回弹值 R_a 及修正后的声速值 v_a，利用式（9-32）即可得到测区混凝土强度的换算值 f_{cu}^{c}。用超声回弹综合法检测混凝土强度时，构件或结构混凝土强度推定值（$f_{cu,e}$）的确定方法与回弹法相同。

（三）钻芯法

钻芯法是利用专用钻机，从结构混凝土中钻取芯样以检测混凝土强度或观察混凝土内部质量的方法。由于它对结构混凝土造成局部损伤，因此是一种局部破损的检测手段。

这一方法已在混凝土的质量检测中得到普遍的应用，取得了明显的技术经济效益，我国1988年制定了《钻芯法检测混凝土强度技术规程》（CECS03:88），新的钻芯法规正在修编中。

用钻芯法检测混凝土的强度、裂缝、接缝、分层、孔洞或离析等缺陷，具有直观、精度高等特点，因而广泛用于工业与民用建筑、水利大坝、公路桥梁、机场跑道等混凝土结构或构筑物的质量检测。

钻芯机是钻芯法的基本设备，在混凝土结构的钻芯或工程施工钻孔中，由于被钻混凝土的强度等级、孔径大小、钻孔位置以及操作环境等因素的变化，钻芯机有轻便型、轻型、重型和超重型之分。钻芯机有机架、驱动部分、减速部分、进钻部分及冷却和排渣系统五部分组成。钻取芯样时宜采用100mm 或150mm 的人造金刚石薄壁钻头。

芯样在做抗压强度试验时的状态应与实际构件的使用状态接近。如结构工作条件比较干燥，芯样试件在抗压试验前应在室内自然干燥 3d；如结构工作条件比较潮湿，芯样试件应在20℃ ±5℃的清水中浸泡 2d，从水中取出后应立即进行抗压试验。

芯样试样的混凝土强度换算值系指用钻芯法测得的芯样强度，换算成相应于测试龄期的、边长为 150mm 的立方体试块的抗压强度值，按下式进行计算：

$$f_{cu}^{c} = \alpha \frac{4F}{\pi d^2} \tag{7-35}$$

式中：f_{cu}^{c}——芯样试件混凝土强度换算值(MPa)，精确至 0.1MPa；

F——芯样试件抗压试验测得的最大压力(N)；

d——芯样试件的平均直径(mm)；

α——不同高径比的芯样试件混凝土强度换算系数，按表 7-13 选用。

芯样试件混凝土强度换算系数 表 7-13

高径比(h/d)	1.0	1.1	1.2	1.3	1.4	1.5	1.6	1.7	1.8	1.9	2.0
系数(α)	1.00	1.04	1.07	1.10	1.15	1.17	1.19	1.21	1.22	1.24	—

单个构件或单个构件的局部区域，可取芯样试件混凝土强度换算值中最小值作为其代表值。

混凝土结构经钻孔取芯后，对结构的承载力会产生一定的影响，应及时进行修补。通常采用比原设计强度提高一个等级的微膨胀水泥细石混凝土或采用以合成树脂为胶结料的细石聚合物混凝土填实，修补前应将孔壁凿毛，并清除孔内污物，修补后应及时养护。一般来说，即使修补后结构的承载力仍有可能低于钻孔前的承载力。因此钻芯法不宜普遍使用，更不宜在一个受力区域内集中钻孔。建议将钻芯法与其他非破损方法结合使用，一方面利用非破损方法来减少钻芯的数量，另一方面又利用钻芯法来提高非破损方法的测试精度。

(四)拔出法

拔出法是一种局部破损的检测方法，其试验是把一个用金属制作的锚固件预埋入未硬化的混凝土浇注构件内(预埋拔出法)，或在已硬化的混凝土构件上钻孔埋入一个锚固件(后装拔出法)，然后根据测试锚固件被拔出时的拉力，来确定混凝土的拔出强度，并据以推算混凝土立方体抗压强度。

拔出法在美国、俄罗斯、加拿大、丹麦等国家得到广泛应用。我国于 1994 年由中国工程建设标准协会公布了《后装拔出法检测混凝土强度技术规程》(CECS69:94)。

混凝土强度常用的几种检测方法的比较见表 7-14。

混凝土强度的几种检测方法的比较 表 7-14

种　类	测定内容	适用范围	特　点	缺　点
回弹法	测点混凝土表面硬度值	混凝土抗压强度、匀质性	测试简单、快捷	测定部位仅为混凝土表面，同一处只能测试一次
超声—回弹综合法	混凝土表面硬度值和超声传播速度	混凝土抗压强度	测试简单，精度比单一法高	比单一法费事
拔出法	测其拔出力	混凝土抗压强度	测强精度较高	对混凝土有一定的损伤，检测后需进行修补
钻芯法	从混凝土中钻取一定尺寸的芯样	混凝土抗压、劈裂强度及内缺陷等	测强精度较高	设备笨重，成本较高，对混凝土有损伤，需修补

三、混凝土裂缝检测

用于检测混凝土内部缺陷的方法有射线法和声脉冲波法两大类。射线法是运用 X 射线、γ 射线透过混凝土，然后照相分析，这种方法穿透能力有限，在使用中需要解决人体防护的问题，在建筑工程中应用较少。声脉冲波法又有超声波法和声发射法两种，其中超声波法技术比较成熟，本节主要介绍超声波检测混凝土内部缺陷的基本方法。

由于超声波传播速度的快慢与混凝土的密实度有直接关系，声速高则混凝土密实，相反则混凝土不密实。用超声波检测混凝土缺陷的基本依据是，利用脉冲波在技术条件相同（指混凝土的原材料、配合比、龄期和测试距离一致）的混凝土传播时间（或速度）、接受波的振幅和频率等声学参数的相对变化，来判断混凝土的缺陷。当有空洞或裂缝存在时，便破坏了混凝土的整体性，声波只能绕过空洞或裂缝传播到接受换能器，因此传播的路程增大，测得的声时偏长，其相应的声速降低。

混凝土内部缺陷除用超声波检测外，也可以用混凝土钻取直径为 20 ~ 50mm 的芯样后直接观察。由于大部分混凝土工程中的缺陷位置不能确定，不宜采用钻芯检测。所以一般都用超声波通过混凝土时，以超声声速、首波衰减和波形变化来判断混凝土中存在缺陷的性质、范围和位置。

结构鉴定时对裂缝的检测，主要包括裂缝的宽度、深度、长度、走向、形态、分布特征、是否稳定等内容。

（一）裂缝原因

钢筋混凝土结构是多种不同材料经拌和、振捣、养护后而成形的。从微观看，混凝土是带裂缝工作的，重要的是如何避免可见裂缝，特别是不出现对结构安全有影响的裂缝。引起裂缝的原因很多，可归结为两大类：

第一类：由变形引起的裂缝，也称为非结构性裂缝，如温度变化、混凝土收缩、地基不均匀沉降等因素引起的变形，当此变形受到约束，在结构构件内部产生自应力，当此自应力超过混凝土的抗拉强度时，即会引起混凝土的裂缝，裂缝一旦出现，变形能释放或部分释放，自应力就会降低甚至消失。

第二类：由外荷载引起的裂缝，也称为结构性裂缝、受力裂缝，其裂缝与荷载有关，预示结构承载力可能不足或存在严重问题。

两类裂缝有明显的区别，危害程度也不尽相同，有时两类裂缝融合在一起。根据调查资料，两类裂缝中，变形引起的裂缝占主导，约占结构总裂缝的80%，荷载引起的裂缝约占20%。

我国现行《混凝土结构设计规范》(GB 50010—2002)规定对使用中允许出现裂缝的钢筋混凝土构件应验算裂缝宽度。计算所得的最大裂缝宽度对处在室内正常环境的一般构件不应超过0.3mm，对处于年平均相对湿度小于60%的地区，其最大裂缝宽度不应超过0.4mm。对于屋架、托架、重级工作制的吊车梁以及露天或室内高湿度环境，其最大裂缝宽度不应超过0.2mm。

过宽的裂缝会引起混凝土中的钢筋的锈蚀，降低结构的耐久性；裂缝使混凝土结构刚度减小；过宽的裂缝会损伤结构的外观，引起使用者的不安。

(二)裂缝特征

几种典型的混凝土裂缝产生的原因以及表征和表现见表7-15。

混凝土裂缝产生的原因、特征和表现 表7-15

原因		一般裂缝特征	裂缝表现	临近破坏前裂缝特征
荷载作用	(1)轴心收拉	裂缝贯穿构件全截面，大体等间距(垂直受力方向)；用螺纹筋时，出现位于钢筋附近的次裂缝	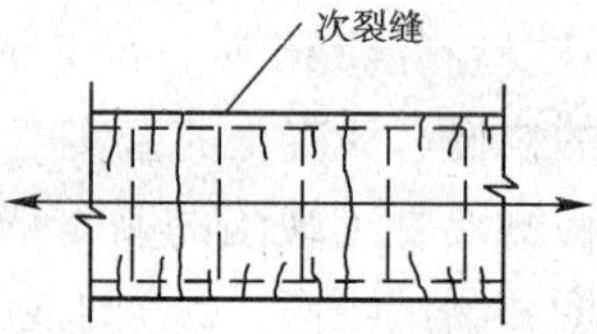 次裂缝	出现沿钢筋的纵向裂缝
	(2)轴心受压	沿构件出现短而密的平行裂缝(平行于受力方向)	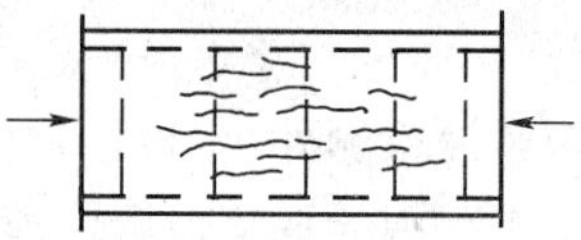	混凝土保护层脱落，箍筋内混凝土压酥，箍筋间纵向受力钢筋外鼓
	(3)受弯	弯矩最大截面附近从受拉边缘开始出现横向裂缝，逐渐向中和轴发展；用螺纹筋时，裂缝间可见短向次裂缝	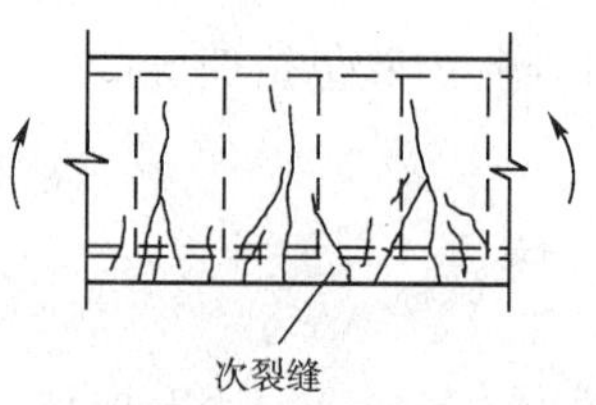 次裂缝	横向裂缝向压区延伸，压区出现短而密的纵向裂缝，压区混凝土和箍筋间纵向受压钢筋外鼓；梁高较大的T形或I形梁中，次裂缝可发展成与主裂缝相交的枝状裂缝
	(4)大偏心受压	类似(3)	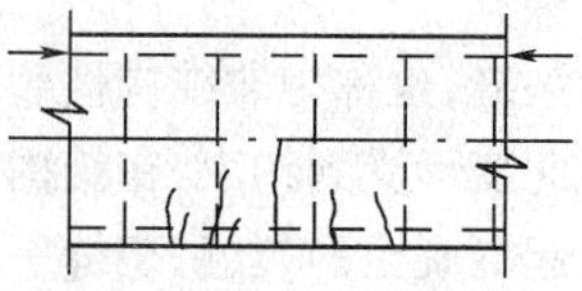	类似(3)

续上表

原因		一般裂缝特征	裂缝表现	临近破坏前裂缝特征
荷载作用	(5)小偏心受压	类似(2),但发生在压力较大的一侧	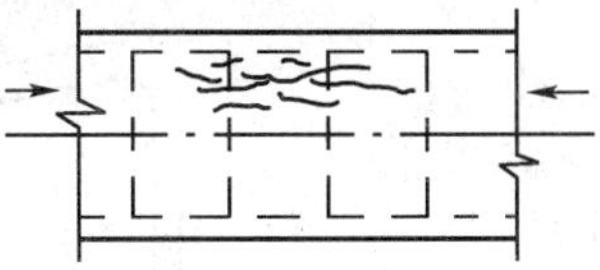	类似(2),但发生在压力较大的一侧
	(6)局部受压	在局部受压区出现大体与压力方向平行的多条短裂缝	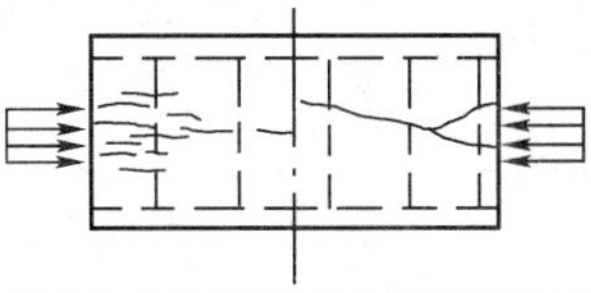	裂缝加密,混凝土压酥;或发生一条集中开展的主裂缝
	(7)受剪(当箍筋适当时)	沿梁端下部发生大约45°方向互相平行的斜裂缝	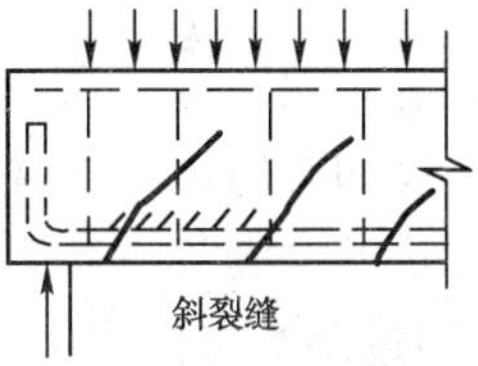 斜裂缝	斜裂缝发展至梁顶部,同时沿梁下主筋发生斜裂缝
		沿悬臂剪力墙支承端受力一侧中下部发生一条约45°方向的斜裂缝	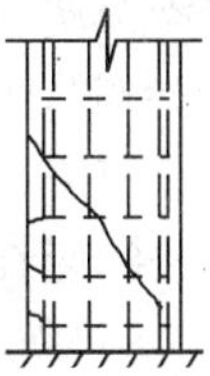	该条斜裂缝发展至墙端另一侧边缘
	(8)受剪斜压(当箍筋太密时)	沿梁端腹部发生大于45°方向的短而密的斜裂缝	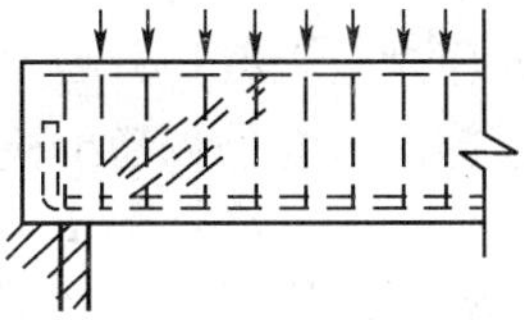	斜裂缝处混凝土酥裂
	(9)受冲切	沿柱头板内四侧发生45°方向短而密的斜裂缝	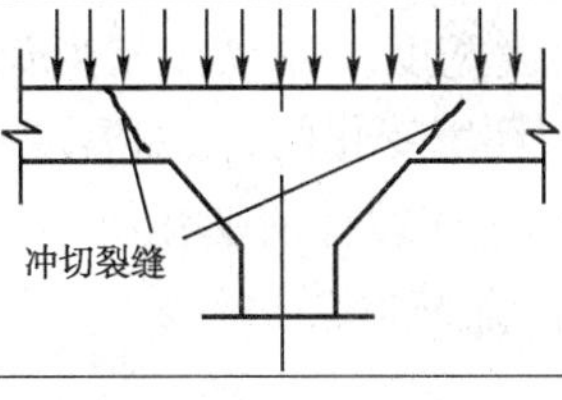 冲切裂缝	斜裂缝有穿透构件全截面的趋势
	(10)受扭力矩	某一面腹部先出现多条约45°方向斜裂缝,向相邻面以螺旋方向展开	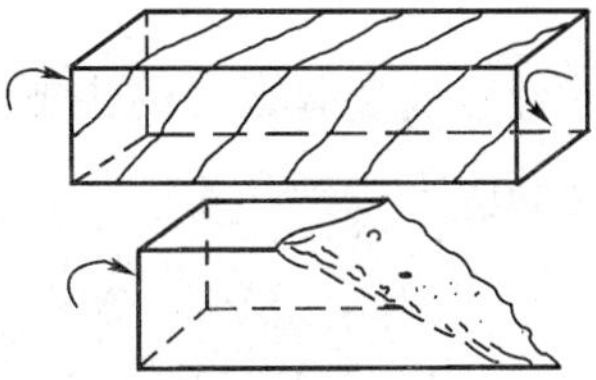	在第四个面上形成45°方向的与斜裂缝发展方向相垂直的短而密的斜裂缝
约束变形作用	(11)梁的混凝土收缩和温度变形	沿梁长度方向的腹部出现大体等间距的横向裂缝,中间宽,两头尖,呈枣核形,至上下纵向箍筋处消失	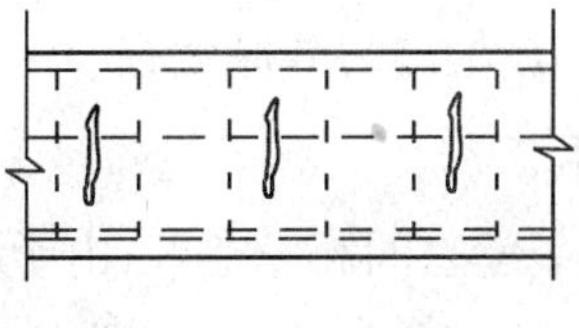	

续上表

原因		一般裂缝特征	裂缝表现	临近破坏前裂缝特征
外加变形	(12)框架结构一侧下沉过多	框架梁两端发生裂缝的方向相反(一端自上而下,另一端自下而上);下沉柱上的梁柱接头处可能发生细微水平裂缝	Δ(沉陷)	

(三)裂缝宽度

测量裂缝宽度原来常用裂缝对比卡测量,后来用光学读数显微镜测量,现在能够用电子裂缝观测仪测量。裂缝对比卡上面印有粗细不等、标注着宽度值的平行线,将其覆盖在裂缝上,可比较出裂缝的宽度。这种方法已经淘汰。光学读数显微镜是配有刻度和游标的光学透镜,从镜中看到的是放大的裂缝,通过调节游标读出裂缝宽度。带摄像头的电子裂缝观测仪克服了人直接俯在裂缝上进行观测的诸多不便,颇受技术人员青睐。

一般来说,裂缝宽度往往是不均匀的,工程鉴定关注的是特定位置的最大裂缝宽度。限制裂缝宽度的主要目的是防止侵蚀性介质渗入而导致钢筋锈蚀。因此,测量裂缝宽度的位置应在受力主筋附近;如测量梁的弯曲裂缝,应在梁受拉侧主筋的高度处。

(四)裂缝稳定

构件上出现裂缝后,首先应判定裂缝是否趋于稳定,裂缝是否有害;然后根据裂缝特征判定裂缝的原因,并考虑修补措施。裂缝是否趋于稳定可根据下列观测和计算判定:

1.观测判定

定期对裂缝宽度、长度进行观测、记录。观测的方法可在裂缝的个别区段及裂缝顶端涂覆石膏,用读数放大镜读出裂缝宽度。如果在相当长时间内石膏没有开裂,则说明裂缝已经稳定。但有些裂缝是随时间和环境变化的,比如温度裂缝冬天增大、夏天缩小,收缩裂缝在初期发展快,1~2年后基本稳定,这些裂缝的变化属于正常现象。所谓不稳定裂缝,主要是指随时间不断增大的荷载裂缝、沉降裂缝等。

2.计算判定

对适筋梁,钢筋应力 σ_s 是影响裂缝宽度的主要因素。因此,可通过对钢筋应力的计算来判定裂缝是否稳定。如果钢筋应力小于 $0.8f_y$(f_y 为钢筋强度设计值),裂缝处于稳定状态。

(五)裂缝深度

裂缝深度检测可采用凿开法或超声波检测。采用凿开法检测前,先向缝中注入有色墨水,则易于辨认细小裂缝。超声波检测裂缝深度有三种方法,即平测法、斜测法和钻孔对测法。

1.超声波单面平测技术

当混凝土出现裂缝时,裂缝空间充满空气,由于固体与气体界面对声波构成反射面,通过的声能很小,声波绕裂缝顶端通过(图7-11),以此可测出裂缝深度。

先在混凝土的无缝处测定该混凝土平测时的声波速度。把发、收换能器放置于裂缝附近有代表性的、质量均匀的无裂缝的混凝土表面，以换能器边缘间距 l' 为准，取 l' = 100mm、150mm、200mm、250mm 和 300mm，改变换能之间的距离，分别测读超声波穿过的时间 t'。以距离 l' 为横坐标。时间 t' 为纵坐标，将数据点绘制在坐标纸上（图 7-12）。如被测处的混凝土质量均匀、无缺陷，则各点大致在一条直线上。按图形计算这条直线的斜率，即为超声波在该处混凝土中的传播速度。

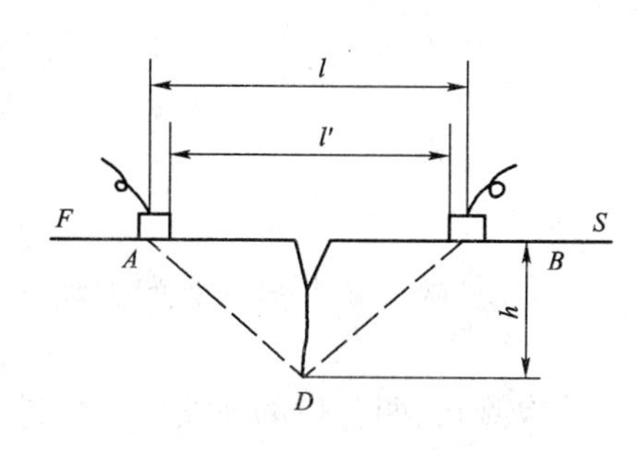

图 7-11　超声检测混凝土垂直裂缝

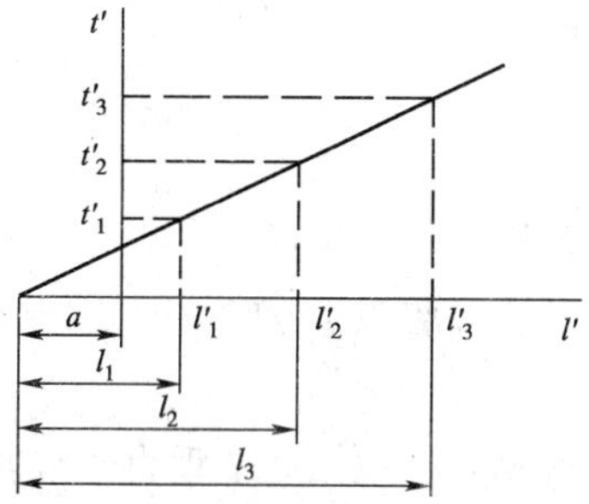

图 7-12　平测时的时间—距离关系

按算出的传播速度和测得的传播时间可求出超声波传播的实际距离 $l_i = vt'_i + a$（l_i 略大于 l'_i）。

将发、收换能器置于混凝土表面裂缝的两侧，并以裂缝为轴线相对称，即换能器中心的连线垂直于裂缝的走向。取 l' = 100mm、150mm、200mm、250mm 和 300mm 等，改变换能器之间的距离，在不同 l' 时测读超声波传播时间，并算出超声波传播的实际距离 l'_i。

按下式计算垂直裂缝的深度：

$$h_i = \frac{l_i}{2}\sqrt{\left(\frac{t_i}{t'_i}\right)^2} - 1 \tag{7-36}$$

式中：h_i——垂直裂缝的深度（mm）；

l_i——无缝平测换能器之间第 i 点的超声波实际传播距离（mm）；

t_i——过缝平测时第 i 点的声时值（μs）；

t'_i——无缝平测时第 i 点的声时值（μs）。

按上式可计算出一系列 h 值。如计算的 h 值大于相应的 l_i 值时舍去该数据，取余下 h 值的平均值作为裂缝深度的判定值。如余下的 h 值少于 2 个时，需增加测试的次数。

声波在混凝土中通过，会受到钢筋的干扰。当有钢筋穿过裂缝时，发、收换能器的布置应使换能器的连线离开钢筋轴线或与钢筋轴线成一定的角度。若钢筋太密无法避开时，则不能采用超声波法量测裂缝深度。

这种方法适用于裂缝深度小于 500mm 的混凝土结构裂缝的检测。

2. *超声波双面斜测技术*

斜测法适用于结构的裂缝部位具有两个相互平行的可测表面的情况，如梁、柱构件。检测时将发、收换能器分别置于结构的两个表面，且两个换能器的轴线不重合（图 7-13），采取多点检测的方法，保持发、收换能器的连线长度，记录各测点接受波形的幅值或频率。若换能器的连线通过裂缝，超声波在裂缝界面上产生较大的衰减，幅值和频率比不通过裂缝时有明显的降低，据此可判断裂缝的深度及是否贯通。

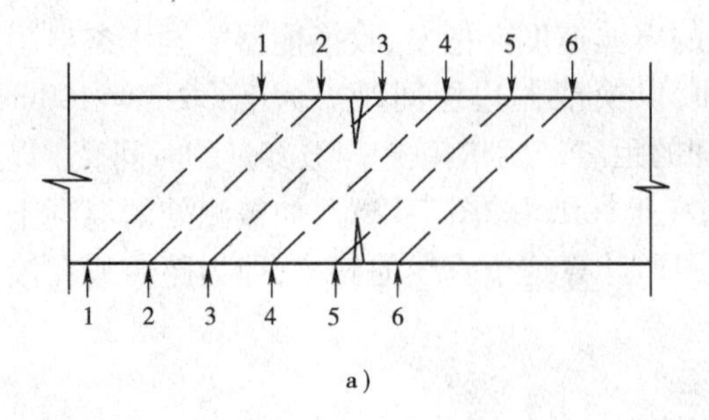

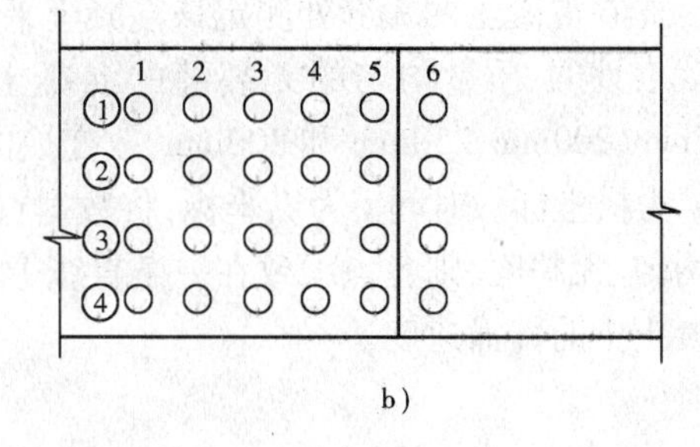

图 7-13　斜测裂缝测点布置

a)平面图;b)立面图

3. 超声波检测深裂缝技术

在大体积结构混凝土中,当裂缝深度在 500mm 以上,可采用钻孔放入径向振动式换能器进行检测。

先在裂缝两侧对称地钻两个垂直于混凝土表面的检测孔,两孔口的连线应与裂缝走向垂直。孔径大小应能自由地放入换能器为宜。钻孔冲洗干净后再注满清水。将发、收径向振动式换能器分别置于两钻孔中,两换能器沿钻孔徐徐下落的过程中要使其与混凝土表面保持相同距离,用超声波波幅的衰减情况判断裂缝深度(图 7-14)。换能器在孔中上下移动进行测量,当发现换能器达到某一深度,其波幅达到最大值,再向下测量,波幅变化不大时,换能器在孔中的深度即为裂缝深度。为便于判断,可绘制孔深与波幅的曲线图(图 7-15)。

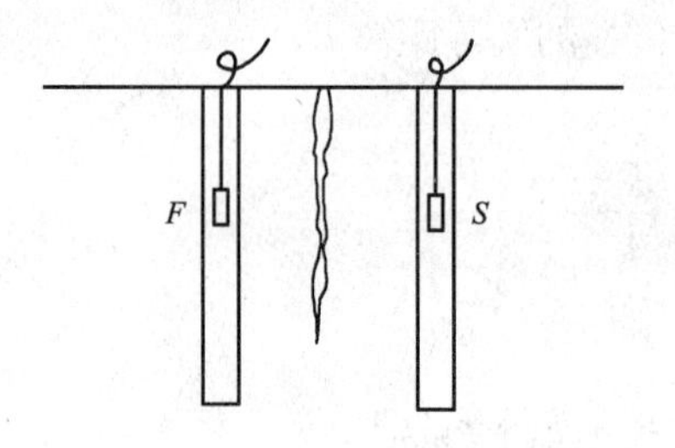

图 7-14　深裂缝检测示意图

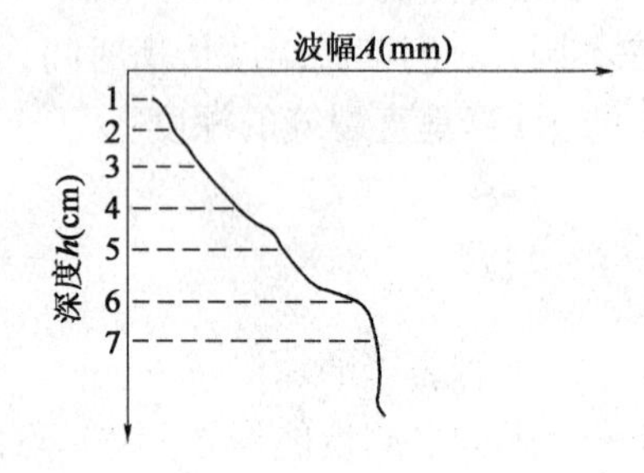

图 7-15　裂缝深度—波幅曲线图

若两换能器在孔中以下不等高度处进行交叉斜测,根据波幅发生突变的两次测试的交点,可判定倾斜裂缝末端所在位置和深度。

四、混凝土缺陷检测

1. 混凝土内部不密实区检测

深埋在混凝土内部的单个毛细小孔,对超声波声时和波幅的影响很小,无法测出来,而结构混凝土中的不密实区或空洞是可以用超声波检测出来的。

先在被测构件上划出网格,用对测法测出每一点的超声波声速 v_i、波幅 A_i 或接受频率 f_i(图 7-16)。若某测区某些测点的声速 v_i 和波幅 A_i 明显偏低,则可认为这些点区域的混凝土内部存在空洞或不密实。为了判断不密实区或空洞在结构内部的具体位置,可在测区的两个相互平行的测试面上,分别画出交叉测试的两组测点位置。图 7-17 即为斜测法检测缺陷的位置和范围。

由于各点超声波的传播路线平行，测距相同，若混凝土内部不存在缺陷，则混凝土质量符合正态分布，所测得的声学参数也基本符合正态分布。若混凝土内部存在缺陷，则声学参数必然出现明显的差异，运用数理统计原理，当某些声学参数超出一定的置信范围，可以判定它为异常数据，异常数据测点在构件表面围成的区域可看作内部缺陷在表面上的投影。异常数据按以下方法判别：

将各测点的声时值 t_i 按由小至大的顺序排列，$t_1 \leqslant t_2 \leqslant \cdots \leqslant t_n$，假定中间某个数据 t_i 明显偏大，该数据及排列其后的所有数据均视为可疑数据，将最小可疑数据及排列其前的所有数据进行统计分析，计算平均值 m_t 和标准差 S_t，则异常数据的临界值为：

$$t_0 = m_t - \lambda_1 S_t \tag{7-37}$$

式中 λ_1 为异常值判定系数，可由正态分布函数查表7-16。把假定的最小可疑数据 t_i 与临界值 t_0 进行比较，若 $t_i > t_0$，则 t_i 及排列其后的所有数据均确定为可疑数据；若 $t_i \leqslant t_0$，则对 t_i 作为可疑数据的假定有误，应重新假定排列在 t_i 后的某个数据为可疑数据，按同样的方法重新判断。

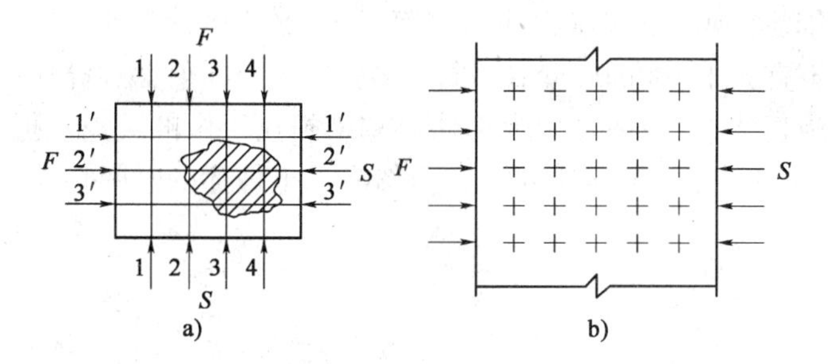

图7-16　对测法测缺陷测点布置

a)平面图；b)立面图

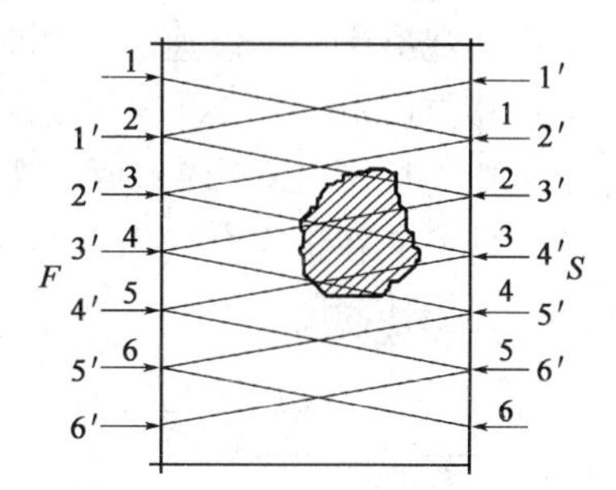

图7-17　斜测法测缺陷测点布置立面图

统计数的个数 n 与对应的 λ_1 值　　表7-16

n	14	16	18	20	22	24	26	28	30	32	34	36	38
λ_1	1.47	1.53	1.59	1.65	1.69	1.73	1.77	1.80	1.83	1.86	1.89	1.92	1.94
n	40	42	44	46	48	50	52	54	56	58	60	62	64
λ_1	1.96	1.98	2.00	2.02	2.04	2.05	2.07	2.09	2.10	2.12	2.13	2.14	2.15
n	66	68	70	72	74	76	78	80	82	84	86	88	90
λ_1	2.17	2.18	2.19	2.20	2.21	2.22	2.23	2.24	2.25	2.26	2.27	2.28	2.29
n	92	94	96	98	100	105	110	115	120	125	130	135	140
λ_1	2.30	2.30	2.31	2.31	2.32	2.35	2.36	2.38	2.40	2.41	2.43	2.44	2.45

当采用波幅作为测量参数时，将各测点的波幅 A_1 按由大至小的顺序排列，$A_1 \geqslant A_2 \geqslant \cdots \geqslant A_n$，假定中间某个数据 A_1 明显偏小，该数据及排列其后的所有数据均视为可疑数据，将最大可疑数据及排列其前的所有数据进行统计分析，计算平均值 m_1 和标准差 S_1，则异常数据的临界值为：

$$A_0 = m_1 - \lambda_1 S_1 \tag{7-38}$$

把假定的最大可疑数据 A_1 与临界值 A_0 进行比较，如果 $A_1 < A_0$，则 A_1 及排列其后的所有

数据均确定为可疑数据，$A_1 \geq A_0$，应将排列在 A_1 之后的某个数据假定为可疑数据，按同样的方法重新判断。

对于大体积混凝土内部的不密实区和空洞检测，由于测试距离大，用对测法检测，其检测灵敏度低。为此，可每隔一定距离，钻孔放入径向振动式换能器，也可采用钻孔放入径向振动式换能器检测和对测相结合的方式，检测大体积混凝土内部的不密实区或孔洞。

为确认超声波检测缺陷的准确性，可在认为混凝土内部存在不密实区或空洞的部位，钻孔取芯，直接观察和验证。

2. 混凝土表面损伤检测

混凝土表面损伤的主要原因有火灾、冻害及化学腐蚀，这些伤害都是由表及里地进行，损伤程度外重内轻，损伤层混凝土的强度显著降低，甚至完全丧失。损伤深度是结构鉴定加固的重要依据。

混凝土损伤层简易的检测方法是凿开或钻芯取样，从颜色和强度的区别可判别损伤层的深度，如火伤混凝土呈粉红色。另外，也可用超声波检测。超声波在损伤混凝土中的波速小于在未损伤混凝土中的波速。检测时，将两个换能器置于损伤层表面，一个保持位置不动，另一个逐点移位(图 7-18)，每次移动距离不宜大于 100mm，读取不同传播路径的声速值，绘制出时—距直角坐标图(图 7-19)，时—距图为折线，其斜率分别为损伤层和未损伤层中的波速。折点的物理意义在于完全损伤层的传播时间与穿透损伤层并沿未损伤混凝土传播的时间相等，由此求得损伤深度：

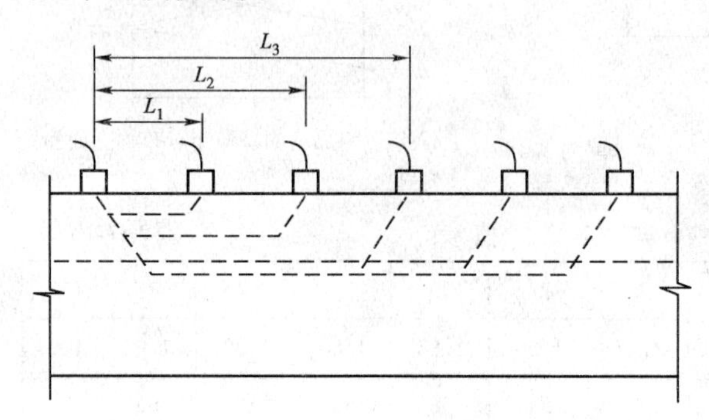

图 7-18　损伤层检测的测点布置

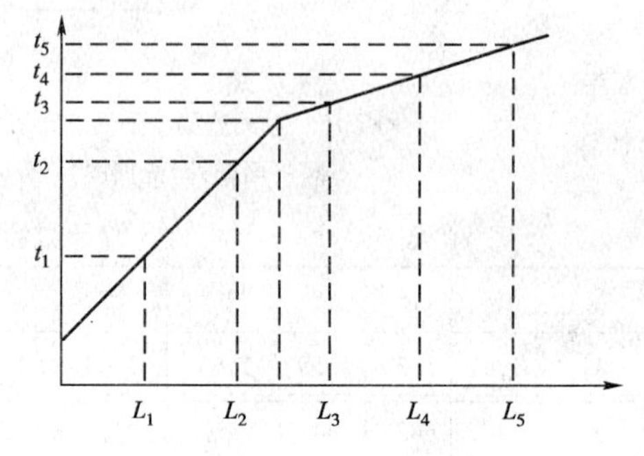

图 7-19　损伤层检测的时—距图

$$d = \frac{l_0}{2}\sqrt{\frac{v_2 - v_1}{v_2 + v_1}} \tag{7-39}$$

式中：d——损伤深度；

l_0——时—距图折点对应的测距；

v_1——损伤混凝土中的波速；

v_2——未损伤混凝土中的波速。

当超声波检测损伤深度的可靠性不理想时，应结合钻芯取样的方法进行检测。

五、红外线检测技术

红外线是介于可见红光和微波之间的电磁波。红外线无损检测是测量通过物体的热量和热流来鉴定物体质量的一种方法。当物体内部存在裂缝和缺陷时，它将改变物体的热传导，使物体表面温度分布产生分别，利用遥感技术的检测仪测量物体的不同辐射，可以测出缺陷位置。

该技术在建筑外墙剥离的检测、玻璃幕墙和门窗保温绝热性及防渗漏检测、饰面砖粘贴质量和安全的检查、墙面和屋面渗漏检查等方面得到广泛运用。

六、雷达波检测技术

雷达波检测技术就是以微波作为传递信息的媒介，根据微波特性和传播对材料、结构和产品的性质、缺陷进行非破损检测与诊断的新技术。

图7-20所示为雷达波探测混凝土内部（钢筋位置、孔洞缺陷等）的原理。雷达天线向混凝土中发射电磁波，由于混凝土、钢筋、孔洞的介电常数不同，使微波在不同介质的界面处发生反射，并由混凝土表面的天线接收，根据发射电磁波至发射波返回的时间差与混凝土中微波传播的速度来确定反射体距表面的距离，达到检出混凝土内部钢筋、缺陷位置的深度。

电磁波在混凝土中传播的速度 V 为：

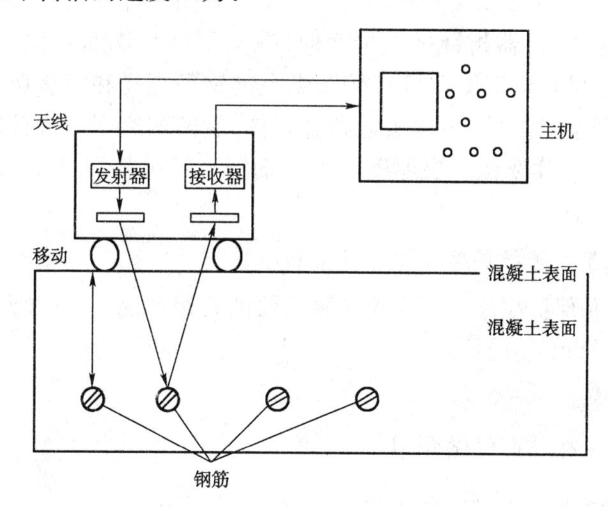

图7-20　雷达波测试原理示意图

$$V = \frac{C}{\sqrt{\varepsilon_r}} \tag{7-40}$$

式中：C——真空中电磁波的速度（$3 \times 10^8 m/s$）；

ε_r——混凝土的介电常数（通常为6～10左右）。

根据电磁波发射至反射波返回的时间差 T，便可计算反射界面距表面的深度 D：

$$D = \frac{1}{2}VT \tag{7-41}$$

根据上述原理，可用雷达仪探测混凝土中钢筋的位置、保护层的厚度以及空洞、疏松、裂缝等缺陷的位置、深度。

七、混凝土结构钢筋检测

在钢筋混凝土结构设计规范中对钢筋保护层厚度有明确的规定，不符合规范要求将影响结构的耐久性。由于施工中种种原因，钢筋保护层厚度经常会不符合设计的要求，质量控制中就要对结构物的钢筋保护层厚度进行无损检测；另一方面，由于施工疏忽，钢筋位置往往产生移位，不符合受力设计规定的要求；在对钢筋混凝土钻孔取芯或安装设备钻孔时需要避开主筋位置等要求，均需要探明钢筋的实际位置；再一方面，为校核所用的主筋直径，或旧建筑的质量复查，修建扩建需要确定结构承载力等，在缺乏施工图纸的情况下，查明混凝土内钢筋的位置，尺寸，保护层厚度是十分必要的检测要求。综上所述，钢筋混凝土中钢筋的保护层厚度、钢筋位置和钢筋直径是无损检测技术中的一项重要内容，需要有精度高、功能优的相应先进仪器设备来保证检测工作的开展。

(一)钢筋位置与保护层厚度的检测

钢筋位置和保护层厚度的测定可采用磁感仪、钢筋扫描仪和混凝土保护层测试仪以及雷达波进行检测。

1. 磁感仪检测

用磁感仪检测时将测定仪探头长向与构件中钢筋方向平行，钢筋直径档调至最小，测距挡调至最大，横向摆动探头，仪器指针摆动最大时，探头下就是钢筋的位置。钢筋位置确定后(标出所有钢筋位置即可确定钢筋数量)，按图纸上的钢筋直径和等级调整仪器的钢筋直径、钢筋等级挡，按需要调整测距挡，将探头远离金属体，旋转调旋钮使指针回零，将探头放置在测定钢筋上，从刻度盘上读取保护层厚度。对于钢筋直径可将混凝土保护层凿开后用卡尺测量。

2. 数字化钢筋位置和保护层厚度测定仪检测

数字化钢筋位置和保护层厚度测定仪是磁感仪的升级产品，其检测结果能够与计算机连接，在屏幕上直观的观测钢筋的位置。

3. 雷达波

雷达波的检测技术在前面已做介绍。

(二)钢筋锈蚀程度的检测

结构混凝土中钢筋的锈蚀会使钢筋截面缩小，锈蚀部分体积增大会使混凝土胀裂、剥落、降低钢筋与混凝土的黏结力等结构破坏或耐久性降低等现象出现。通常对已建建筑进行结构鉴定和可靠性诊断时，必须对钢筋的锈蚀状况进行检测。

钢筋锈蚀可采用三种方法检测：局部凿开法、直观检测法、自然电位法。

1. 局部凿开法

敲掉混凝土保护层，露出钢筋，直接用卡尺测量锈蚀层厚度和钢筋的剩余直径；或现场截取锈蚀钢筋的样品，将样品端部锯平或磨平，用游标卡尺测量样品的长度，在氢氧化钠溶液中通电除锈。将除锈后的钢筋试样放在天平上称出残余质量，残余质量与该种钢筋公称质量之比即为钢筋的剩余截面率；则除锈前质量与除锈后质量之差即为钢筋锈蚀量。

2. 直观检测法

观察混凝土构件表面有无锈痕、是否出现沿钢筋方向的纵向裂缝，顺筋裂缝的长度和宽度可以反映钢筋的锈蚀程度。

3. 自然电位法

自然电位法是一种利用电化学原理定性判断混凝土中钢筋锈蚀程度的方法。当混凝土中的钢筋锈蚀时,钢筋表面便有腐蚀电流,钢筋表面与混凝土表面间存在电位差,电位差的大小与钢筋的锈蚀程度有关,运用电位测量装置,可以判断钢筋锈蚀范围及严重程度。

(三)结构构件中钢筋力学性能的检测

结构构件中钢筋的力学性能检测,一般采用半破损法,即凿开混凝土,截取钢筋试件,然后对试样进行力学性能试验。同一规格的钢筋应抽取两根,每根钢筋再分成两根试件,取一根试件作拉力试验,另一根试件做冷弯试验。在拉力试验的两根试件中,如其中一根试件的屈服强度、抗拉强度和伸长率三个指标中有一个指标达不到钢筋相应的标准值,应再抽取钢筋,制作双倍(4 根)试件重做试验,如仍有一根试件的一个指标达不到标准要求,则不论这个指标在第一次试件中是否达到标准要求,拉力试验项目为不合格。在冷弯试验中,如有一根试件不符合标准要求,应同样抽取双倍钢筋,重做试验。如仍有一根试件不符合要求,则冷弯试验项目为不合格。

破损法检测钢筋的力学性能,应选择结构构件中受力较小的部位截取钢筋试件,梁构件不应在梁跨中部位截取钢筋。截断后的钢筋应用同规格的钢筋补焊修复,单面焊时搭接长度不小于 10d,双面焊时搭接程度不小于 5d。

第三节　钢结构检测

由于钢结构具有强度大、截面小、重量轻、延性好、受力可靠等许多优点,被广泛应用于单层工业厂房的承重骨架和吊车梁、大跨度建筑物的屋盖结构、大跨度桥梁、多层和高层结构、塔结构、板壳结构、可移动结构和轻型结构等领域。钢结构在长期使用过程中由于承受超载、重复荷载的作用,或要承受高温、低温、潮湿、腐蚀性介质或管理不善等外界因素的作用,会使结构的可靠度下降。所以,对钢结构进行性能检测具有重要意义。

一、钢材强度检测

钢结构材料的强度检测主要有 3 种方法:

(1)取样拉伸法。在试验机下按照标准方法直接测试材料的屈服强度、抗拉强度以及伸长率等等的技术指标;

(2)表面硬度法。根据钢材硬度与强度的关系,通过测试钢材硬度,推算钢材的强度;

(3)化学分析法。通过化学分析测量钢材中有关元素的含量,根据化学成分与钢材强度的关系计算强度。

1. 取样拉伸法

钢材的拉伸试验过程包括取样和拉伸两个试验步骤,其中拉伸试验步骤与钢筋的拉伸试验相同,所不同的是试件取样及加工。按钢材试样的长宽比不同,钢材的试样有比例试样和非比例试样两种。按照钢材规格类型不同,有厚度在 0.1 ~ 3.0mm 薄板和薄板带使用的试样类型;有厚度等于或大于 3mm 板材和扁材以及直径或厚度等于或大于 4mm 线材、棒材、型材使用的试样类型;有直径或厚度小于 4mm 线材、棒材、型材使用的试样类型等三类。《金属材料室温拉伸试验方法》(GB/T 228—2002)中对试样的形状、试样的尺寸、试样的制备三个方面有具体要求。

2. 表面硬度法

大量试验表明,钢材的极限强度与其布氏硬度之间存在正比例关系,如表7-17所示。

钢材强度与其布氏硬度关系表　　表7-17

钢材品种	低碳钢	高碳钢	调质合金钢
相关公式	$\sigma_b = 3.6HB$	$\sigma_b = 3.4HB$	$\sigma_b = 3.25HB$

式中:σ_b——钢材的极限强度(N/mm);

HB——布氏硬度。布氏硬度用布氏硬度仪直接在钢材表面测得。

当σ_b确定后,根据同种钢材的屈强比,能够计算钢材的屈服强度或条件屈服强度。

3. 化学分析法

化学分析法就是根据钢材中各化学成分粗略估算碳素钢强度的方法,可按式(7-42)计算。

$$\sigma_b = 285 + 7C + 0.06Mn + 7.5P + 2Si \tag{7-42}$$

式中,C、Mn、P、Si分别表示钢材中碳、锰、磷和硅元素的含量,以0.01%为计量单位。

二、钢材缺陷无损检测

1. 新材缺陷

钢材缺陷的性质与其加工工艺有关,如铸造过程中可能产生气孔、疏松和裂纹等。锻造过程中可能产生夹层、折叠、裂纹等。钢材无损检测的方法有超声波法、射线法及磁力法。其中超声波法是目前应用最广泛的探伤方法之一。

超声波的波长很短、穿透力强,传播过程中遇不同介质的分界面会产生反射、折射、绕射和波形转换,超声波像光波一样具有良好的方向性,可以定向发射,犹如一束手电筒灯光可以在黑暗中寻找到目标一样,能在被检材料中发现缺陷。超声波探伤能探测到的最小缺陷尺寸约为波长的一半。超声波探伤又可分为脉冲反射法和穿透法两类。

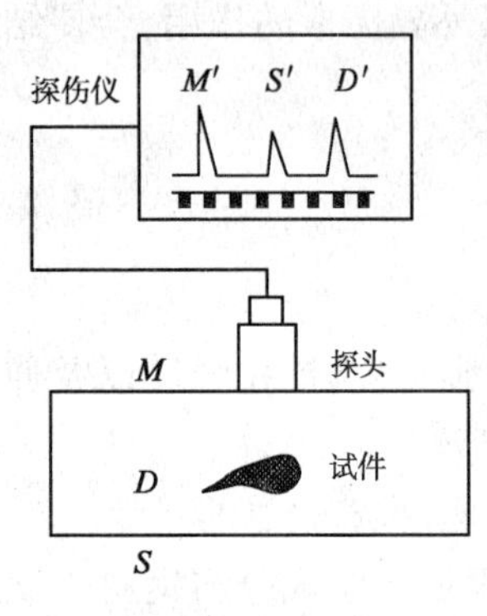

图7-21　脉冲反射法探伤示意图

钢材缺陷可以采用平探头纵波探伤,探头轴线与其端面垂直,超声波与探头端面或钢材表面成垂直方向传播(图7-21),超声波通过钢材上表面、缺陷及底面时,均有部分超声波反射回来,这些超声波各自往返的路程不同,回到探头时间不同,在示波器上会分别显示出反射脉冲,依次称为始脉冲、伤脉冲和底脉冲。当钢材中无缺陷时,则无伤脉冲。始脉冲、伤脉冲和底脉冲波之间的间距比等于钢材上表面、缺陷和底面的间距比,由此可确定缺陷的位置。

2. 旧材锈蚀

钢结构在潮湿、存水和酸碱盐腐蚀性环境中容易生锈,锈蚀导致钢材截面变薄,承载力下降,因此,钢材的锈蚀程度可由其截面厚度的变化来反应。检测钢材厚度的仪器有超声波测厚仪和游标卡尺,精度均达0.01mm。

超声波测厚仪采用脉冲反射波法。超声波从一种均匀介质向另一种均匀介质传播时,在界面会发生反射,测厚仪可测得探头自发出超声波至收到界面反射回波的时间。由于超声波在各种钢材中的传播速度已知,或可以通过实测确定,所以由波速和传播时间可测算出钢材的厚度。数字超声波测厚仪,厚度值会直接显示出来。

三、结构连接检测

(一)焊缝无损检测

焊缝探伤主要采用斜探头横波探伤,斜探头可使声束倾斜入射。如图7-22所示为用三角形标准试块的比较法来确定内部缺陷的位置。斜探头的倾斜角有多种,使用斜探头发现焊缝中的缺陷与用直探头探伤一样,都是根据在始脉冲与底脉冲之间是否存在伤脉冲来判断。当发现焊缝中存在缺陷之后,确定焊缝中缺陷的具体位置常采用钢质三角形试块比较法。超声脉冲波经换能器发射进入被测材料后,当通过不同界面(构件材料表面、内部缺陷和构件底面)时,会产生部分反射,在超声波探伤仪的示波屏上分别显示各界面的反射波及其相对的位置。根据伤反射波与始脉冲和底脉冲的相对距离可确定缺陷在构件内的相对位置。如焊缝内部无缺陷时,则显示屏只有始脉冲和底脉冲,不出现缺陷反射波。其操作步骤为:

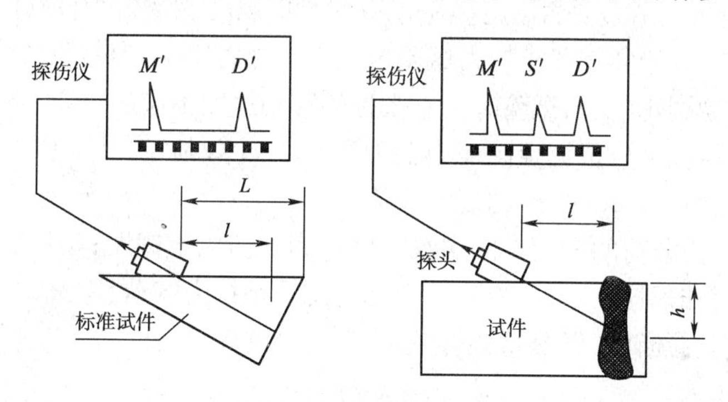

图7-22　斜向探头测缺陷位置

(1)标定换能器。利用三角形标准试块,在试块的 α 角度与斜向换能器超声波和折射角度相同的前提下,根据公式 $l = L\sin^2\alpha$ 建立 l 和 L 的一一对应关系。

(2)记录 l 值。在构件焊缝内探测到缺陷时,记录换能器在构件上的位置 l。

(3)判断缺陷位置。根据 l 和 L 的对应关系,确定换能器在三角形标准试块上的位置 L,并可按公式 $h = L\sin\alpha \cdot \cos\alpha$ 确定缺陷的深度 h。

超声法检测比其他方法(如磁粉探伤、脉冲反射法、射线探伤等)更有利于现场检测。钢材密度比混凝土大得多,为了能够检测钢材或焊缝较小的缺陷,要求选用比混凝土检测频率高的超声频率,常用为0.5~2MHz。

焊缝的内部质量判定参见《压力容器无损检测》(JB 4730)以及《钢焊缝手工超声波探伤方法和探伤结果分级》(GB 11345)。

焊缝的外观质量检测参见《钢结构工程施工质量验收规范》(GB 50205)执行。常用的外观质量名词有气孔、夹渣、烧穿、焊瘤、咬边、未焊透、未融合等。

①气孔:指焊条熔合物表面存在的人眼可辨的小孔。

②夹渣:指焊条熔合物表面存在有熔合物锚固着的焊渣。

③烧穿:指焊条熔化时把焊件底面熔化,熔合物从底面两焊件缝隙中流出形成焊瘤的现象。

④焊瘤:指在焊缝表面存在多余的(受力不起作用)像瘤一样的焊条熔合物。

⑤咬边:指焊条熔化时把焊件过分熔化,使焊件截面受到损伤的现象。

⑥未焊透:指焊条熔化时焊件熔化的深度不够,焊件厚度的一部分没有焊接的现象。

⑦未融合:指焊条熔化时没有把焊件熔化,焊件与焊条熔合物没有连接或连接不充分的现象。

(二)普通螺栓

普通螺栓作为永久性连接时,应该进行最小拉力载荷试验。试验方法与高强螺栓相应技术相同。普通螺栓的破坏类型有:螺母滑丝、螺杆滑丝、螺头与杆部的交接处脆断、螺杆塑性破坏。这4种破坏形式中,只有符合力学性能要求的螺杆塑性破坏属于正常破坏。

(三)高强螺栓

1.螺栓实物最小载荷检验

测定螺栓实物的抗拉强度是否满足《紧固件机械性能螺栓、螺钉和螺柱》(GB 3098.1)的要求。

使用专用卡具将螺栓实物置于拉力试验机上进行拉力试验,为避免试件承受横向载荷,试验机的夹具应能自动调正中心,试验时夹心张拉的移动速度不应超过25mm/min。

螺栓实物的抗拉强度应根据螺纹应力截面积(A_s)计算确定,其取值应按《紧固件机械性能螺栓、螺钉和螺柱》(GB 3098.1)的规定取值。

试验时,承受拉力载荷的未旋合的螺纹长度应为6倍以上螺距;当试验拉力达到《紧固件机械性能螺栓、螺钉和螺柱》(GB 3098.1)中规定的最小拉力载荷($A_s \times \sigma$)时不得断裂。当超过最小拉力载荷直至拉断时,断裂应发生在杆部或螺纹部分,而不应发生在螺帽与杆部的交接处。

2.扭剪型高强度螺栓连接副预拉力复验

复验用螺栓应在施工现场待安装的螺栓批次中随机抽取,每批应抽取8套连接副进行复验。连接副预拉力可采用经计量检定、校准合格的轴力计进行测试。电测轴力计、油压轴力计、电阻应变仪、力矩扳手等计量器具,应在试验前进行标定,其误差不得超过2%。

采用轴力计方法复验连接副预拉力时,应将螺栓直接插入轴力计。紧固螺栓分初拧、终拧两次进行,初拧应采用手动力矩扳手或专用定矩电动扳手;初拧值应为预拉力标准值的50%左右。终拧应采用专用电动扳手,至尾部梅花头拧掉,读出预拉力值。

每套连接副只应做一次试验,不得重复使用。在紧固中垫圈发生转动时,应更换连接副,重新试验。复验螺栓连接副的预拉力平均值和标准偏差应符合表7-18规定。

扭剪型高强度螺栓紧固预拉力和标准偏差　　表7-18

螺栓直径(mm)	16	20	(22)	24
紧固预拉力的平均值$\bar{P}$(kN)	90~120	154~186	191~231	222~270
标准偏差σ_P(kN)	10.1	15.7	19.5	22.7

3.高强度螺栓连接副施工力矩检验

高强度螺栓连接副力矩检验是含初拧力矩、复拧力矩、终拧力矩的现场无损检验。检验所用的扭矩精度误差应不大于3%。高强度螺栓连接副扭矩检验分力矩法检验和转角法检验两种,原则上检验法与施工法应相同。力矩检验应在施拧1h后,48h内完成。

方法一：力矩法检验。

在螺尾端头和螺母相对位置画线，将螺母退回60°左右，用力矩扳手测定返回至原位时的力矩值。该力矩值与施工力矩值的偏差在10%以内为合格。高强度螺栓连接副终拧力矩值应按式(7-43)计算：

$$T_c = K \cdot P_c \cdot d \tag{7-43}$$

式中：T_c——终拧力矩值(N·m)；

P_c——施工预拉力值标准值(kN)，见表7-19；

d——螺栓公称直径(mm)；

K——力矩系数，按公式(7-45)的规定试验确定。

高强度大六角头螺栓连接副初拧力矩值 T_0 可按 $0.5T_c$ 取值。扭剪型高强度螺栓连接副初拧力矩值 T_0 可按式(7-44)计算：

$$T_0 = 0.065P_c \cdot d \tag{7-44}$$

式中：T_0——初拧力矩值(N·m)；

P_c——施工预拉力标准值(kN)，见表7-19；

d——螺栓公称直径(mm)。

高强度螺栓连接副施工预拉力标准值 表7-19

螺栓的性能等级	螺栓公称直径(mm)					
	M16	M20	M22	M24	M27	M30
8.8s(kN)	75	120	150	170	225	275
10.9s(kN)	110	170	210	250	320	390

方法二：转角法检验。

(1)检查初拧后在螺母与相对位置所画的终拧起始线和终止线所夹的角度是否达到规定值。

(2)在螺尾端头和螺母相对位置画线，然后全部拧松螺母，在按规定的初拧力矩和终拧角度重新拧紧螺栓，观察与原画线是否重合。终拧转角偏差在10°以上为合格。

终拧转角与螺栓的直径、长度等因素有关，应由试验确定。

方法三：扭剪型高强度螺栓施工力矩检验。

观察尾部梅花头拧下情况。尾部梅花被拧下的视同其终拧力矩达到合格质量标准；尾部梅花未被拧下的应按上述力矩法或转角法检验。

4. 高强度大六角头螺栓连接副力矩系数复验

复验用螺栓应在施工现场待安装的螺栓批中随机抽取，每批应抽取8套连接副进行复验。

连接副力矩系数复验用的计量器具应在试验前进行标定，误差不得超过2%。每套连接副只应做一次试验，不得重复使用。在紧固中垫圈发生转动时，应更换连接副，重新试验。

连接副扭矩系数的复验应将螺栓穿入轴力计，在测出螺栓预拉力 P 的同时，应测定施加于螺母上的施拧力矩值 T，并应按式(7-45)计算力矩系数 K。

$$K = \frac{T}{P \cdot d} \tag{7-45}$$

式中：T——施拧力矩(N·m)；

d——高强度螺栓的公称直径(mm)；

P——螺栓预拉力(kN)。

进行连接副力矩系数试验时，螺栓预拉力值应符合表7-20的规定。

螺栓预拉力值范围　　表 7-20

螺栓规格(mm)		M16	M20	M22	M24	M27	M30
预拉力值 P(kN)	10.9s	93~113	142~177	175~215	206~250	265~324	325~390
	8.8s	62~78	100~120	125~150	140~170	185~225	230~275

每组 8 套连接副力矩系数的平均值应为 0.110~0.150,标准偏差小于或等于 0.010。

扭剪型高强度螺栓连接副当采用力矩法施工时,其力矩系数也按公式(7-45)计算确定。

5. 高强度螺栓连接摩擦面的抗滑系数检验

制造厂和安装单位应分别以钢结构制造批为单位进行抗滑移系数试验。制造批可按分部(子分部)工程划分规定的工程量每 2000t 为一批,不足 2000t 的可视为一批。选用两种及两种以上表面处理工艺时,每种处理工艺应单独检验。每批三组试件。抗滑移系数试验应采用双摩擦面的二栓拼接的拉力试件(图 7-23)。

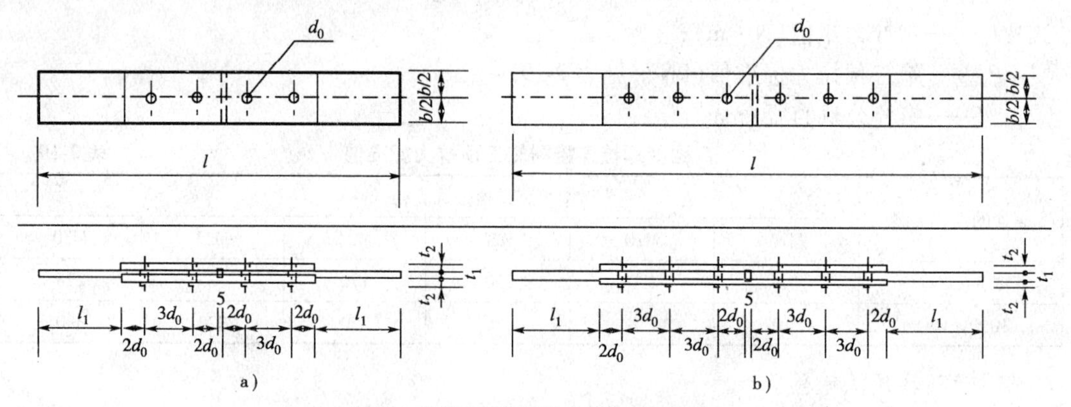

图 7-23　抗滑移系数拼接试件的形式和尺寸

a)两栓抗滑移系数;b)三栓抗滑移系数

抗滑移系数试验用的试件应由制造厂加工,试件与所代表的钢结构构件应为同一材质、同批制作、采用同一摩擦面处理工艺和具有相同的表面状态,并应用同批同一性能等级的高强度螺栓连接副,在同一环境条件下存放。

试件钢板的厚度 t_1、t_2 应根据钢结构工程中有代表性的板材厚度来确定,同时应考虑在摩擦面滑移之前,试件钢板的净截面始终处于弹性状态;宽度 b 可参照表 7-21 规定取值。L_1 应根据试验机夹具的要求确定。

试件板的宽度(单位:mm)　　表 7-21

螺栓直径 d	16	20	22	24	27	30
板宽 b	100	100	105	110	120	120

试件板面应平整,无油污,孔和板的边缘无飞边、毛刺。试验用的试验机误差应在 1% 以内。试验用的贴有电阻片的高强度螺栓、压力传感器和电阻应变仪应在试验前用试验机进行标定,其误差应在 2% 以内。

试件的组装顺序应为:先将冲钉打入试件孔定位,然后逐个换成装有压力传感器或贴有电阻片的高强度螺栓,或换成同批经预拉力复验的扭剪型高强度螺栓。

紧固高强度螺栓应分初拧、终拧。初拧应达到螺栓预拉力标准值的 50% 左右。终拧后,螺栓预拉力应符合下列要求:

(1)对装有压力传感器或贴有电阻片的高强度螺栓,采用电阻应变仪实测控制试件每个螺栓的预拉力值应在 $0.98P \sim 1.05P$（P 为高强度螺栓设计预拉力值）之间；

（2）不进行实测时，扭剪型高强度螺栓的预拉力（紧固轴力）可按同批复验预拉力的平均值取用。

试件应在其侧面画出观察滑移的直线。将组装好的试件置于拉力试验机上，试件的轴线应与试验机夹具中心严格对中。加荷时，应先加 10% 的抗滑移计荷载值，停 1min 后，再平稳加荷，加荷速度为 3 ~ 5kN/s。直拉至滑动破坏，测得滑移荷载 NV。

在试验中当发生以下情况之一时，所对应的荷载可定为试件的滑移荷载：

（1）试验机发生回针现象；

（2）试件侧面画线发生错动；

（3）X-Y 记录仪上变形曲线发生突变；

（4）试件突然发生"嘣"的响声。

抗滑移系数，应根据试验所测得的滑移荷载 N_V 和螺栓预拉力 P 的实测值，按式（7-46）计算，宜取小数点二位有效数字。

$$\mu = \frac{N_V}{n_f \cdot \sum_{i=1}^{m} p_i} \tag{7-46}$$

式中：N_v——由试验测得的滑移荷载（kN）；

n_f——摩擦面面数，取 $n_f = 2$；

$\sum_{i=1}^{m}$——试件滑移一侧高强度螺栓预拉力实测值（或同批螺栓连接副的预拉力平均值）之和（取三位有效数字）（kN）；

m——试件一侧螺栓数量，取 $m = 2$。

（四）连接节点

1. 焊接球节点

焊接球节点承载能力应该符合式（7-47）和式（7-48）所规定的检验系数的要求。试件形状如图 7-24 所示。

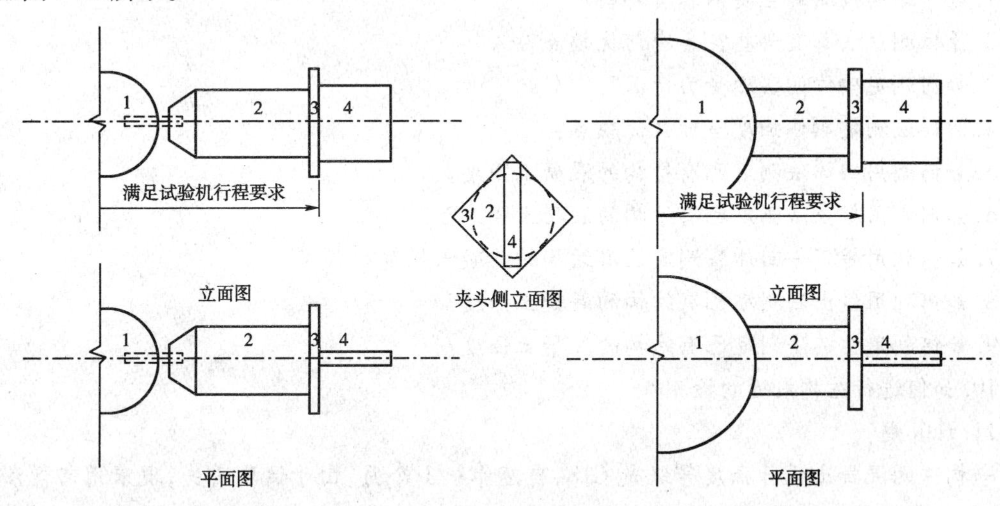

图 7-24　球节点试件示意图

1-焊接球或螺栓球；2-所需要试验的钢管；3-封板；4-夹头

$$\gamma_u^0 \geqslant \gamma_0 \cdot [\gamma_u] \tag{7-47}$$

$$\gamma_u^0 = F_u / N_d \tag{7-48}$$

式中：γ_u^0——承载能力检验系数的实测值；

γ_0——结构重要性系数，见相关结构设计规范；

$[\gamma_u]$——承载能力检验系数的允许值，见表 7-22；

F_u——试验破坏荷载值，按照表 7-22 中的“试件达到承载能力的检验标志”时的值计取；

N_d——承载能力设计值。

承载能力检验系数的允许值$[\gamma_u]$　　表 7-22

序号	试件设计受力情况	试件达到承载能力的检验标志		$[\gamma_u]$
1	封板、锥头与钢管对接焊缝抗拉	与钢管等强、试件钢管母材达到破坏	A3	1.8
			16Mn	1.7
2	焊接球轴向拉、压	继续加载时荷载值不上升，或在力-位移曲线上取峰值		1.6
3	高强螺栓轴向受拉	试件破坏	$d \leqslant$ M30	2.3
			$d \geqslant$ M33	2.4
4	螺栓球螺孔与高强螺栓配合轴向受拉	螺栓达到承载能力，螺孔不坏即为		合格

2. 螺栓球节点

与焊接球节点同。

习　题

1. 砌体结构检测的主要内容有哪些？
2. 原位测试法都有哪些？各有何优缺点？
3. 如何测定砌体的实际受力情况？
4. 回弹法测定砌体强度有什么优缺点？
5. 如何利用回弹法测定已有结构的混凝土强度？
6. 如何利用超声法测定已有结构的混凝土强度？
7. 如何利用超声—回弹法测定已有结构的混凝土强度？
8. 如何利用拔出法测定已有结构的混凝土强度？
9. 如何利用钻芯法测定已有结构的混凝土强度？
10. 如何进行结构裂缝的检测？
11. 计算题：

一构件的混凝土设计强度等级是 C18，自然养护 1 个月，由于试块丢失，现采用回弹法评定混凝土强度（水平回弹洗灌侧面），若测试的原始数据如表 7-23 所示，问该试件的混凝土强度是否达到设计要求？（22.8MPa）

习题 4-11 表 表 7-23

测区	回弹值																碳化深度
1	34	35	34	35	35	35	34	29	35	29	35	36	31	34	34	36	3.0
2	36	43	41	39	39	37	40	37	43	35	35	37	36	38	43	35	3.5
3	38	39	39	33	41	40	34	38	38	34	35	35	35	37	33	41	3.5
4	36	35	35	37	29	30	36	37	36	35	36	30	35	35	37	29	4.0
5	39	35	40	33	40	36	39	38	37	37	39	35	42	40	33	40	3.0
6	37	36	39	33	38	34	36	39	40	35	33	34	39	39	33	38	3.0
7	44	41	43	39	43	41	45	41	42	39	41	44	44	43	39	43	3.0
8	37	39	43	41	38	41	43	45	45	44	42	40	42	43	41	38	3.0
9	38	44	43	42	44	36	41	41	40	42	41	40	45	43	42	44	3.5
10	41	43	41	39	37	44	41	43	40	45	41	43	41	41	39	37	3.0

12. 超声—回弹综合法检测混凝土强度的基本原理是什么？技术要点有哪些？

13. 某住宅楼的钢筋混凝土梁，粗集料为碎石，因对混凝土施工质量有疑义，故采用综合法评定其强度，原始记录如表 7-24 所示，问该试件的混凝土强度推定值是多少？（6.2MPa）

14. 用脉冲反射式纵波探伤法对一截面高 10cm 的钢试件探伤，当探头移至某一部位时，量得荧光屏上始脉冲与底脉冲的间距为 10 个单位，伤脉冲与底脉冲的间距为 3 个单位，问探头至缺陷的距离是多少？（7cm）

15. 计算题

（1）某厂房 30m 跨钢屋架，检查时发现屋架局部锈蚀，锈蚀严重的几榀屋架同一位置受压腹杆普遍锈蚀 1mm，该腹杆长 3m，由 3 号钢 2L100 × 80 × 7（长肢相并）组成 T 形截面，节点板厚 8mm，腹杆与节点板采用角焊连接，焊条为 E_{4303}，肢背焊缝长 160mm、肢尖焊缝长 100mm，实际焊缝厚 $h_f < 7$mm（取 $h_f = 6$mm）；检查结果认为该腹杆需要验算。问是否需要加固？

（2）某工字截面组合钢梁计算跨度 10m，梁横向加肋，肋间距 2.0m，支座处有支承加劲肋，梁截面尺寸如图 7-25 所示，钢梁用 3 号钢制作，梁受均布荷载作用，原钢梁上承受最大计算弯矩为 910kN · m，现上部荷载增加，净增计算弯矩 790kN · m。问梁需要加固吗？

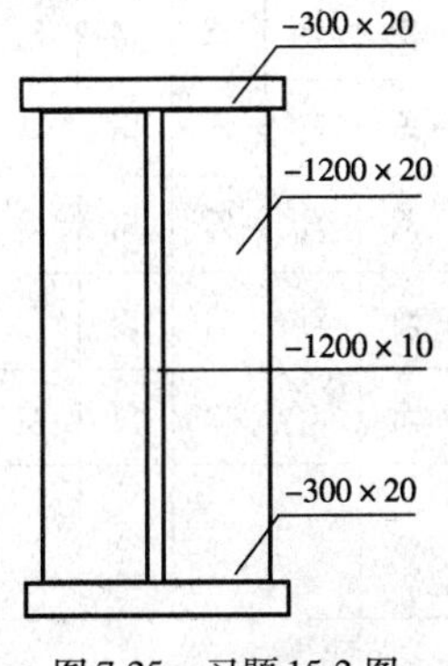

图 7-25 习题 15-2 图

习题 4-13 表钢筋混凝土梁检测原始记录表 表 7-24

项目 \ 编号		回弹值 R_i																平均回弹值	超声声时值 t_i(μs)				测距 L (mm)	声速 v (km/s)	换算强度 $f^c_{cu,I}$ (MPa)
构件	测区	1	2	3	4	5	6	7	8	9	10	11	12	13	14	15	16	R_m	1	2	3	t_m			
	1	23	24	28	38	26	36	28	33	27	24	25	22	29	27	30	28		66.4	66.8	66.6		235		
	2	24	22	30	31	23	27	28	28	28	26	28	28	32	30	21	36		67.2	67.0	67.7		235		
	3	26	25	28	26	23	30	26	26	26	22	26	30	26	29	30	25		73.6	73.6	73.6		240		
	4	25	22	26	20	20	22	23	28	29	35	29	24	25	21	23	25		67.9	68	69		235		
	5	17	23	28	26	18	20	20	34	36	26	24	34	22	26	28	30		67	66.8	61.8		235		
	6	22	23	27	30	24	26	24	22	20	28	29	24	30	24	22	25		74.6	75	75.7		240		
	7	25	20	26	34	22	22	20	27	20	27	26	36	26	20	30	34		68	68	69.8		235		
	8	24	25	20	20	18	22	21	21	20	25	24	22	22	21	20	22		75.4	75.4	75.9		240		
	9	18	21	30	28	21	21	23	22	22	18	20	21	20	20	29	21		73.2	73.8	73.8		240		
	10	20	20	24	28	22	20	22	22	20	21	22	23	18	22	23	23		78	77.8	77.9		240		
测试面		侧面、风干								测试角度			水平						测试方法		对测、平测				
混凝土强度的推定值 $f_{cu,e}$ (MPa)																									

附录 FULU 建筑结构研究试验示例

本章介绍几个典型的结构试验。通过这些试验实例,对建筑结构试验的组织计划内容和试验方法可有较深入的了解。

1 结构静力试验

1.1 试验题目

钢筋混凝土连续梁调幅限值的试验研究。

1.2 试验目的

(1)探讨不同截面压区高度系数 ξ 对调幅限值的影响。

(2)研究不同调幅对连续梁挠度及裂缝宽度的影响。

1.3 试件设计

作6根不同 ξ 和不同 δ(弯矩调幅值)的两跨连续梁,按实际的材料强度及几何尺寸算得的 ξ、δ 值见表1。试件截面尺寸及加载图形见图1所示。

试件一览表 表1

梁　号	B_1	B_2	B_3	B_4	B_5	B_6
ξ	0.272	0.253	0.206	0.173	0.087	0.070
δ(%)	8.6	17.9	23.6	25.2	25.0	57.6

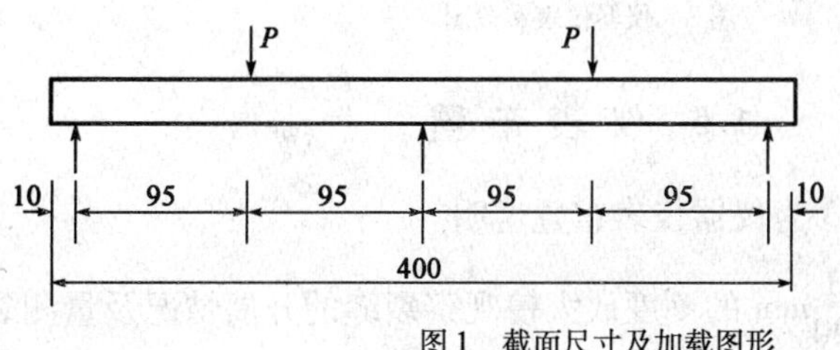

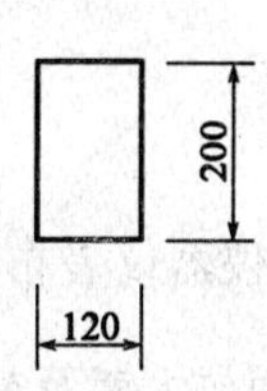

图1　截面尺寸及加载图形

按调幅后的弯矩图来设计跨中和中间支座截面的配筋。为防止试件剪切破坏，箍筋比按规范(TJ 10—74)计算的配箍量有所增加，为避免受压钢筋对中间支座截面塑性转动产生影响，试件下部钢筋在通过中间支座时向上弯起(图2和表2)。

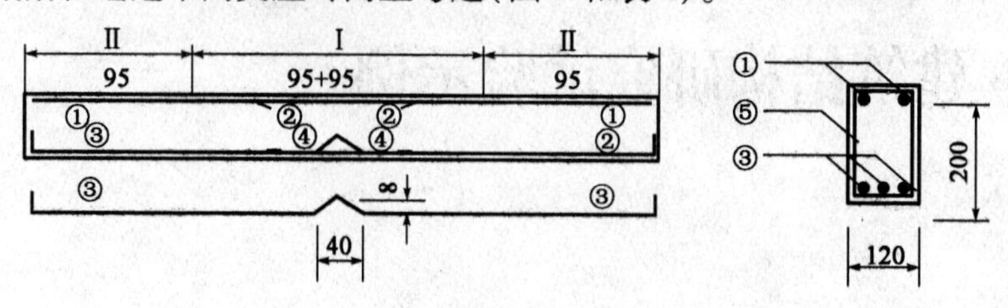

图2　两跨连续梁试件配筋图

钢　筋　表

表2

梁　　号	①	②	③	④	⑤	箍筋间距
B_1	2ϕ14	1ϕ14	2ϕ16	2ϕ6	ϕ6	(Ⅰ)@100(Ⅱ)@150
B_2	2ϕ16		2ϕ18	2ϕ10	ϕ6	(Ⅰ)@100(Ⅱ)@150
$B_{3,4}$	2ϕ16		2ϕ16 1ϕ12	2ϕ8	ϕ6	(Ⅰ)@100(Ⅱ)@150
B_5	2ϕ10		2ϕ12	2ϕ6	ϕ6	(Ⅰ)@100(Ⅱ)@150
B_6	2ϕ10		3ϕ12	2ϕ6	ϕ6	(Ⅰ)@150(Ⅱ)@150
钢筋简图	396	80	178　178	80		

1.4　试件制作

采用强度等级为C25混凝土，配比为水泥:砂:石=1:1.55:3.65，矿渣水泥，碎卵石粒径为0.5~2.0cm。钢筋如图3所示。模板为钢模，采用自然养护。与试件制作同时，每一试件分别留有15cm×15cm×15cm的立方体试块和三个10cm×10cm×30cm的棱柱体试块，受力主筋也分别留有试样以测定材性。

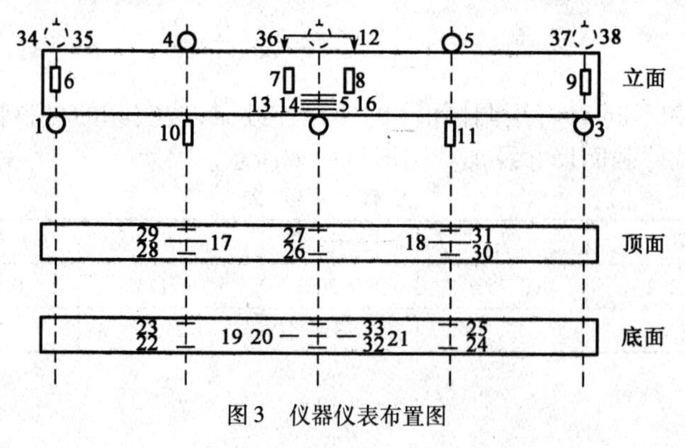

图3　仪器仪表布置图

1.5　仪表布置

图3为仪器仪表布置图，表3为仪器仪表布置说明。

此外，用放大镜及最小刻度$\frac{1}{20}$mm的刻度放大镜观察裂缝的开展情况及量测裂缝宽度。

仪 表 布 置 说 明 表3

测 点 号	仪 表 名 称	量 测 内 容
1~5	测力传感器	绘制 P-M 图，了解内力重分布的过程
6~9	倾角传感器	量测边支座截面及中支座截面两侧的转角
10~11	位移传感器	量测跨中截面挠度
12	曲率仪（$L=250$mm）	量测中支座两侧 250mm 范围内的平均曲率
12~16	电阻应变片（$L=100$mm）	量测中支座截面压区高度
17~18	电阻应变片（$L=100$mm）	量测跨中截面压区混凝土应变
19~21	电阻应变片（$L=40$mm）	量测中支座截面处压区混凝土应变分布情况
22~27	电阻应变片（$L=5$mm）	量测跨中及中支座截面受拉钢筋应变
28~33	电阻应变片（$L=5$mm）	量测跨中及中支座截面受压钢筋应变
34~38	百分表	量测支座沉降

1.6 试件支座、安装及加载

试验时的支座及加载装置如图 4 所示，中间支座下设有可调节高度的密纹螺栓。试件就位后用水准仪观察调节三个支座的水平度，尽可能使三者位于同一水平。然后少量加载，量测支座反力的分布，通过中间支座下的螺栓，调节中间支座高度直到三个支座反力的比例符合弹性计算时支座反力的比例时为止。

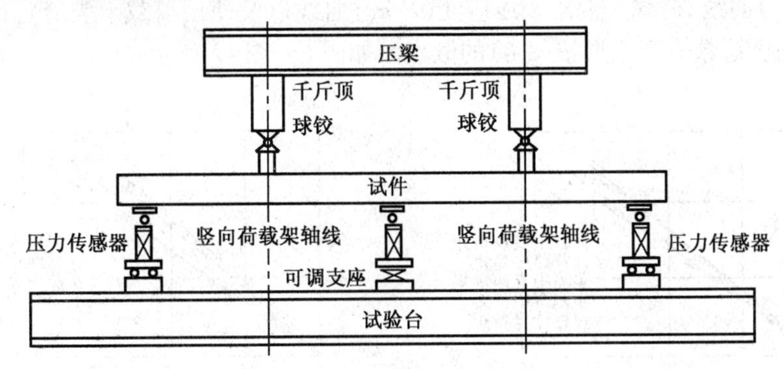

图4 支座及加载装置

采用油压千斤顶加载，两个千斤顶用同一油泵以保证同步，各梁以极限荷载的 1/12~1/15 分级加载，每级荷载间的间隔时间为 5min，当中间支座及跨中都出现塑性铰后，连续加载直至破坏。

1.7 试 验 结 果

（1）破坏特征与极限承能力

中间支座及跨中最大弯矩截面破坏时均为拉筋屈服和压区混凝土压碎，图 5 为 6 根梁中 B_1、B_2 的裂缝分布及破坏形态图。表 4 为各梁的计算极限弯矩（按照实际的截面尺寸及材料强度计算）及实测极限弯矩（由实测反力及荷载值算出）。

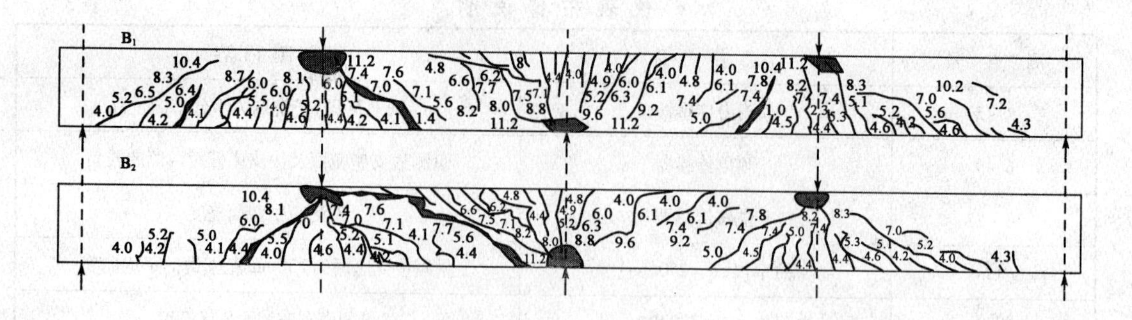

图5　裂缝分布及破坏形态图

计算及实测极限弯矩

表4

梁　号	跨中极限弯矩(kN · m)			支座极限弯矩(kN · m)		
	M_C	M_T	M_T/M_C	M_C	M_T	M_T/M_C
B_1	20	30.1	10.8	29.2	31.9	1.09
B_2	32.8	34.8	10.6	29.2	33.9	1.16
B_3	36.7	39	10.6	29.5	33.0	1.12
B_4	30	39.2	10.3	29.6	36.0	1.22
B_5	16	21.7	11.7	14.6	14.7	1.00
B_6	27.9	23	10.1	10.6	13.4	1.26

(2)测试记录

实测荷载—弯矩(P-M)曲线、荷载—挠度(P-ω)曲线、荷载—裂缝宽度(P-c)曲线、荷载—钢筋应变(P-ε_g)曲线、荷载—混凝土压应变(P-ε_h)曲线以及使用荷载下裂缝宽度—弯矩调幅(c-δ)和压区高度系数—弯矩调幅(ξ-δ)的散点图如图6～图12所示。

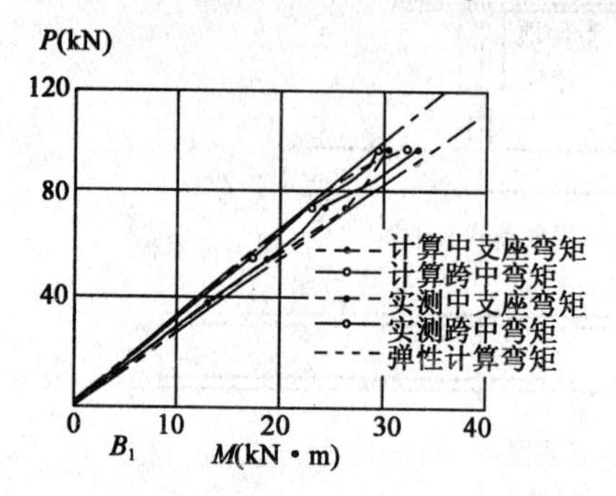

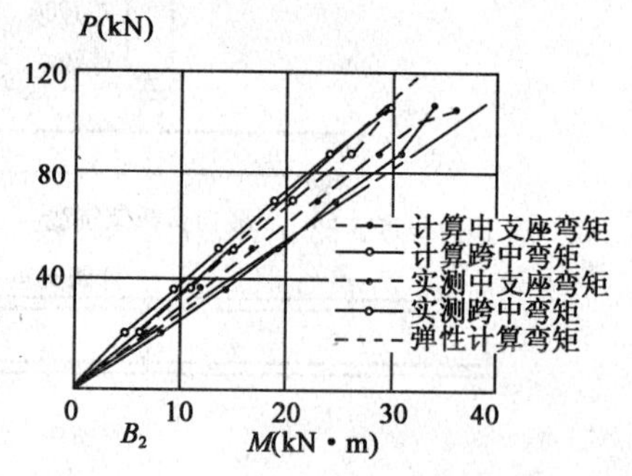

图6　荷载—弯矩(P-M)曲线

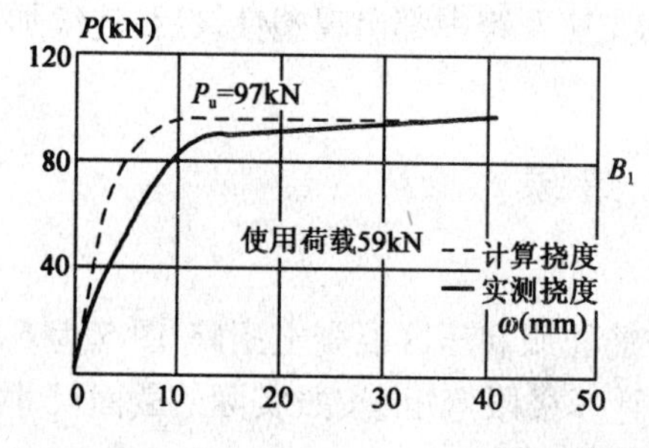

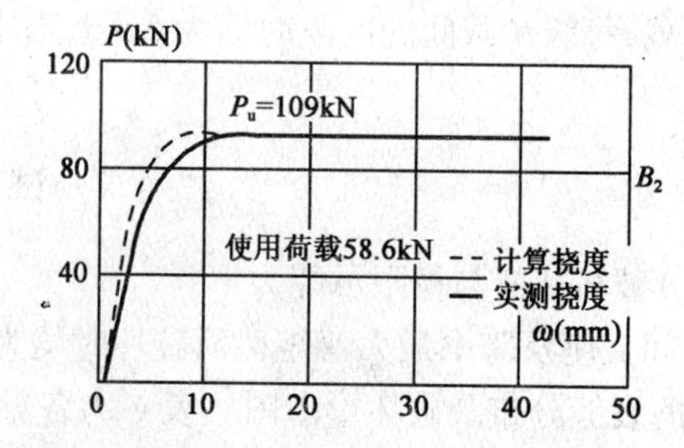

图7　荷载—挠度(P-ω)曲线

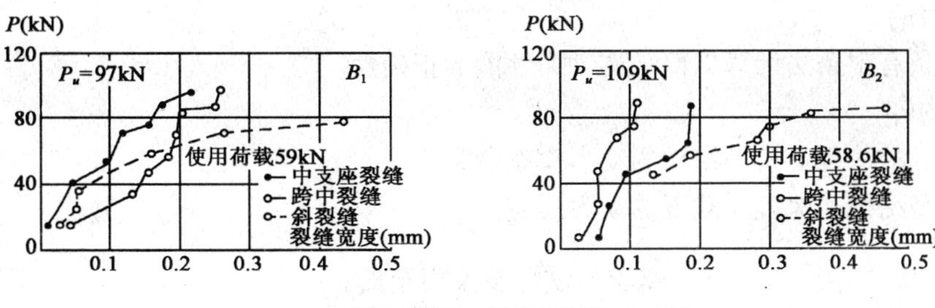

图 8 荷载—裂缝宽度(P-c)曲线

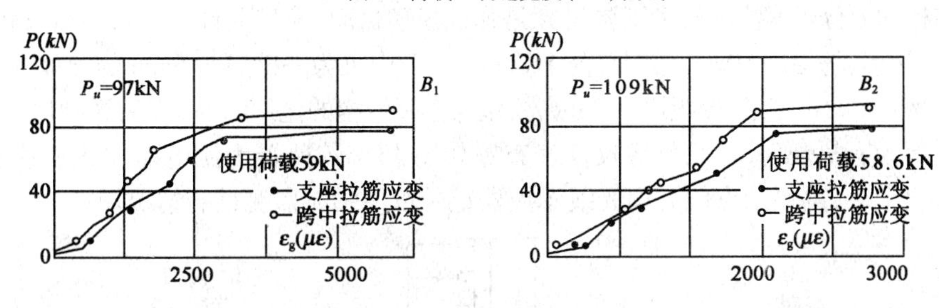

图 9 荷载—钢筋应变(P-ε_g)曲线

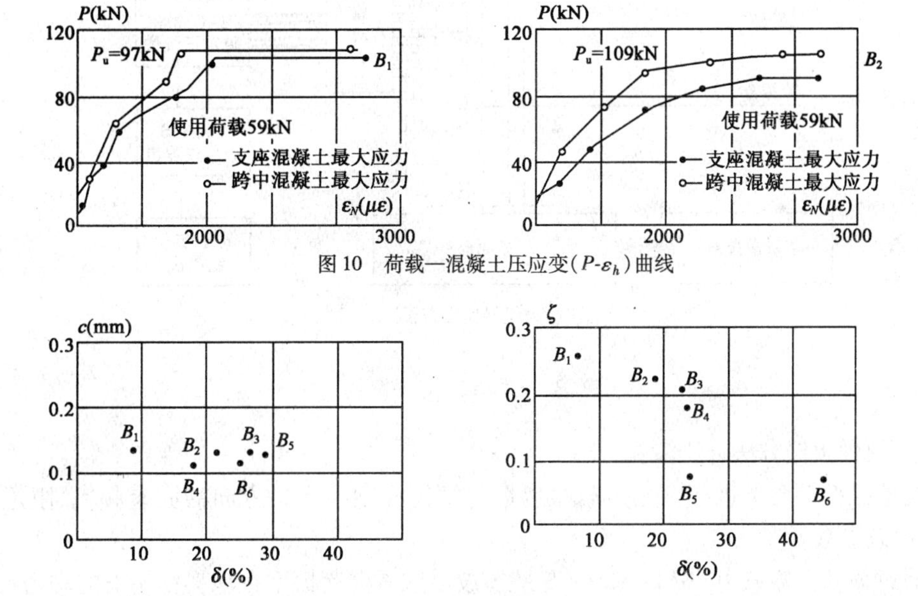

图 10 荷载—混凝土压应变(P-ε_h)曲线

图 11 使用荷载下的裂缝宽度—弯矩幅值(c-δ)关系　图 12 压区高度系数—弯矩调幅值(ξ-δ)关系

1.8 试验结果分析(略)

2 结构动力特性试验

2.1 试验目的及试验内容

(1)试验题目

框筒结构动力分析方法的模型试验研究。

(2)试验目的

验证用样条有限条法计算框筒结构动力性能的正确性。

(3)试验内容

①用传递函数法确定模型结构的动力模态参数。

②测定模型结构在地震荷载下的动力反应。

2.2 试件及仪表布置

框筒结构动力分析方法的模型试验研究是弹性模型试验,模型共计11层,平面形状是边长为10cm的六边形,每层高10cm,模型总高110cm。模型中央为一壁厚为5mm的筒体,筒体平面形状为边长50mm的正方形,楼板厚度3mm,模型与实际结构的比例约为1/25,详细尺寸从略。

模型材料为有机玻璃,试验装置及仪表布置如图13。传感器为压电晶体式加速度计,14线磁带记录仪记录,重要测点同时用光线示波器记录以便实时监测试验情况。

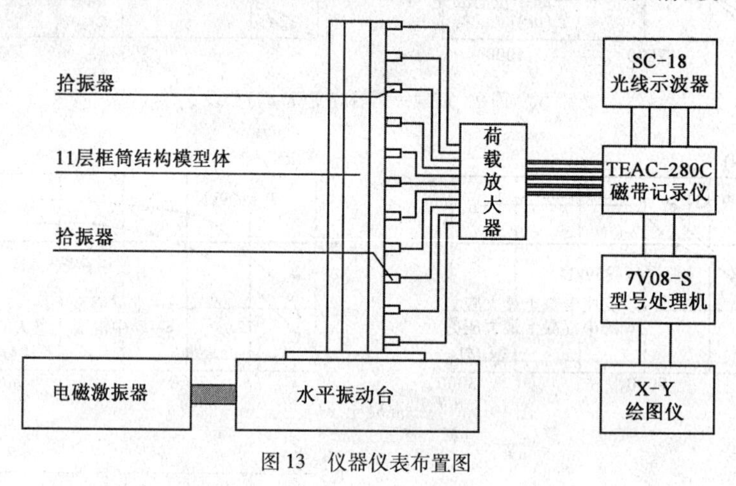

图13 仪器仪表布置图

2.3 试验步骤

试验用两种激振方法分别激振:

(1)在电磁振动台上进行白噪声激振以取得框筒模型在水平方向的固有频率、阻尼和振型等振动模态参数。

(2)通过振动台输入1940EL-centroNS地震波以取得框筒模型在地震作用下的动力反应。

2.4 试验数据处理及结果

由白噪声激振得到的磁带记录经500周滤波器滤波后送入7T08信号处理机进行数据处理。

采样时间间隔 Δt　　10^{-3}s

采样段数 q　　30

窗函数处理方式　　汉宁窗

(1)自振频率

因输入信号为白噪声,可近似地在响应信号的记录曲线图上直接利用峰值法确定结构的各阶自振频率。考虑到顶层的响应信号较强,取顶层的加速度记录作自功率谱函数和自谱图

(图 14)。图上与各峰值点对应的频率即为各阶固有频率。这里为了节省篇幅仅列出前 5 阶振型的资料。计算与实测的频率比较见表 5 和图 15。

计算频率与实测频率(单位:Hz)　　表 5

阶次	弯曲			阶次	弯曲		
	实测	计算	误差		实测	计算	误差
1	17.5	17.3	-1.1%	4	149.0	135.0	-9.5%
2	57.5	53.2	-7.4%	5	189.0	176.0	-7.0%
3	104.0	94.9	-9.1%				

(2)振型

计算各楼层的响应信号相对于底层输入信号的相干函数 $\gamma_{xy}(f)$ 和传递函数,取其中 $\gamma >$ 0.9 的数据并作图(图 16)。在 $H(\omega)$ 和 $\varphi(\omega)$ 图上根据各层测点在同一频率下的振幅和相位,即可确定各阶振型。作相干函数是为了判别各层响应信号是否由同甘共苦激励信号产生的无干扰输出。

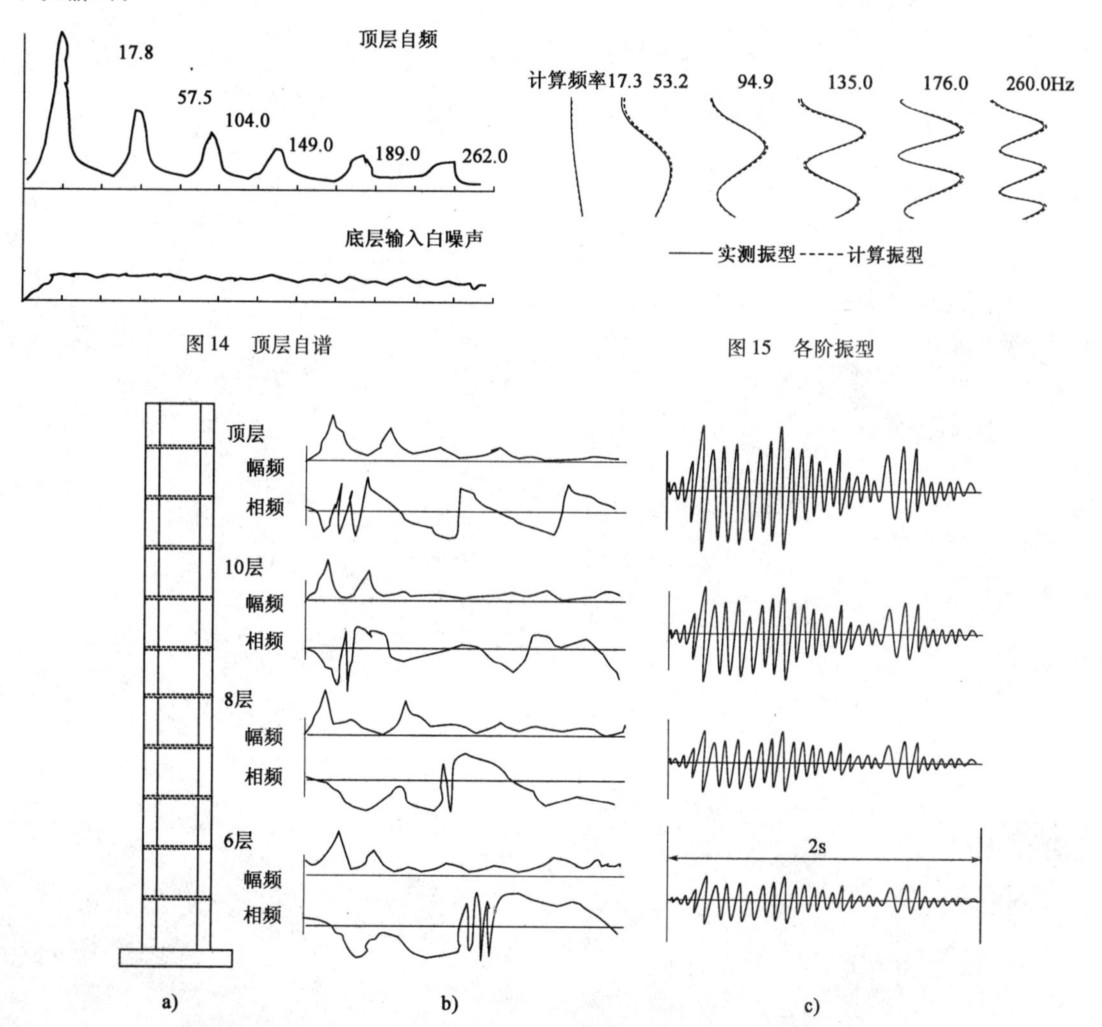

图 14　顶层自谱

图 15　各阶振型

图 16　底层输入白噪声时各层对底层的传递函数和相位

a)模型简图;b)输入白噪声时各层对底层的传递函数;c)输入 El-centrol 波后各层加速度

(3)确定模态阻尼比

由于输入信号的谱为白噪声,记录时间也足够长,因此利用半功率点法,直接在频谱图上各峰值处计算确定阻尼比ξ_i。

(4)输入地震波后结构的反应

各层加速度反应如图,可以看出:随着层次的增高,反应越强烈。

(5)地震荷载下的动力反应(略)

2.5 试验结果分析(略)

参考文献
CANKAOWENXIAN

[1] 中华人民共和国国家标准. 混凝土强度检测评定标准(GB J50107—2010)[S]. 北京:中国建筑工业出版社,2010.

[2] 中华人民共和国国家标准. 混凝土结构试验方法标准(GB 50152—92)[S]. 北京:中国建筑工业出版社,1992.

[3] 中华人民共和国行业标准. 回弹法评定混凝土抗压强度技术规程(JGJ/T 23—2001)[S]. 北京:中国建筑工业出版社,2001.

[4] 中华人民共和国行业标准. 超声—回弹综合法检测混凝土强度技术规程(CECS02:2005)[S]. 北京:中国建筑工业出版社,2005.

[5] 中华人民共和国行业标准. 超声法检测混凝土缺陷技术规程(CECS21:2000)[S]. 北京:中国建筑工业出版社,2000.

[6] 中华人民共和国行业标准. 钻芯法检测混凝土强度技术规程(CECS03:2007)[S]. 北京:中国建筑工业出版社,2007.

[7] 中华人民共和国行业标准. 后装拔出法检测混凝土强度技术规程(CECS69:94)[S]. 北京:中国建筑工业出版社,1994.

[8] 中华人民共和国国家标准. 紧固件机械性能螺栓、螺钉和螺柱(GB 3098.1—2000)[S]. 北京:中国机械工业出版社,2000.

[9] 中华人民共和国国家标准. 钢焊缝手工超声波探伤方法和探伤结果分级(GB 11345—1989)[S]. 北京:中国标准出版社,1989.

[10] 中华人民共和国行业标准. 钢结构高强度螺栓连接的设计施工及验收规范(JGJ 82—91)[S]. 北京:中国建筑工业出版社,1991.

[11] 中华人民共和国国家标准. 钢结构工程施工质量验收规范(GB 50205—2001)[S]. 北京:中国计划出版社,2001.

[12] 中华人民共和国行业标准. 钢筋焊接接头试验方法标准(JGJ/T 27—2001)[S]. 北京:中国建筑工业出版社,2001.

[13] 中华人民共和国国家标准. 金属材料室温拉伸试验方法(GB/T 228—2002)[S]. 北京:

中国标准出版社,2002.

[14] 中华人民共和国行业标准.承压设备无损检测(JB 4730—2005)[S].北京:中国劳动社会保障出版社,2005.

[15] 中华人民共和国行业标准.网架结构工程质量检验评定标准(JGJ 78—1991)[S].北京:中国建筑工业出版社,1991.

[16] 中华人民共和国行业标准.高层民用建筑钢结构技术规程(JGJ 99—1998)[S].北京:中国建筑工业出版社,1998.

[17] 中华人民共和国国家标准.工程结构可靠性设计统一标准(GB 50153—2008)[S].北京:中国建筑工业出版社,2008.

[18] 中华人民共和国行业标准.建筑抗震试验方法规程(JGJ 101—1996)[S].北京:中国建筑工业出版社,1996.

[19] 中华人民共和国行业标准.建筑抗震加固技术规程(JGJ 116—2009)[S].北京:中国建筑工业出版社,2009.

[20] 中华人民共和国国家标准.民用建筑可靠性鉴定标准(GB 50292—1999)[S].北京:中国建筑工业出版社,1999.

[21] 中华人民共和国行业标准.危险房屋鉴定标准(JGJ 125—99)[S].北京:中国建筑工业出版社,2004.

[22] 中华人民共和国行业标准.既有建筑地基基础加固技术规程(JGJ 123—2000)[S].北京:中国建筑工业出版社,2000.

[23] 中华人民共和国行业标准.房屋渗漏修缮技术规程(CJJ 62—1995)[S].北京:中国建筑工业出版社,1995.

[24] 中华人民共和国国家标准.砌体工程施工质量验收规范(GB 50203—2002)[S].北京:中国建筑工业出版社,2002.

[25] 中华人民共和国国家标准.砌体结构设计规范(GB 50003—2002)[S].北京:中国建筑工业出版社,2002.

[26] 中华人民共和国国家标准.砌体工程现场检测技术标准(GB/T 50315—2000)[S].北京:中国建筑工业出版社,2000.

[27] 中华人民共和国国家标准.砌体基本力学性能实验方法标准(GB/T 50129—2011)[S].北京:中国建筑工业出版社,2011.

[28] 中华人民共和国国家标准.木结构设计规范(GB 50005—2003)[S].北京:中国计划出版社,2003.

[29] 中华人民共和国国家标准.木结构工程施工质量验收规范(GB 50206—2002)[S].北京:中国建筑工业出版社,2002.

[30] 中华人民共和国国家标准.建筑地基基础工程施工质量验收规范(GB 50202—2002)[S].北京:中国建筑工业出版社,2002.

[31] 中华人民共和国行业标准.建筑基桩检测技术规范(JGJ 106—2003)[S].北京:中国建筑工业出版社,2003.

[32] 中华人民共和国国家标准.建筑地基基础设计规范(GB 5007—2002)[S].北京:中国建筑工业出版社,2002.

[33] 中华人民共和国行业标准.建筑桩基技术规范(JGJ 94—2008)[S].北京:中国建筑工业

出版社,2008.
[34] 中华人民共和国国家标准.建筑工程施工质量验收统一标准(GB 50300—2001)[S].北京:中国建筑工业出版社,2001.
[35] 中华人民共和国行业标准.建筑地基处理技术规范(JGJ 79—2002)[S].北京:中国建筑工业出版社,2002.
[36] 中华人民共和国行业标准.贯入法检测砌筑砂浆抗压强度技术规程(JGJ/T 136—2001)[S].北京:中国建筑工业出版社,2001.
[37] 中华人民共和国国家标准.工业建筑可靠性鉴定标准(GB 50144—2008)[S].北京:中国建筑工业出版社,2008.
[38] 中华人民共和国行业标准.公路钢筋混凝土及预应力混凝土桥涵设计规范(JTG D62—2004)[S].北京:人民交通出版社,2004.
[39] 中华人民共和国行业标准.公路工程技术标准(JTG B01—2003)[S].北京:人民交通出版社,2003.
[40] 中华人民共和国行业标准.公路桥涵设计通用规范(JTG D60—2004)[S].北京:人民交通出版社,2004.
[41] 中华人民共和国国家标准.岩土工程勘查规范(GB 50021—2001)[S].北京:中国建筑工业出版社,2001.
[42] 中华人民共和国国家标准.土工试验方法标准(GB/T50123—1999)[S].北京:中国建筑工业出版社,1999.
[43] 中华人民共和国行业标准.建筑变形测量规程(JGJ 8—2007)[S].北京:中国建筑工业出版社,2007.
[44] 陈凡,等.基桩质量检测技术[M].北京:中国建筑工业出版社,2003.
[45] 牛志荣,等.复合地基处理及其工程实例[M].北京:中国建材工业出版社,2000.
[46] 张永钧,叶书麟.既有建筑地基基础加固工程实例应用手册[M].北京:中国建筑工业出版社,2002.
[47] 龚晓南.地基处理新技术[M].西安:陕西科学技术出版社,1997.
[48] 手册编写委员会.简明工程地质手册[M].北京:中国建筑工业出版社,1998.
[49] 卜乐奇,陈星烨.建筑结构检测技术与方法[M].长沙:中南大学出版社,2003.
[50] 邸小坛,周燕.旧建筑物的检测加固与维护[M].北京:地震出版社,1992.
[51] 吴新璇.混凝土无损检测技术手册[M].北京:人民交通出版社,2003.
[52] 手册编委会.建筑结构试验检测技术与鉴定加固修复实用手册[M].北京:世图音像电子出版社,2003.
[53] 张熙光,等.建筑抗震鉴定加固手册[M].北京:中国建筑工业出版社,2001.
[54] 唐业清,等.建筑物改造与病害处理[M].北京:中国建筑工业出版社,2000.
[55] 江见鲸,等.建筑工程事故分析与处理[M].北京:中国建筑工业出版社,1998.
[56] 宋一凡,贺拴海.公路桥梁荷载试验结构评定[M].北京:人民交通出版社,2002.
[57] 潘景龙.混凝土结构性能评定和检测[M].哈尔滨:黑龙江科技技术出版社,1997.
[58] 陈魁.试验设计与分析[M].北京:清华大学出版社,1996.
[59] 姚谦峰、陈平.土木工程结构试验[M].北京:中国建筑工业出版社,2001.
[60] 马永欣,郑山锁.结构试验[M].北京:科学出版社,2001.

[61] 吴新璇.混凝土无损检测技术手册[M].北京:人民交通出版社,2003.
[62] 徐邦学.混凝土结构无损检测与故障处理及修复加固技术手册[M].北京:当代中国音像出版社,2003.
[63] 宋彧,李丽娟,张贵文,狄生奎.结构试验基础教程[M].兰州:甘肃民族出版社.2001.
[64] 宋彧,李丽娟,张贵文.建筑结构试验[M].重庆:重庆大学出版社.2001.
[65] 谌润水,胡钊芳,等公路桥梁荷载试验[M].北京:人民交通出版社,2003.
[66] 张俊平.桥梁检测[M].北京:人民交通出版社 2002.
[67] 夏连学.公路与桥梁结构检测[M].郑州:黄河水利出版社,1999.
[68] 谌润水,等.公路旧桥加固技术与实例[M].北京:人民交通出版社,2003.
[69] 章关永.桥梁结构试验[M].北京:人民交通出版社,2002.
[70] 卫龙武,吕志涛,等.建筑物评估、加固与改造[M].南京:江苏科学技术出版社,1993.
[71] 李惠强.建筑结构诊断鉴定与加固修复[M].武汉:华中科技大学出版社,2002.
[72] 张有才.建筑物的检测、鉴定、加固与改造[M].北京:冶金工业出版社,1997.
[73] 谢慧才,等.第五届全国建筑物鉴定与加固改造学术讨论会论文集[M].汕头:汕头大学出版社,2000.
[74] 曹双寅,邱洪兴,王恒华.结构可靠性鉴定与加固技术[M].北京:中国水利出版社,2002.
[75] 候伟生.建筑工程质量检测技术手册[M].北京:中国建筑工业出版社,2003.
[76] 孙进祥.建筑物裂缝[M].上海:同济大学出版社,2001.
[77] 吕西林,等.建筑结构加固设计.北京:科学出版社,2001.
[78] 本书编写组.建筑物抗震加固技术规程.中国建筑科学研究院,1998.
[79] 宋彧,杜永峰,宋蛟.矩形截面预应力木梁受力性能的实验研究.甘肃工业大学学报,1995,21(3):72-78.
[80] 宋彧,王耀东,李艳丽,宋蛟.圆形截面预应力木梁受力性能的实验研究.甘肃工业大学学报,1998,24:20-23.
[81] 狄生奎,宋蛟,宋彧.预应力木结构受力性能初步探讨.工程力学(增刊第二卷),1999:090-095.
[82] 宋彧,何林,韩建平.集中荷载作用下预应力木结构挠度计算方法.甘肃工业大学学报,2002,28(1):93-95.
[83] 宋彧,韩建平,张贵文,党星海.双腹杆组合预应力木结构受力性能的试验研究.结构工程师,2003,1.
[84] 宋彧,冯翔,孙存海.木结构雀替改善木梁受力性能的试验探讨.工程力学,2003.
[85] 宋彧,张贵文,党星海,王健,曹辉.雀替构造设计技术的试验研究.结构工程师,2004(1).
[86] 韩建平,何林,宋彧.PDCA 在建筑结构试验组织计划中的应用.教育与教学研究探微(全国教师优秀论文选萃).北京:中国广播电视出版社,2000.
[87] 宋彧,张贵文,李春燕.湿陷性黄土地区条形基础砖混结构六层住宅楼纠倾的实践.建筑结构,2002(11):8-10.
[88] 宋彧,张贵文,党星海,相似理论内容的扩充与分析.兰州理工大学学报,2004,300(5):123-125.
[89] 宋彧,杨文侠,罗维刚,李恒堂,曹辉.预应力斗栱腹杆空间组合桁架加固动载楼板的应

用. 建筑结构,2005(9).
[90] 宋彧,张贵文,李恒堂,曹辉,王健. 雀替木结构受弯构件相似模型设计与试验研究. 兰州理工大学学报,2005(10).
[91] 宋彧,杨文侠,罗维刚,李恒堂,曹辉,预应力斗栱腹杆空间组合桁架的方案设计与研究. 建筑科学,2005(12).